CINEMA 4D 基础与实例

主编　侯文雄　杨伟策　黄维鹏

图书在版编目（CIP）数据

CINEMA 4D 基础与实例 / 侯文雄，杨伟策，黄维鹏主编 .--2 版 . -- 上海：上海交通大学出版社，2023

ISBN 978-7-313-21846-9

Ⅰ . ① C… Ⅱ . ①侯… ②杨… ③黄… Ⅲ . ①三维动画软件 Ⅳ . ① TP391.414

中国版本图书馆 CIP 数据核字（2019）第 174395 号

总 策 划 海上图志 HAISHANG TUZHI

策划编辑 胡丽雯

责任编辑 胡思佳 李 敏 楚雅琳

设计总监 赵志勇

装帧设计 郁 悦

美术编辑 褚志娟

CINEMA 4D基础与实例

主　　编：侯文雄　杨伟策　黄维鹏

出版发行：上海交通大学出版社

地　　址：上海市番禺路951号

邮政编码：200030

电　　话：021-52717969

印　　制：常州市大华印刷有限公司

经　　销：全国新华书店

开　　本：787mm×1092mm　1/16

印　　张：13.75

字　　数：270千字

版　　次：2019年8月第1版　2023年1月第2版

印　　次：2023年1月第3次印刷

书　　号：ISBN 978-7-313-21846-9

定　　价：66.00元

前言

CINEMA 4D是德国Maxon Computer公司研发的一款三维设计软件，简称C4D。它具有界面友好、操作灵活、易学易用、功能强大、渲染速度快等优势，在我国快速发展，广泛应用于影视特效制作、三维动画制作、栏目包装、游戏设计、广告设计、工业造型、虚拟现实等领域。

本书结合作者多年的实践教学经验编写而成，结构严谨，讲解细致，以CINEMA 4D的“基础知识+实例”为主线，既向读者介绍理论和基础运用，又通过比较详细的实例讲解使读者掌握实际的操作技术。

全书由侯文雄、杨伟策、黄维鹏共同编写，其中，第一、第二章由杨伟策撰写，第三、第四章由黄维鹏撰写，第五至第十一章由侯文雄撰写，并由侯文雄、杨伟策统稿。在本书编写期间，编写团队还得到了浙江横店影视职业学院领导的大力支持，同时也特别感谢学院紧密型校企合作单位浙江红点影视股份有限公司提供的宝贵意见和大力协助。

本书具有广泛的适用范围，既可作为各类高等院校影视制作、动画、数字媒体艺术、艺术设计等相关专业的教学用书，也可作为专业制作人员的参考资料和广大CG（Computer Graphics）爱好者的自学参考书，还可作为培训机构的培训教材。由于作者的经验和水平有限，书中若有不足或疏漏之处，恳请广大读者提出宝贵的意见和建议。

内容提要

本书结合作者多年的教学实践经验编写而成，不仅注重介绍软件工具和操作方法，而且通过制作要领介绍和实例分析，将三维制作的思想、方法和经验贯穿其中。全书共分10章：第一、第二章介绍了CINEMA 4D软件的应用领域及基础操作；第三至第六章以CINEMA 4D R25中文版为软件环境，介绍了参数化几何体、参数化样条、生成器、造型器、变形器以及可编辑多边形的建模，并提供了若干实例；第七、第八章介绍了CINEMA 4D软件中的灯光、材质与渲染基础，并提供了若干实例，以便读者理解与掌握；第九、第十章介绍了三维动画的基本概念和基本操作方法，并用一个完整的动画综合案例，从建模、灯光、材质到动画制作、渲染输出，详细讲解了动画项目制作的基本流程。

本书所选取的案例贴近实战，紧跟影视、动画制作行业的流行趋势，有利于读者在掌握和理解CINEMA 4D软件基础知识的同时，快速提升设计能力和技术应用能力。

作者介绍

侯文雄

毕业于大连民族大学动画专业，现任浙江横店影视职业学院广播影视节目制作专业教师；主要研究方向为三维动画设计、三维特效制作等；曾参与多部影视作品特效制作，担任网络电影《天机密令》、中国首部大型古装儿童情景剧《神仙学苑》等的特效师。

杨伟策

浙江横店影视职业学院教师、副教授、专业带头人、影视制作学院院长助理、影视制作中心主任；兼任浙江红点影视股份有限公司技术总监；曾参与大量影视作品创作，如电影《绝技情缘之艺魂》《寻找雪山》，网剧《语星如愿之步步杀机》《神仙学苑》，网络电影《天机密令》《追鱼》等。

黄维鹏

浙江工业大学动画专业硕士研究生，现任浙江横店影视职业学院影视动画专业教师；主要研究方向为插画漫画创作、三维影像设计、短片创作等。

上智云图

使 用 说 明

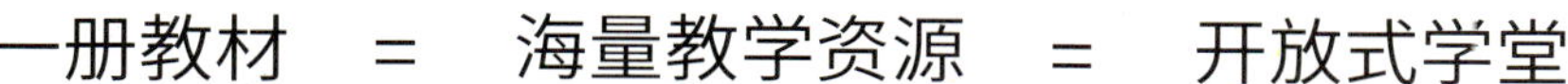

微课视频

知识要点
名师示范
扫码即看
备课无忧

教学课件

教学课件
精美呈现
下载编辑
预习复习

在线案例

具体案例
实践分析
加深理解
拓展应用

拓展学习

课外拓展
知识延伸
强化认知
激发创造

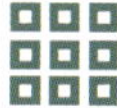

素材文件

多样化素材
深度学习
共建共享

“上智云图”为学生个性化定制课程，让教学更简单。

PC 端登录方式： www.szytu.com

详细使用说明请参见网站首页
《教师指南》《学生指南》

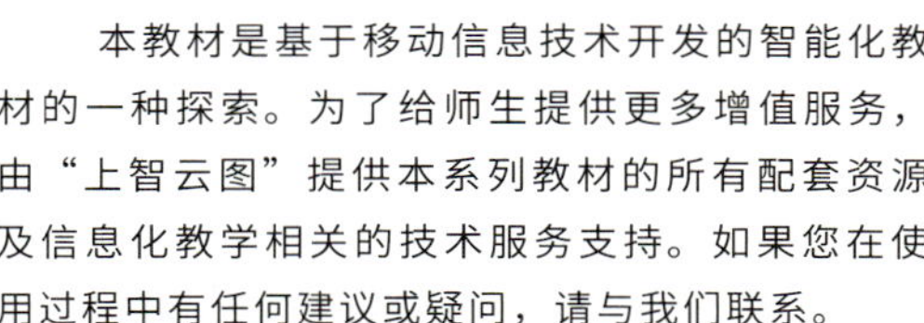

本教材是基于移动信息技术开发的智能化教材的一种探索。为了给师生提供更多增值服务，由“上智云图”提供本系列教材的所有配套资源及信息化教学相关的技术服务支持。如果您在使用过程中有任何建议或疑问，请与我们联系。

教材课件获取方式：

1. 课件下载 www.hedubook.com；
2. 上智云图 www.szytu.com；
3. 编辑邮箱 1485184398@qq.com；
4. 电话 （021）52716899。

课程兑换码

微信二维码

教学资源素材

第二章

微课视频 界面认识与基础操作
微课视频 文件管理（一）
微课视频 文件管理（二）

第三章

微课视频 参数化几何体——基础属性
微课视频 参数化几何体——沙发案例
微课视频 样条线——基础属性
微课视频 样条线——CCTV案例

第四章

微课视频 生成器——基础属性
微课视频 生成器——煤油灯案例

第五章

微课视频 造型器——基础属性
微课视频 造型器——芝士案例

第六章

微课视频 变形器——基础属性

第七章

微课视频 可编辑多边形
微课视频 可编辑样条线
微课视频 多边形建模案例

第八章

微课视频 灯光属性
微课视频 摄像机属性
微课视频 布光技巧

第九章

微课视频 材质编辑器
微课视频 材质标签
微课视频 材质案例

第十章

微课视频 动画基础操作
微课视频 时间线窗口
微课视频 动画案例制作

第十一章

微课视频 动画流程（一）
微课视频 动画流程（二）
微课视频 动画流程（三）

目录

第一章　初识C4D

一、C4D的起源

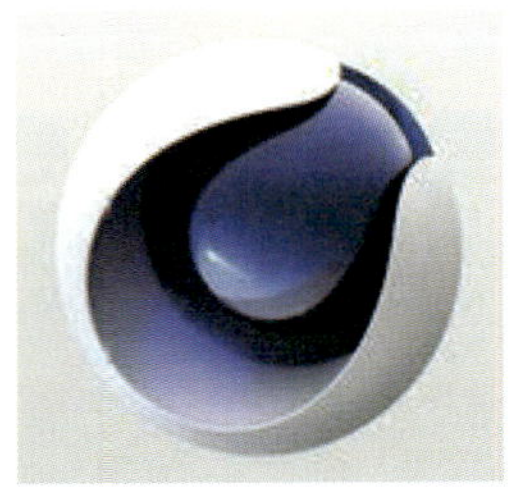
图1-1　C4D图标

C4D是CINEMA 4D的简称，由德国Maxon Computer公司研发，特色为极高的运算速度和强大的渲染插件（见图1-1）。C4D 的前身是1989年发表的软件FastRay。1993年，FastRay更名为CINEMA 4D。

C4D曾参与制作《毁灭战士》《黄金罗盘》《阿凡达》等电影，在业内获得很高的评价。

二、C4D的应用领域

（一）影视包装

片头动画在设计和制作上可以尽显影片的特点和风格。根据影片的不同，片头动画又可细分为很多种类，如宣传片片头动画、游戏片头动画、电视栏目片头动画（见图1-2）、电影片头动画、产品演示片头动画、广告片头动画等。

（二）影视特效

三维动画在很大程度上打破了影视拍摄的局限性，在视觉效果上弥补了实拍的不足，提升了影视作品的观赏性，影片也因此更加唯美（见图1-3）。

图1-2　《奇葩说》栏目包装

图1-3　电影《异星战场》特效制作

（三）广告动画

广告往往以创意制胜，好的创意往往会超越现实生活的范畴，因此广告动画应运而生。各行各业都可以利用广告宣传自己的产品，以创造更大的价值，得到更多的利润，所以生产商们不会吝惜在广告宣传上的花费，对他们来说，成功地宣传产品最重要。这带动了三维动画在广告领域的发展。现在的广告都或多或少地运用了动画，而且随着三维动画技术的发展和软件功能的增强，人们还会创造出更好的广告创意（见图1-4）。

（四）平面设计

平面设计的作品里很多好看的场景都是用三维软件做的，尤其是各种特效3D文字。Photoshop（以下简称PS）和Adobe Illustrator（以下简称AI）的3D效果都是伪3D，远远不如C4D。用C4D做平面设计中的立体文字或元素是很简单的事，既大大减少了工作时间，也减少了工作量，而且做出来的效果比PS或AI做出来的要好很多。现在，越来越多的平面海报作品选择使用C4D进行制作，如图1-5所示。

（五）虚拟现实应用

三维动画的虚拟现实应用大多体现在国防、科研、旅游、房地产等领域。例如，模拟飞行训练、军事演习能达到逼真、直观、安全、有效、节约投入的目的；在医学、生物化学、流体力学、材料力学等科研领域，三维动画可以用于情境、数据的可视化，用实时动态的方式显示人眼看不到的各种变化过程（见图1-6）。

图1-4　天猫双十一广告

图1-5　电商促销海报

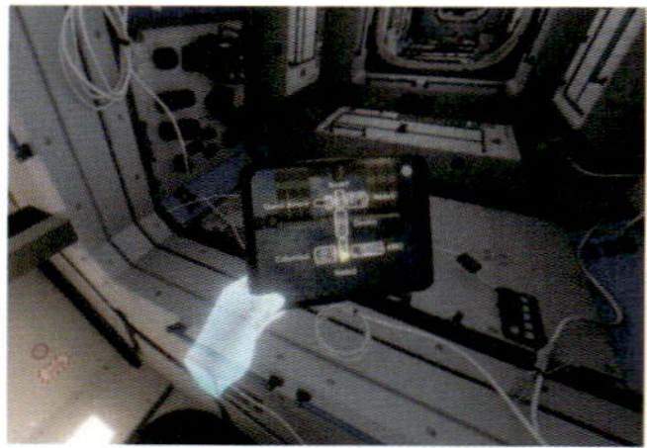
图1-6　空间站模拟训练

三、C4D的优势

（一）文件转换优势

从其他三维软件导入进来的项目文件在C4D中都可以直接使用，而且不用担心会有破面、文件损失等问题。

（二）强大的毛发系统

C4D拥有迄今为止最强大的毛发系统，便于控制，可以快速造型，并且可以渲染出各种所需效果（见图1-7）。

（三）高级渲染模块

C4D的渲染速度快，可以在最短的时间内创造出最具质感和真实感的作品（见图1-8）。

（四）BodyPaint 3D

使用C4D的三维纹理绘画模块可以直接在三维模型上进行绘画。它有多种笔触，支持压感和图层功能，功能强大（见图1-9）。

图1-7 毛发编织效果

图1-8 金属质感机器人

图1-9 三维纹理绘画写实人物造型

（五）MoGraph系统

它为艺术家提供了一个全新的维度和方法，又为C4D增添了一个绝对的利器。它将类似矩阵式的制图模式变得极其简单、有效且方便。一个单一的物体经过奇妙的排列和组合，并配以各种效应器的帮助，也会有不可思议的效果（见图1-10）。

（六）C4D的预置库

C4D拥有丰富而强大的预置库，可以轻松地从中找到所需要的模型、贴图、材质、照明、环境等，甚至摄像机镜头预设，大大提高工作效率（见图1-11）。

图1-10 效应器的应用

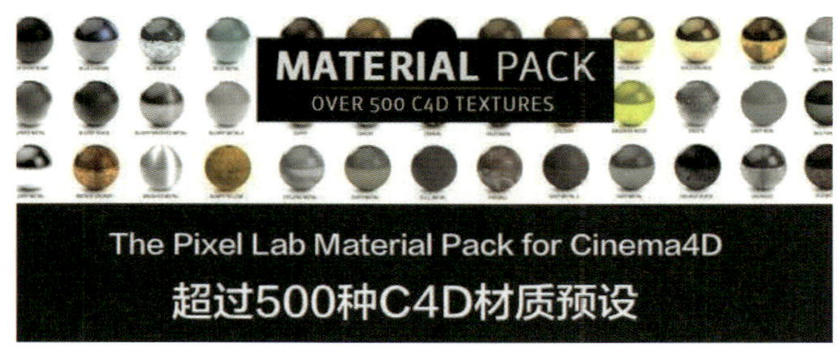

图1-11 材质预置库

（七）C4D与后期软件的无缝衔接

Adobe After Effects（以下简称AE）与C4D紧密整合，允许用户将两者结合使用。用户可以在AE中创建C4D文件，操作复杂的3D元素、场景和动画。

为实现互操作性，AE中集成了C4D的渲染引擎CineRender。AE可渲染C4D文件。用户可以各个图层为基础，控制部分渲染、摄像机和场景内容。这一简化工作流无须创建中间通程或图像序列文件。将基于C4D文件的图层添加到合成后，用户可在C4D中对其进行修改和保存，并将结果实时显示在AE中。这样简化工作流之后，用户无须缓慢地将中间通程批量渲染至磁盘或创建图像序列文件。通程图像可通过实时渲染连接到C4D文件，无须使用中间文件。

除了与AE无缝衔接之外，新版本C4D中还开发了新的引擎接口插件，可直接无缝对接RealFlow、Houdini。用户可以直接在C4D中打开这些特效软件的文件。

第二章　界面与操作

一、界面认识

安装好C4D R25后，启动软件，首先出现的就是操作界面，如图2-1所示。

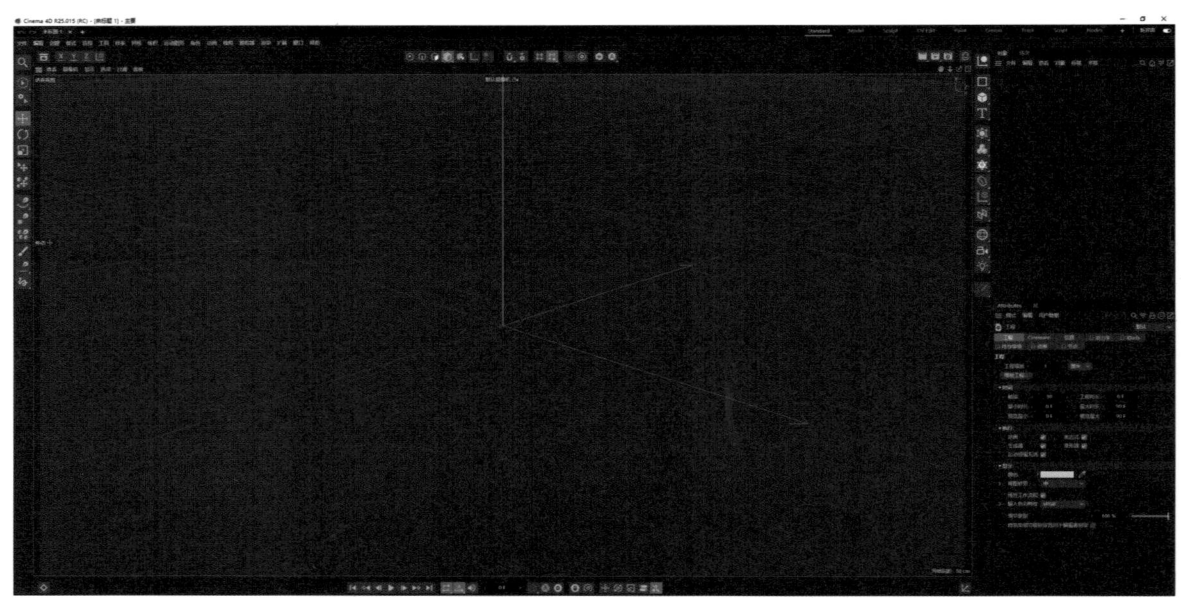

图2-1　操作界面图

从图2-1中可以看到C4D R25的初始界面由标题栏、菜单栏、工具栏、编辑模式工具栏、对象管理器、属性管理器、工作区、时间线（动画编辑栏）和状态栏等区域组成。单击右上角“新界面”切换开关（见图2-2），可以在新老界面之间进行切换，在满足新用户的基础上，充分照顾老用户的操作体验。

（一）标题栏

C4D的标题栏位于界面的最顶部，包含了C4D的标志、当前编辑的文件名称等信息，当文件没有重命名时，显示为“未标题”（见图2-3）。

图2-2 新界面切换开关

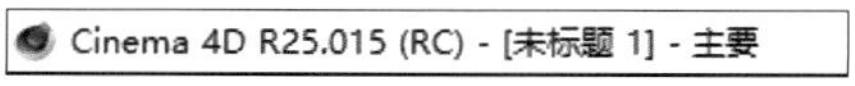

Cinema 4D R25.015 (RC) - [未标题 1] - 主要

图2-3　标题栏

（二）菜单栏

C4D的菜单栏按照类型可分为主菜单栏和窗口菜单栏（局部菜单）。其中，主菜单栏位于标题栏的下方，绝大部分工具都可以在其中找到（见图2-4）。

文件　编辑　创建　选择　工具　网格　捕捉　动画　模拟　渲染　雕刻　运动跟踪　运动图形　角色　流水线　插件　脚本　窗口　帮助

图2-4　菜单栏

窗口菜单栏是工作区菜单和管理器菜单的统称。这些菜单中的命令和主菜单中的命令不司，分别用于管理各自所属的面板和区域（见图2-5、图2-6）。

图2-5　对象管理器菜单栏

图2-6　属性管理器菜单栏

（三）工具栏

工具栏位于主菜单的下方，其中包含了C4D R25预设的一些常用工具，使用这些工具可以创建和编辑模型（见图2-7）。

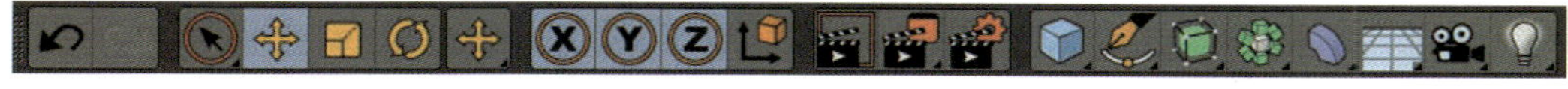

图2-7　工具栏

如果用户的屏幕比较小，那么界面上显示的工具栏就会不完整，一些工具图标将会被隐藏；如果想显示这些隐藏的图标，只需在工具栏的空白处单击，待光标变为抓手形状后，通过左右拖动即可显示。

工具栏中的工具按照特点可分为两类：一类是单独的工具，图标右下角没有黑色小三角形；另一类是图标工具组，图标右下角有一个黑色小三角形，按照类型将功能相似的工具集合在一个图标下，单击图标不放即可显示相应的工具组（见图2-8）。

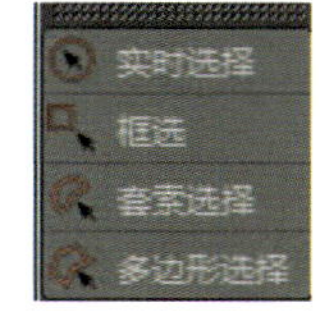

图2-8　工具组图标

撤销上一次操作的【撤销】工具　用于撤销错误的操作，单击按钮可以返回上一步操作，快捷键是【Ctrl】+【Z】。

【重做】工具　单击按钮可以重复执行被撤销的操作，快捷键是【Ctrl】+【Y】。

选择工具组　包含【实时选择】工具、【框选】工具、【套索选择】工具、【多边形选择】工具（见图2-9）。默认时为【实时选择】工具。

实时选择
框选
套索选择
多边形选择

图2-9　选择工具组

【实时选择】工具　通过单击来选择场景中的任意模型或模型中的元素（点、线、面），也可以配合【Shift】键来加选多个对象或元素（见图2-10）。【实时选择】工具可以调整选择半径，既可以在选择工具的属性面板中调整，也可以使用快捷键【Ctrl】+鼠标中键，同时左右拖动鼠标。

【框选】工具 通过拖动绘制出的矩形框来选择场景中的任意模型或模型中的元素（点、边、多边形），配合【Shift】键可以多次加选。在默认状态下，只有完全位于矩形框内的对象或元素才能被选中（见图2-11）。

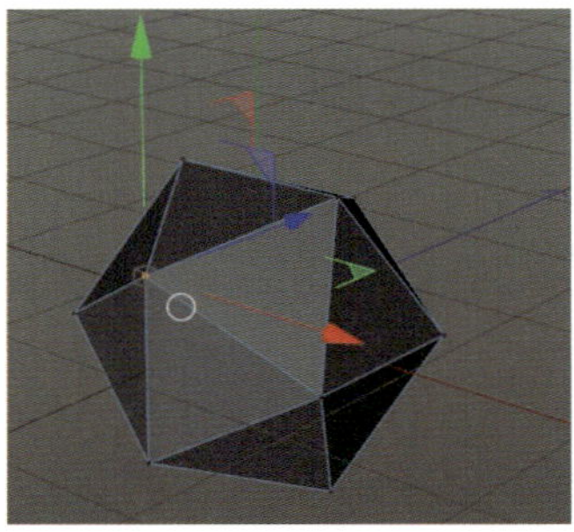
图2-10 【实时选择】工具

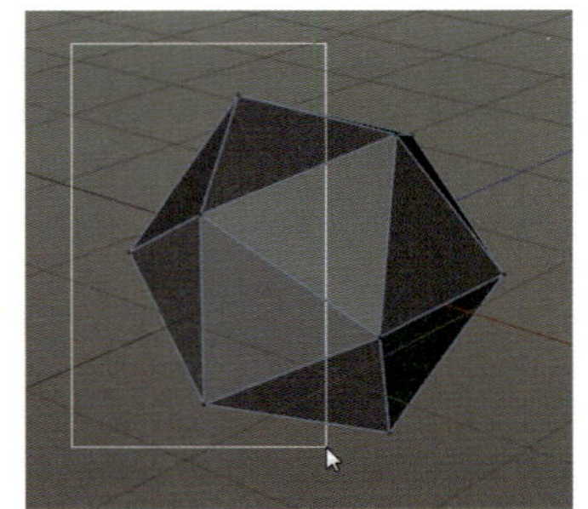
图2-11 【框选】工具

【套索选择】工具 通过拖动绘制出的不规则选框来选择场景中的任意模型或模型中的元素（点、边、多边形），配合【Shift】键可以多次加选。在使用【套索选择】工具绘制选区时，选区不一定要形成封闭区域。在默认状态下，只有完全位于绘制的选框内的对象或元素才能被选中（见图2-12）。

【多边形选择】工具 通过单击绘制出的多边形选框来选择场景中的任意模型或模型中的元素（点、边、多边形），配合【Shift】键可以多次加选。在默认状态下，只有完全位于多边形选框内的对象或元素才能被选中（见图2-13）。

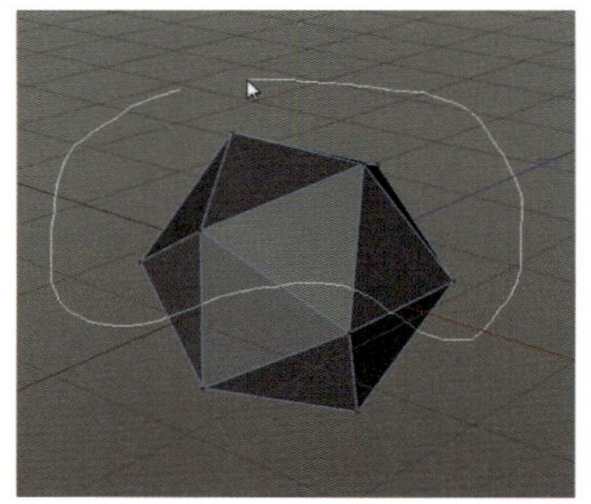
图2-12 【套索选择】工具

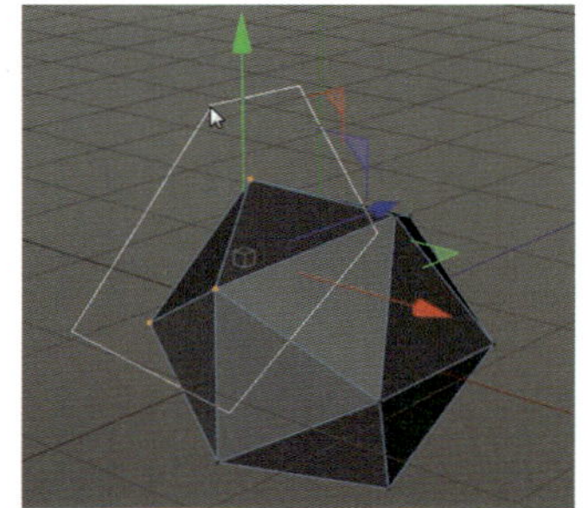
图2-13 【多边形选择】工具

【移动】工具 启用【移动】工具（快捷键【E】），被选中的对象上会出现一个三维坐标轴，红色为*X*轴，绿色为*Y*轴，蓝色为*Z*轴（见图2-14）。鼠标选择任意一轴或在工作区空白处单击并进行拖动，用来移动选择对象，可以将对象移动到三维空间中的任何位置。

【缩放】工具 启用【缩放】工具（快捷键【T】），被选中的对象上会出现一个三维坐标轴，鼠标选择任意一轴或在工作区空白处单击并进行拖动，可以等比例缩放选中的对象（见图2-15）。拖动任意一轴上的小黄点，可以使对象沿这一轴向进行单轴缩放。

【旋转】工具 启用【旋转】工具（快捷键【R】），被选中的对象上会出现一个三维坐标轴，鼠标选择任意一轴或在工作区空白处单击并进行拖动，可以旋转选中的对象（见图2-16）。

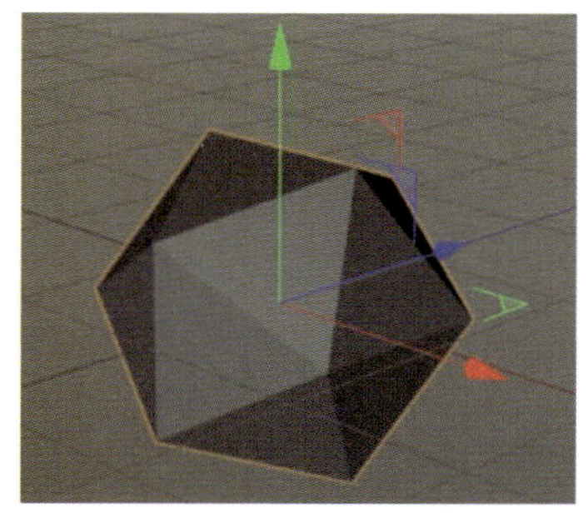

图2-14 【移动】工具

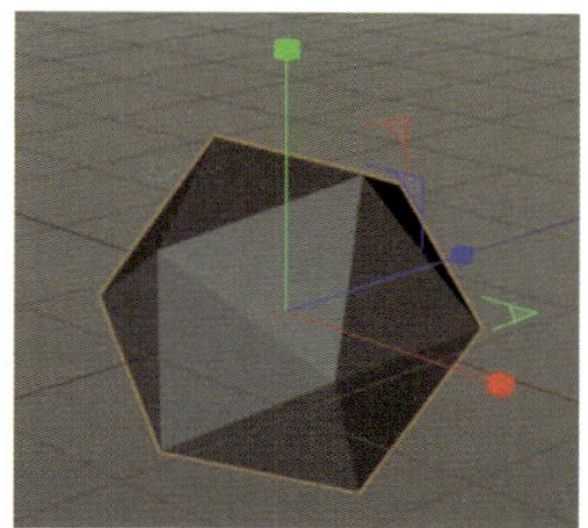
图2-15 【缩放】工具

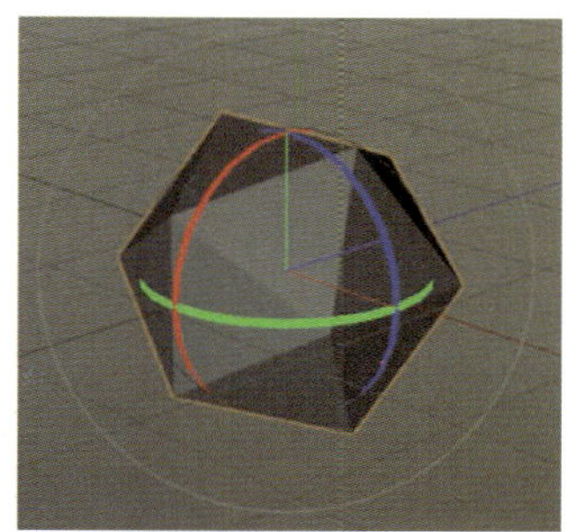
图2-16 【旋转】工具

最近使用工具组　该工具组包含了最近使用的几个工具，当前使用的工具会位于最上端，按空格键可以切换最近使用的工具。

***X/Y/Z*轴工具**　这三轴默认为激活状态，用于控制轴向的锁定。如果关闭某一轴，那么模型在这一轴上将不能移动、旋转或缩放。

【坐标系统】工具　默认为【对象坐标系统】，单击图标可切换为【全局坐标系统】。

【渲染活动视图】工具　渲染当前活动视图，但并不是所有类型的渲染都支持，相当于进行渲染的预览。可以通过按下【Esc】键或单击鼠标的任何键退出渲染。

【渲染到图片查看器】工具　进入图片查看器，根据【渲染设置】中的参数来渲染全质量的图片。可以在图片查看器中对渲染好的图片进行保存。此命令为工具组，长按鼠标左键可切换组中其他工具（见图2-17）。

【渲染设置】工具　在【渲染设置】中，可以进行指定渲染器、设置图片的尺寸及保存路径或者添加想要的效果等操作。

对象工具组　又称参数化几何体工具组，用于创建基本几何体，通过对基本几何体的编辑，可以得到更复杂的形体（见图2-18）。

样条工具组　用于绘制任意形状的样条线，或直接创建样条线（见图2-19）。

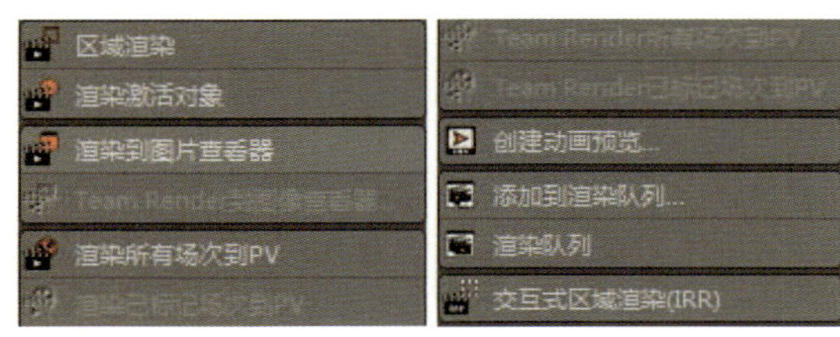

图2-17 【渲染到图片查看器】工具

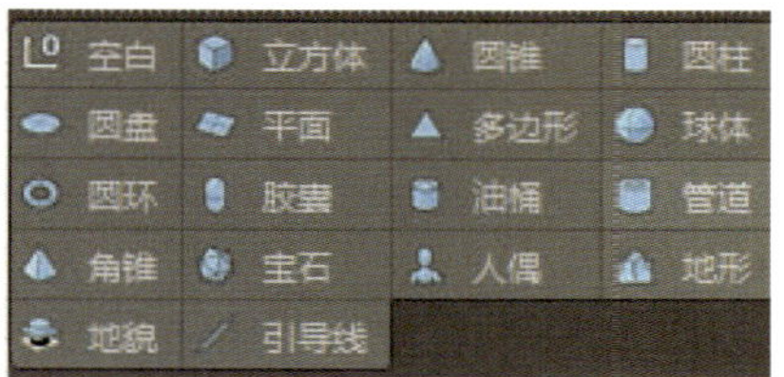

图2-18 对象工具组

图2-19 样条工具组

NURBS工具组 也称生成器菜单，配合几何体或样条线使用，将几何体或样条线作为生成器的子对象，可快速生成、编辑模型（见图2-20）。在默认情况下，生成器只会影响它的第一个子对象，若选择【层级】选项，可影响所有子对象。

造型工具组 配合几何体或样条线使用，将几何体或样条线作为生成器的子对象，提供各种特殊的造型特征（见图2-21）。在默认情况下，生成器只会影响它的第一个子对象，若选择【层级】选项，可影响所有子对象。

图2-20 NURBS工具组

图2-21 造型工具组

变形器工具组 可以在原始对象、生成器对象、多边形对象和样条线对象上使用变形器，改变模型形状（见图2-22）。变形器作为子层级，会影响它的父对象和父对象层级下的层次结构。

场景工具组 该工具组中的工具用于创建场景中的地面、天空、背景等（见图2-23）。

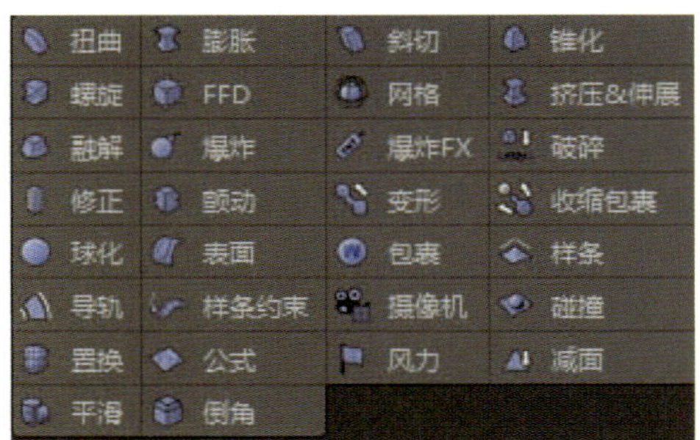

图2-22 变形器工具组

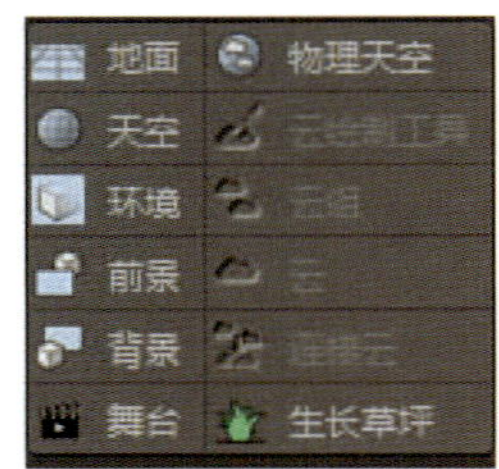

图2-23 场景工具组

摄像机工具组 该工具组中的工具用于创建场景中的摄像机。摄像机是C4D软件中的基本元素之一，用来定义二维视场场景如何在空间中显示。除了默认摄像机外，还可以创建多个类型的摄像机（见图2-24）。

灯光工具组 该工具组中的工具用于创建灯光。C4D在默认状态下使用的默认光称为自动光。若要更改场景的照明设置，就要创建【灯光】。除了【灯光】外，还可以创建其他类型的光源（见图2-25）。

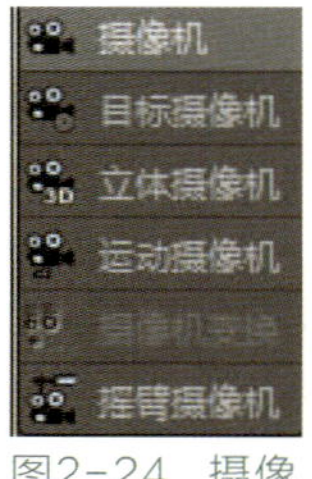

图2-24 摄像机工具组

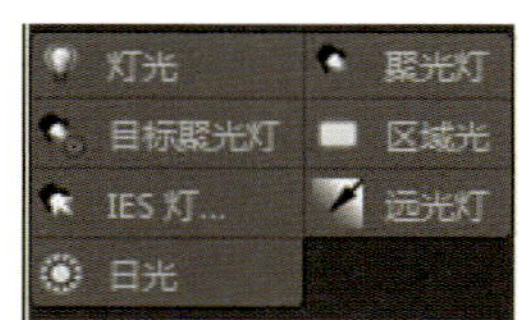

图2-25 灯光工具组

（四）编辑模式工具栏

编辑模式工具栏位于界面的最左侧，可以在这里切换不同的编辑模式（见图2-26）。

【转为可编辑对象】工具 单击该工具的图标，可以将选中的几何体、实体模型或NURBS物体转化为可编辑对象。只有转化为可编辑对象，才能对模型的点、线、面进行操作、编辑。场景中如果没有任何对象，此工具不被激活，无法使用。

【模型】层级工具 单击图标激活该工具，进入模型编辑模式，常用于选择整个模型。

【点】层级工具 单击图标激活该工具，进入点编辑模式，对可编辑对象上的点元素进行编辑。

【边】层级工具 单击图标激活该工具，进入线编辑模式，对可编辑对象上的线元素进行编辑。

【多边形】层级工具 单击图标激活该工具，进入面编辑模式，对可编辑对象上的面元素进行编辑。

【纹理】层级工具 单击图标激活该工具，进入纹理编辑模式，对可编辑对象的纹理进行编辑。

【工作平面】工具 单击图标激活该工具，可以编辑（移动、旋转、缩放）工作平面。

【锁定工作平面】工具组 对工作平面进行编辑，用于锁定工作平面或使工作平面对齐某一坐标轴、某一物体或物体上的某一元素。常与【工作平面】工具配合使用。

【启用轴心】工具 单击图标激活该工具，进入对象轴心的编辑模式，可移动、旋转、缩放对象的轴心点。在控制物体和制作动画时更方便操作。

【微调】工具 单击图标激活该工具，可快速修改一个没有选中的元素，主要配合【移动】【旋转】【缩放】工具使用。

孤立显示工具组 选择一个对象，并单击图标激活该工具，图标变为橙色，工作区只显示被选择的对象。孤立显示可以使用户更好地观察、操作、编辑物体（见图2-27）。

捕捉工具组 默认为关闭状态，单击图标激活该工具，启用【顶点捕捉】，在编辑过程中可将点、线、面或轴心自动吸附到自身或另一个对象的顶点上（见图2-28）。

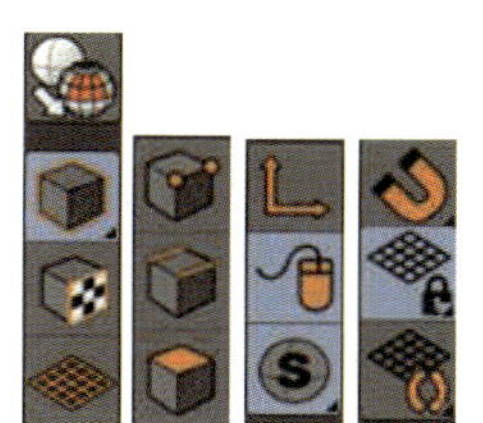

图2-26 编辑模式工具栏

图2-27 孤立显示工具组

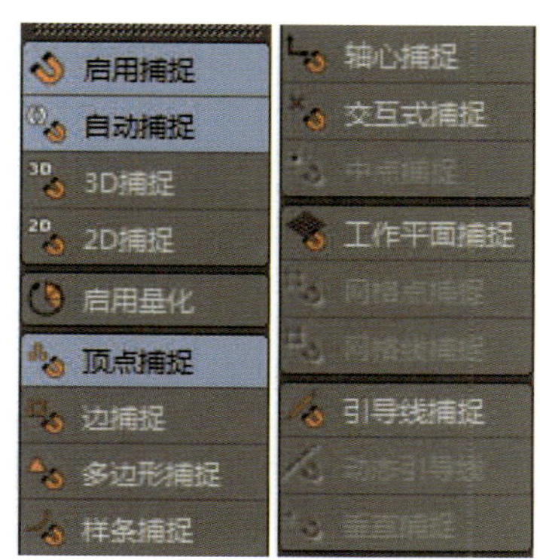

图2-28 捕捉工具组

（五）时间线

时间线也称动画编辑器，除了控制时间外，还包括一些录制动画的控制工具（见图2-29）。

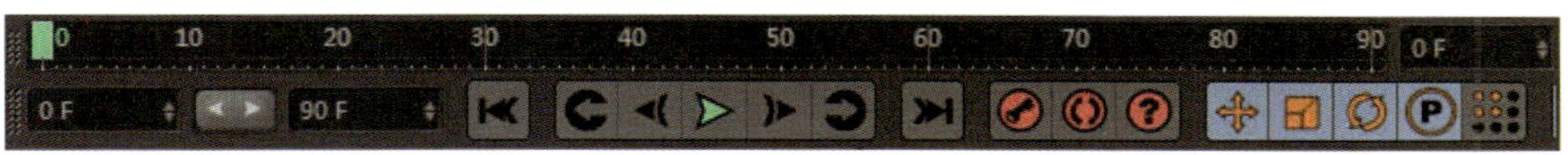

图2-29 时间线

（六）材质管理器

材质管理器用于材质的导入、创建和应用等（见图2-30）。

（七）坐标管理器

坐标管理器常用于控制模型的精确位置和尺寸（见图2-31）。

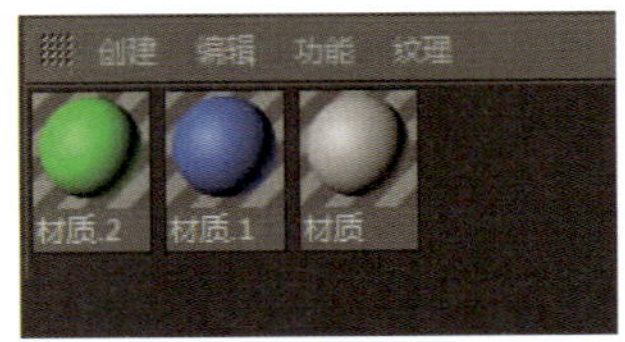

图2-30 材质管理器

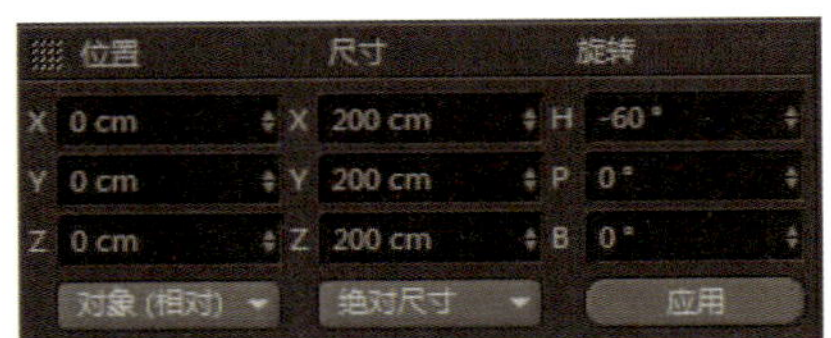

图2-31 坐标管理器

（八）对象管理器

对象管理器对场景中的对象进行选择、编辑、赋予材质、添加标签等操作。对象管理器又分为菜单栏、对象列表、隐藏/显示栏、标签栏（见图2-32）。

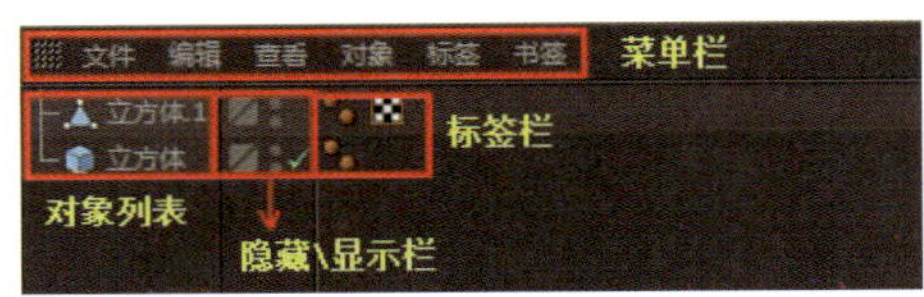

图2-32 对象管理器

1. 菜单栏

菜单栏中的命令用于管理对象列表中的对象，如合并对象、复制对象、隐藏对象等。

2. 对象列表

对象列表会显示场景中所有存在的对象，并通过结构线把这些对象组成树形结构图。

3. 隐藏/显示栏

隐藏/显示栏用来控制对象在视图或渲染时的隐藏或显示，每一个对象都有4个按钮。

对象按钮 单击该按钮会弹出菜单 ，【加入新层】可以创建新的图层，并使选择的对象自动加入该层。【层管理器】用来打开层管理器，在层管理器中可以查看并编辑图层。

纵向排列的两个小圆点按钮 上面的点控制对象在视图中的显示或隐藏，下面的点控制对象在渲染时的显示或隐藏。圆点为灰色时为默认显示状态，对象正常显示。圆点为绿色时为强制显示状态。例如，物体的父对象被隐藏，在默认情况下物体也会被隐藏；当选择强制显示时，物体会被显示。圆点为红色时，物体被强制隐藏。

绿色对勾按钮 再次单击该按钮会转化成红色叉号 。当场景中的对象没有添加任何变形器和生成器时，对勾代表显示，叉号代表隐藏（显示状态和渲染时均隐藏）。当列表中的对象是生成器或变形器时，对勾表示生成器或变形器被激活，叉号代表效果没有被激活。

（九）属性管理器

属性管理器是C4D非常重要的面板，在属性管理器中可以查看并编辑当前选择的物体的所有参数（见图2-33）。

（十）状态栏

状态栏位于整个界面的最下方，既可以显示相关工具的提示信息（见图2-34），也可以显示软件的错误和警告信息。

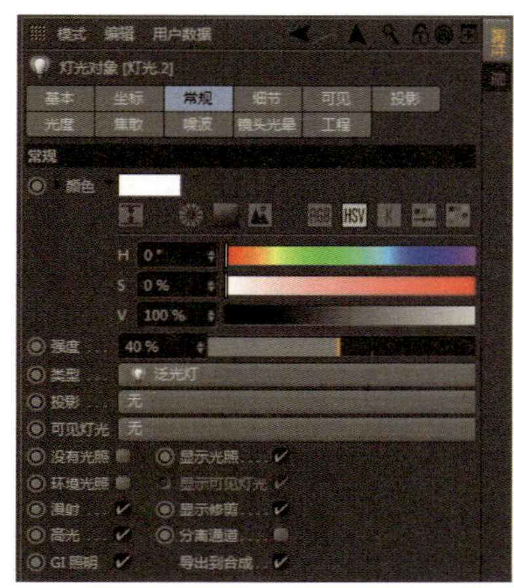

图2-33　属性管理器

实时选择：点击并拖动鼠标选择元素。按住 SHIFT 键增加选择对象；按住 CTRL 键减少选择对象。

图2-34　状态栏

二、基础操作

工作区是C4D用于操作物体的区域，在默认状态下为透视视图；可以根据自己的操作需要按鼠标中键，将其切换为顶视图、前视图、右视图等；也可以使用视图右上角的4个视图操作工具来控制视图的平移、缩放、旋转、切换（见图2-35）。

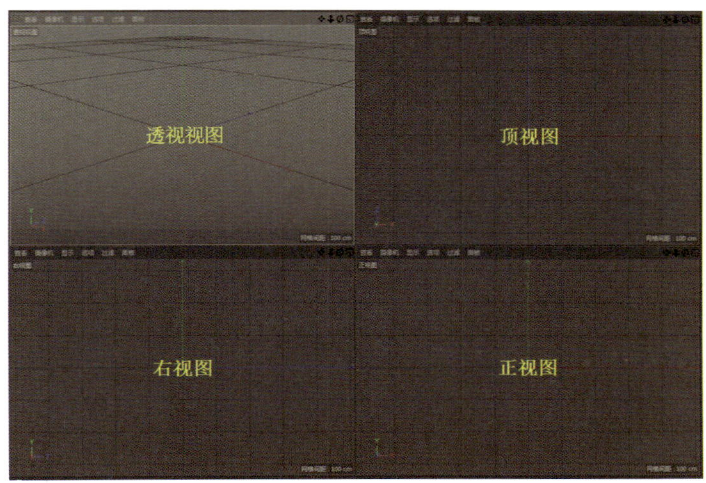

图2-35　视图

（一）平移视角的方法

（1）按住【Alt】键的同时单击鼠标中键并移动鼠标。

（2）按住【1】键的同时单击并移动鼠标。

（3）单击平移视图按钮并拖动鼠标（见图2-36）。

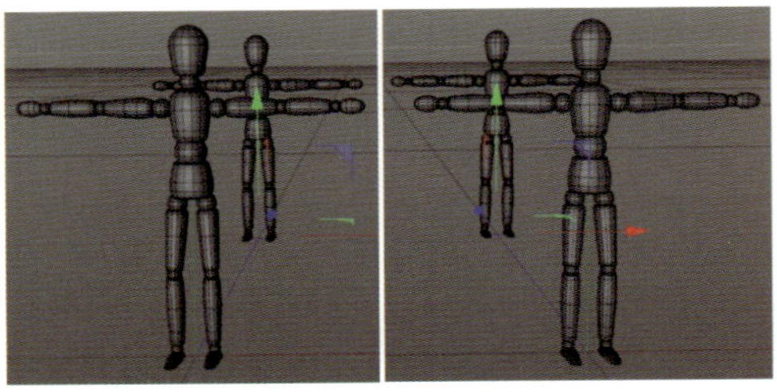

图2-36 平移视角

（二）缩放视角的方法

（1）按住【Alt】键的同时右击并移动鼠标。

（2）按住【2】键的同时单击并移动鼠标。

（3）单击缩放视图按钮并拖动鼠标（见图2-37）。

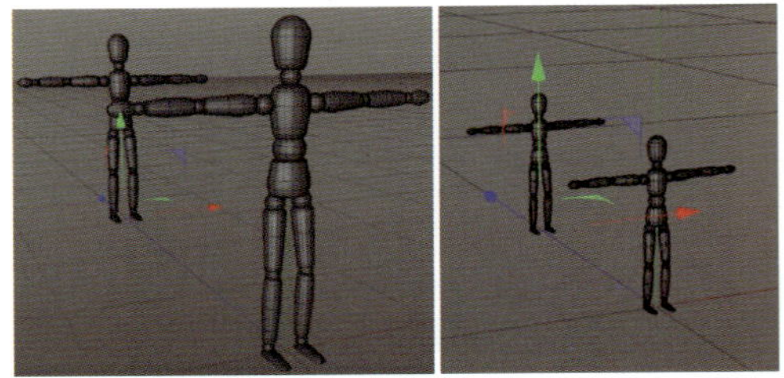

图2-37 缩放视角

（三）旋转视角的方法

（1）按住【Alt】键的同时单击并移动鼠标。

（2）按住【3】键的同时单击鼠标的左、中、右键并移动鼠标。

（3）在旋转视图按钮上单击鼠标的左、中、右键并拖动鼠标按*X*、*Y*、*Z*轴线旋转（见图2-38）。

旋转视图在正视图、顶视图等平面视图中是无效的。

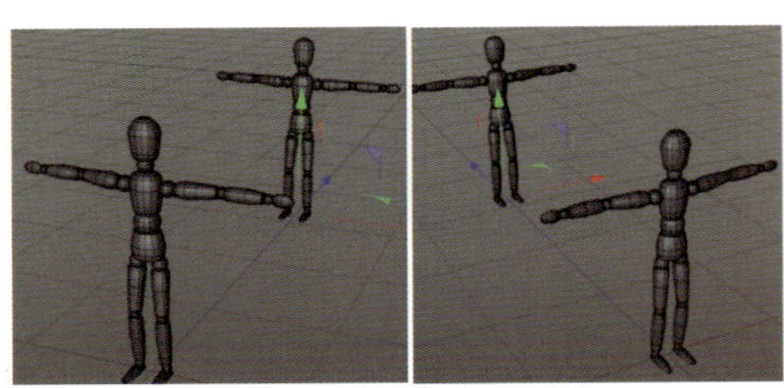

图2-38 旋转视角

三、文件管理

（一）文件操作

在【文件】菜单下可以对文件进行操作，包括【打开】【关闭】或者在系统崩溃时找回文件等（见图2-39）。

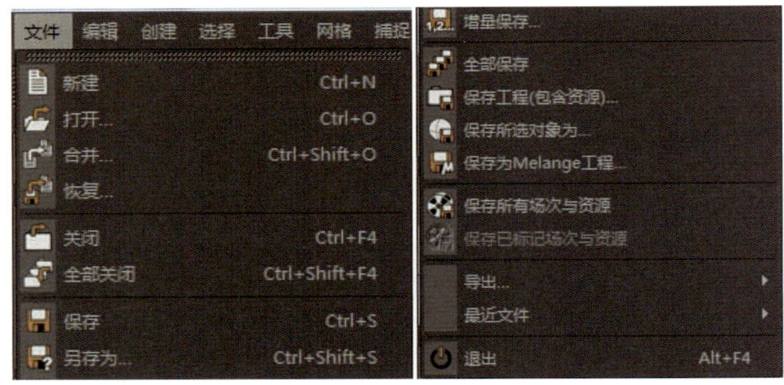

图2-39 【文件】菜单

新建文件 执行【文件】→【新建】命令，即可新建一个C4D文件；执行【打开】命令，即可打开一个C4D文件；执行【合并】命令，即可选择一个场景和现有场景合并；执行【恢复】命令，即可恢复到上次保存文件的状态（见图2-40）。

关闭文件 执行【文件】→【关闭】命令，即可关闭当前C4D文件；执行【全部关闭】命令，即可关闭所有打开的C4D文件（见图2-41）。

保存文件　执行【文件】→【保存】命令，即可保存当前C4D文件；执行【另存为】命令，即可将当前C4D文件保存为一个新的文件；执行【增量保存】命令，即可为当前C4D文件添加序列号并保存为一个新文件（见图2-42）。

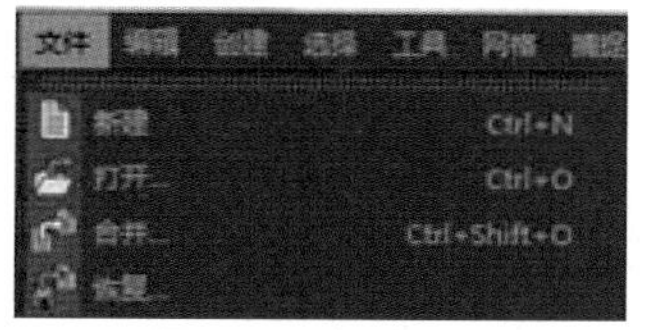

图2-40　新建文件

图2-41　关闭文件

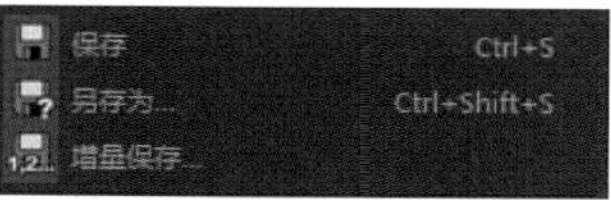

图2-42　保存文件

保存工程　执行【文件】→【全部保存】命令，即可保存所有文件；执行【保存工程（包含资源）】命令，即可将当前C4D文件保存为一个工程文件，当前文件所用到的资源、素材也将被保存到工程文件中（见图2-43）。

执行【文件】→【保存所有场次与资源】命令，即可将一个工程文件中不同场次所包含的资源打包在一个文件夹中，方便与其他工作人员的工作交接（见图2-44）。

图2-43　保存工程

图2-44　保存所有场次与资源

导出文件　执行【文件】→【导出】命令，即可将C4D文件导出为*.3ds、*.xml、*.fbx、*.obj等格式，方便和其他软件交互（见图2-45）。

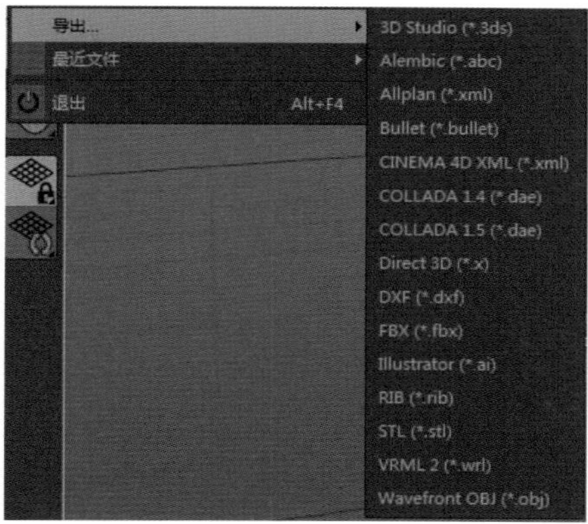

图2-45　导出文件

（二）系统管理

1. 用户界面

执行【编辑】→【设置】命令（快捷键【Ctrl】+【E】），在【设置】对话框中选择【用户界面】选项，可以设置语言、界面色调、字体等（见图2-46）。

【语言】 设置语言环境，C4D官方支持中文版。更改语言后，重启C4D即可。

【界面】 可以调整界面的颜色。

【GUI字体】 可以更改界面字体。更改字体后，重启C4D即可。

【显示气泡式帮助】 选择此选项后，光标指向图标时，会弹出帮助信息。

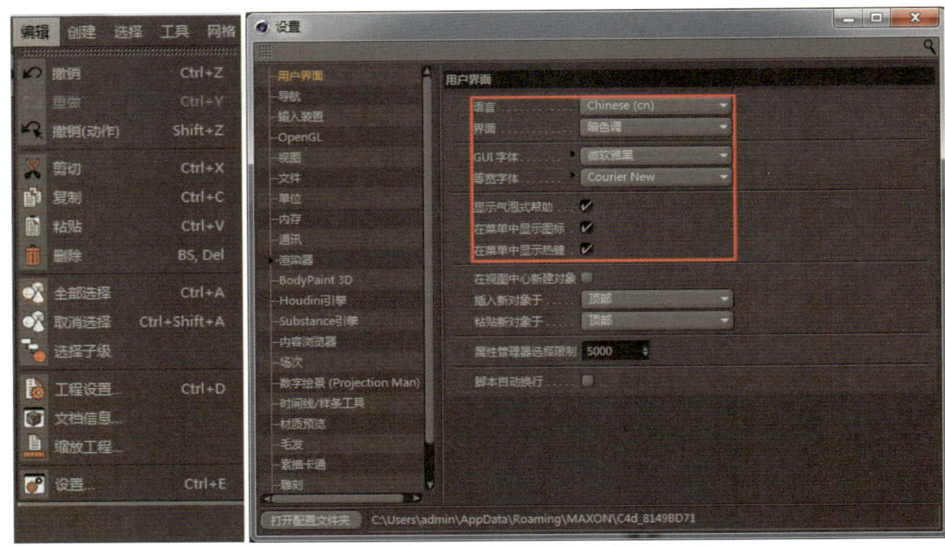

图2-46 【编辑】菜单

2. 文件路径

执行【编辑】→【设置】命令，在【设置】对话框中选择【文件】选项，可以设置自动保存文件的路径和时间（见图2-47）。

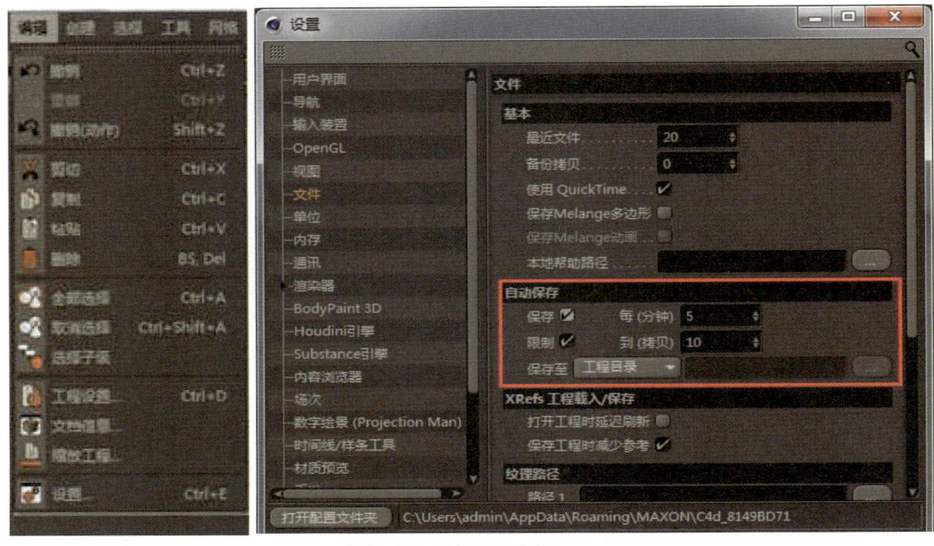

图2-47 文件路径设置

3. 工程设置

执行【编辑】→【工程设置】命令（快捷键【Ctrl】+【D】），可以更改工程的尺寸单位和时间单位（见图2-48）。

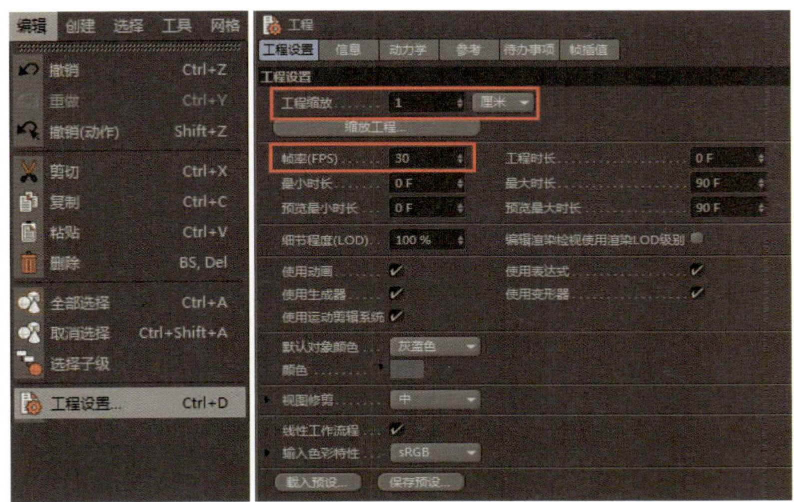

图2-48　工程设置

第三章　参数化几何体与样条

一、参数化几何体的创建与基础属性

多边形建模是当今的主流建模模式，广泛应用于游戏、影视、工业等领域。但是，复杂的多边形并不能直接创建出来，所以在C4D中，我们可以先创建参数化几何体，再对参数化几何体进行编辑、修改，使之成为更复杂的模型。C4D提供了18种参数化几何体类型（见图3-1）。

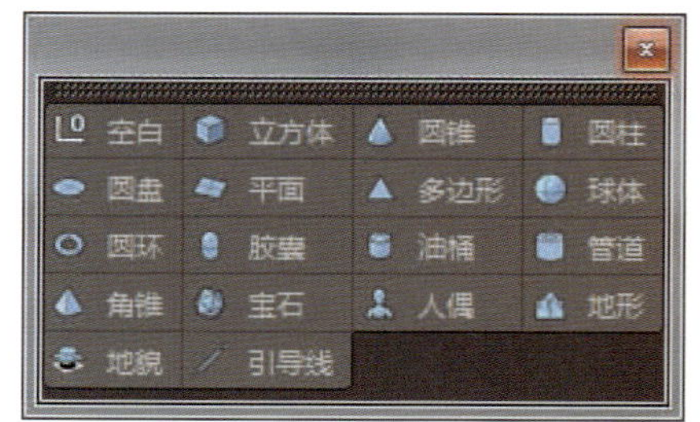

图3-1　参数化几何体

参数化意味着可以随时改变这些几何体的参数值，如高度或半径。参数化几何体最初只是一个数学抽象化的几何体，是不可编辑的，只有转化为可编辑对象后才可以编辑。

参数化几何体既可以通过单击工具栏中的按钮来创建，也可以通过在菜单栏中执行【创建】→【对象】命令，然后选择相应的几何体图标并单击来创建。

（一）立方体

此工具可以创建立方体，立方体的边与全局坐标系统的坐标轴平行，可以通过调整各种选项来创建任意的立方体。

【尺寸】　默认单位为cm，最初创建的立方体的长、宽、高（*X*、*Y*、*Z*轴）均为200 cm（见图3-2）。

【分段】　用来增加立方体的分段数。

【分离表面】　选择此选项后，若转化为可编辑多边形，立方体将被分为6个面。

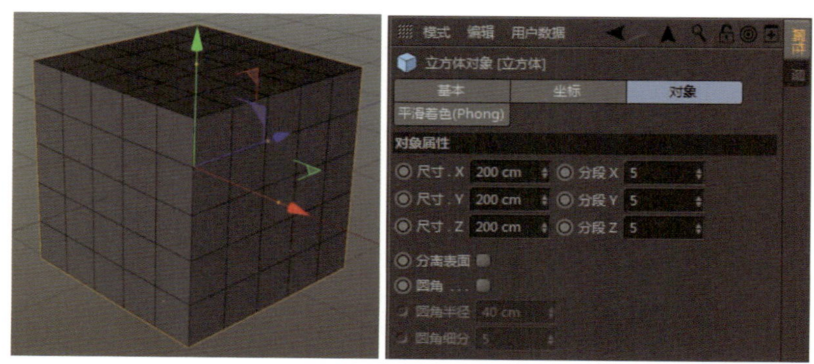

图3-2　立方体基本属性

【圆角】 选择此选项后，对立方体进行倒角，通过【圆角半径】和【圆角细分】来设置倒角的大小和平滑程度（见图3-3）。

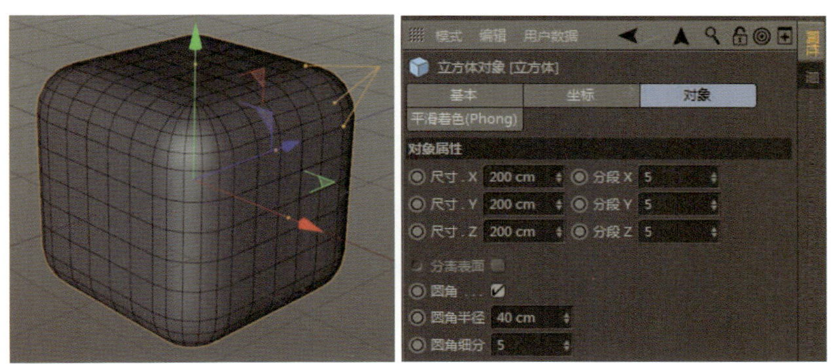

图3-3 【圆角】属性

（二）圆柱

此工具可以创建圆柱体，圆柱体的端面和*XZ*平面平行，可以通过调整各种选项来创建任意的圆柱体（见图3-4）。

【半径】 用来控制圆柱体的粗细。

【高度】 用来控制圆柱体的长度。

【高度分段】【旋转分段】 用来控制高度和端面的分段。

【方向】 用来控制初始创建圆柱体的方向（见图3-5）。

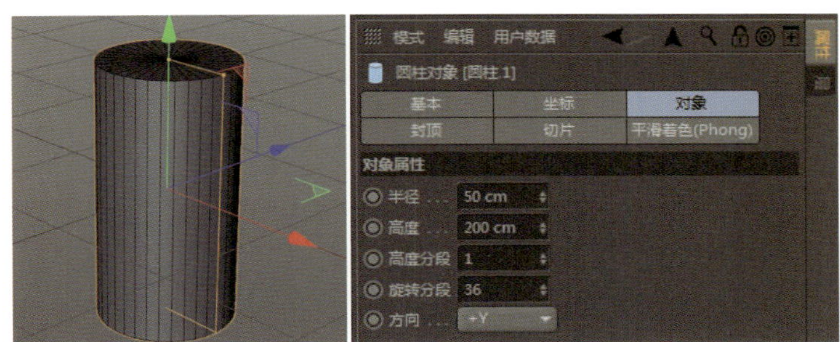

图3-4 圆柱体基本属性

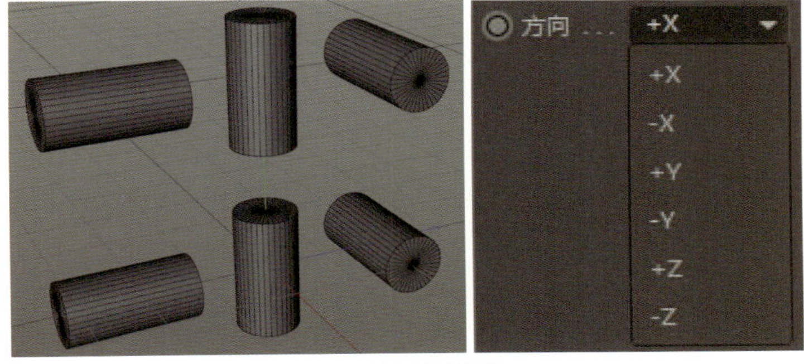

图3-5 【方向】

【封顶】 可以调整圆柱体的端面是否封顶（见图3-6）。

【圆角】 选择【封顶】选项后，【圆角】属性被激活，选择此选项可对圆柱体进行倒角（见图3-7）。

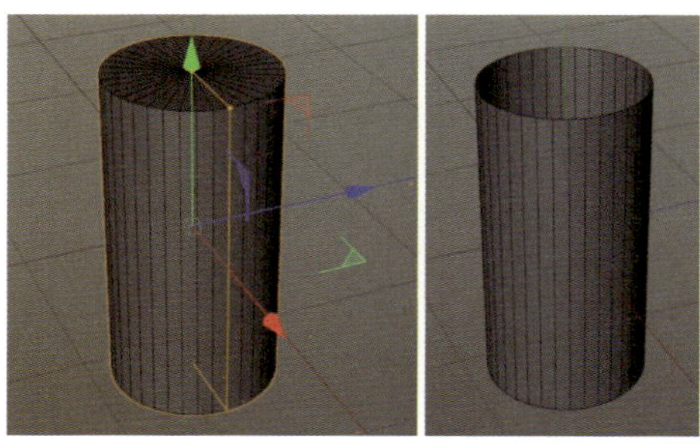

图3-6 封顶与未封顶

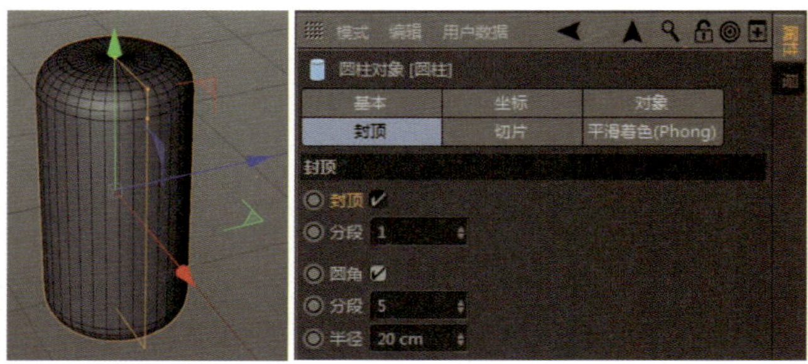

图3-7 【圆角】属性

（三）圆锥

此工具可以创建圆锥，基本参数与圆柱体类似。

（四）金字塔

此工具可以创建棱锥（角锥），基本参数与圆柱体类似。

（五）圆盘

此工具可以创建圆盘。

【内部半径】【外部半径】 系统默认的圆盘可以变为一个圆环平面，这两个参数用来调整圆盘的半径。

【圆盘分段】【旋转分段】 用来控制端面和纵向的分段。

【方向】 用来控制初始创建圆盘的方向（见图3-8）。

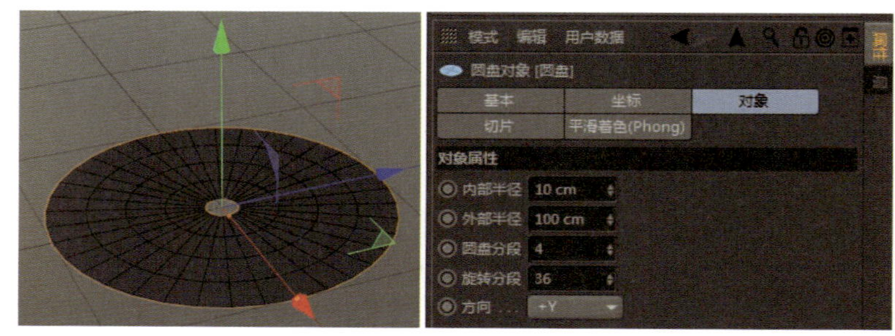

图3-8 圆盘基本属性

（六）平面

此工具可以创建平面，基本参数与圆盘类似。

（七）多边形

此工具可以创建多边形，基本参数与圆盘类似。

（八）圆环面

此工具可以创建圆环。

【圆环半径】【圆环分段】 用来控制圆环整体的半径和分段。

【导管半径】【导管分段】 用来控制管状体的半径和分段。当导管半径为“0”时，导管会显示为一个环状曲线。

【方向】 用来控制初始创建圆环的方向（见图3-9）。

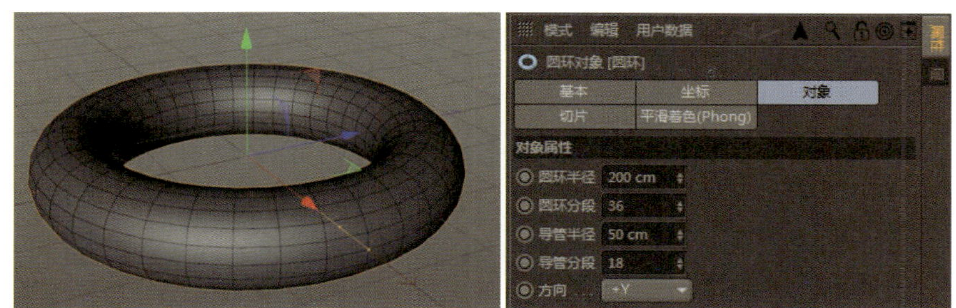

图3-9　圆环基本属性

（九）管道

此工具可以创建管状体，基本参数与圆环类似。

（十）油桶

此工具可以创建油桶，其他参数与圆柱体类似。

【封顶高度】 用来控制顶部和底部的形状（见图3-10）。当封顶高度为“0”时，油桶会变为圆柱体；当封顶高度为“100”时，油桶会变为胶囊体。

【切片】 选择【切片】选项后，属性改变为标准网格，会使断面更规范；可以通过起点、终点角度来控制模型形状（见图3-11）。

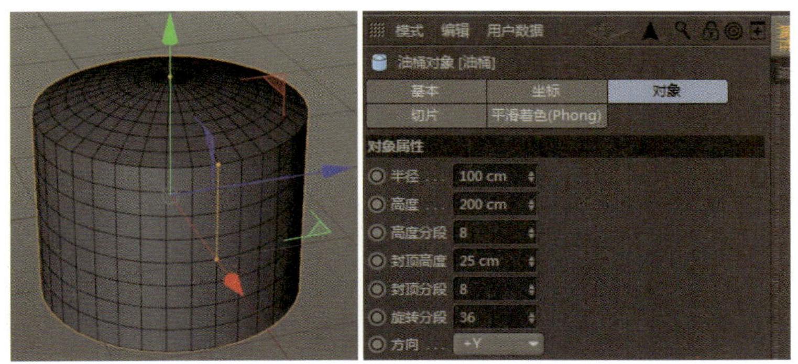

图3-10　油桶基本属性

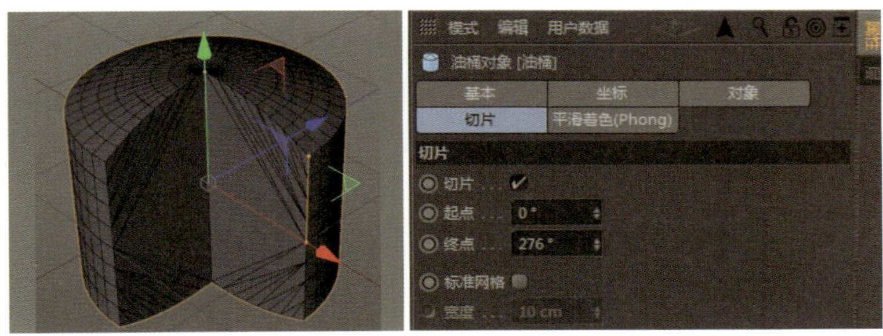

图3-11　【切片】

（十一）胶囊

此工具可以创建胶囊，基本参数与油桶类似。

（十二）球体

此工具可以创建球体。

【半径】 用来控制球体半径。

【分段】 用来设置球体的分段，控制球体的光滑程度。

【类型】 球体包含6种类型，分别为【标准】【四面体】【六面体】【八面体】【二十面体】【半球体】。

【理想渲染】 用来节省计算机内存。无论场景中的模型分段数是多少，选择此选项后，渲染出来的效果都是非常完美的球体（见图3-12）。

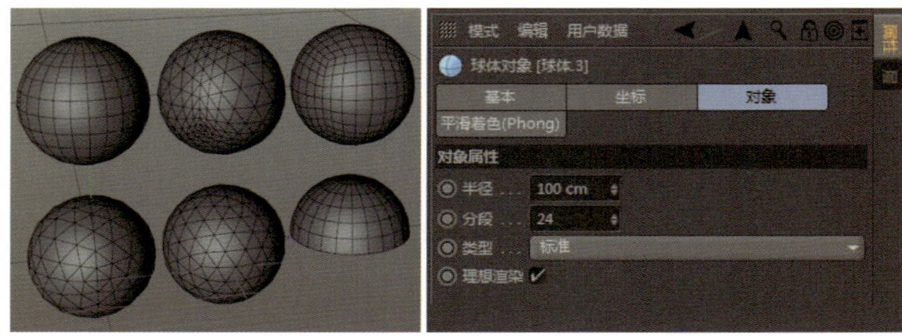

图3-12 球体基本属性

（十三）宝石

此工具可以创建多面体，基本参数与油桶类似。

（十四）人形素体

此工具可以创建一个人偶多边形。将人偶转化为可编辑多边形后，即可对人偶的每个部分进行操作（见图3-13）。

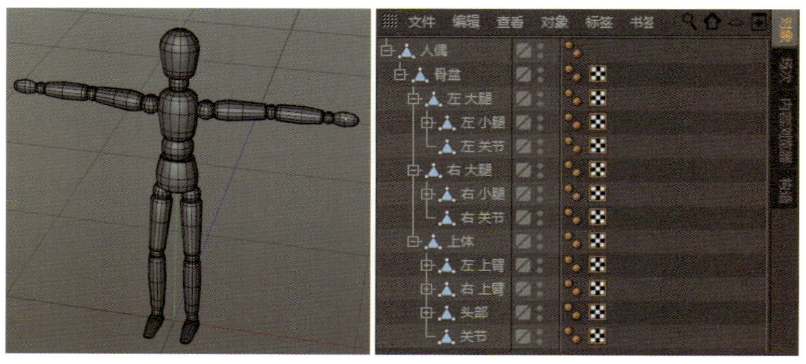

图3-13 人形素体基本属性

（十五）地形

此工具可以创建多边形地形。

【尺寸】 默认单位为cm，最初创建的地形的长、宽、高（*X*、*Y*、*Z*轴）分别为600 cm、100 cm、600 cm。

【宽度分段】【深度分段】 用来设置地形的宽度与深度分段，分段数越多，模型越精细。

【粗糙皱褶】【精细皱褶】 用来设置皱褶的精细程度。

【缩放】 用来控制皱褶的大小。

【海平面】【地平面】 用来设置海平面和地平面的高度。海平面值越大，则海平面越低；地平面值越大，则地形越低，顶部也会越尖锐（见图3-14）。

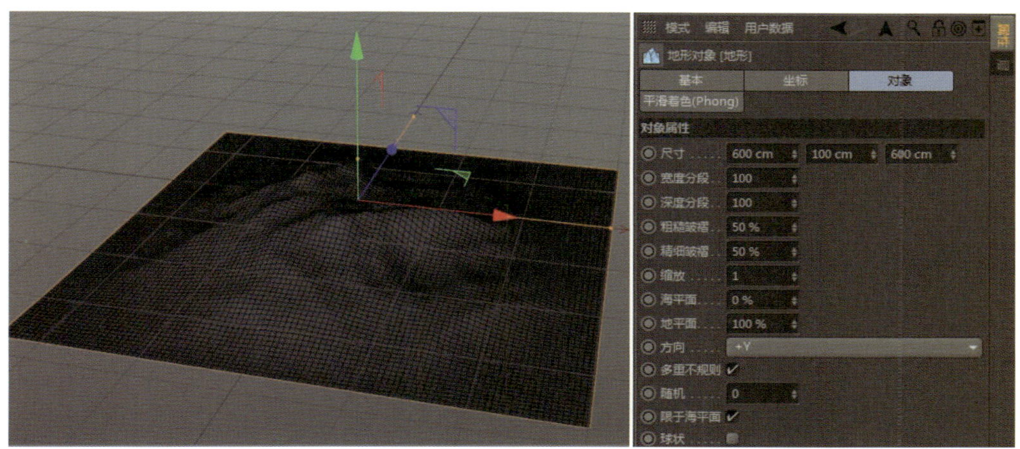

图3-14　地形基本属性

【多重不规则】 选择此选项后会产生不同的形体。

【随机】 用来产生随机效果。

【限于海平面】 取消选择此选项后，地形与海平面的过渡不自然。

【球状】 选择此选项后会形成一个球状地形结构（见图3-15）。

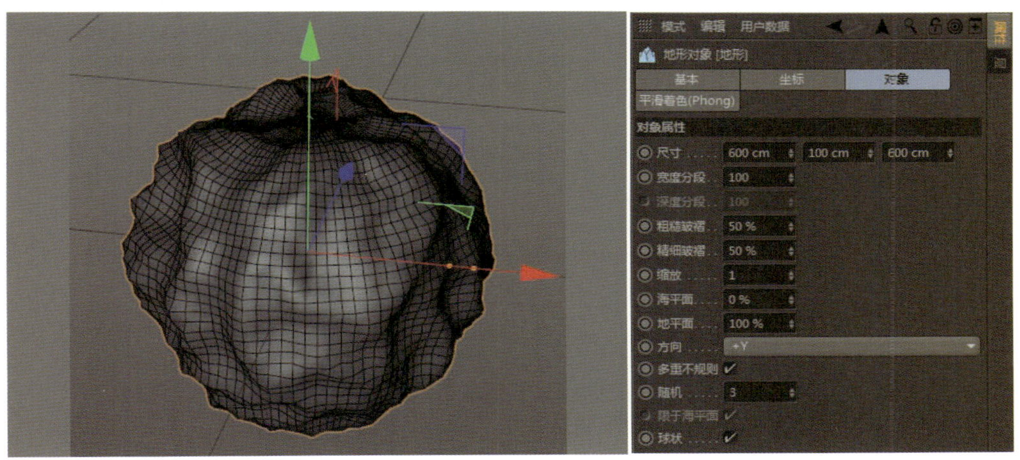

图3-15　球状地形结构

（十六）贝塞尔

贝塞尔的目标是使表面光滑、弯曲。贝塞尔不同于其他生成器，它不需要任何对象。贝塞尔对象在X和Y轴方向上的贝塞尔曲线上伸展表面，通过调整控制点来影响表面的形状，如图3-16、图3-17所示。

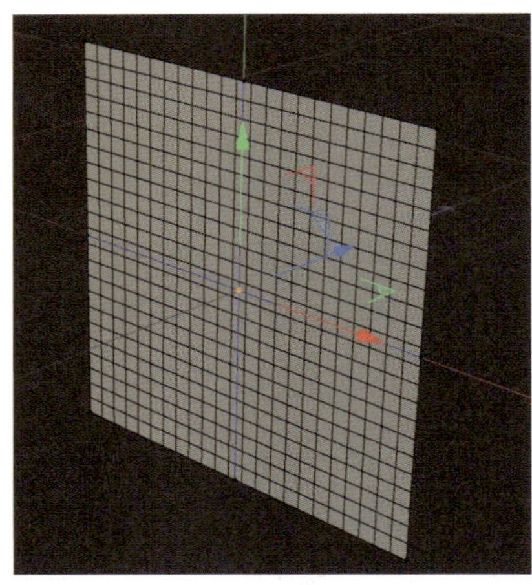

图3-16 贝塞尔 默认效果

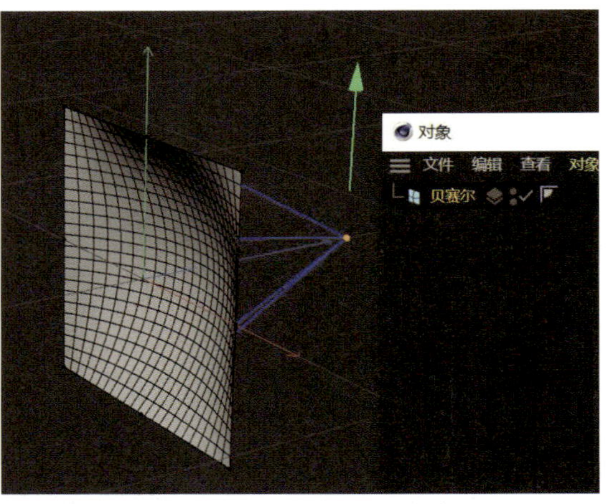

图3-17 【贝塞尔】调整后的效果

二、参数化几何体实例练习——沙发的制作

（1）打开C4D，如图3-18所示。

（2）在工作区单击鼠标中键，切换到正视图，如图3-19所示。

（3）在属性面板的菜单栏中执行【模式】→【视图设置】命令，如图3-20所示。

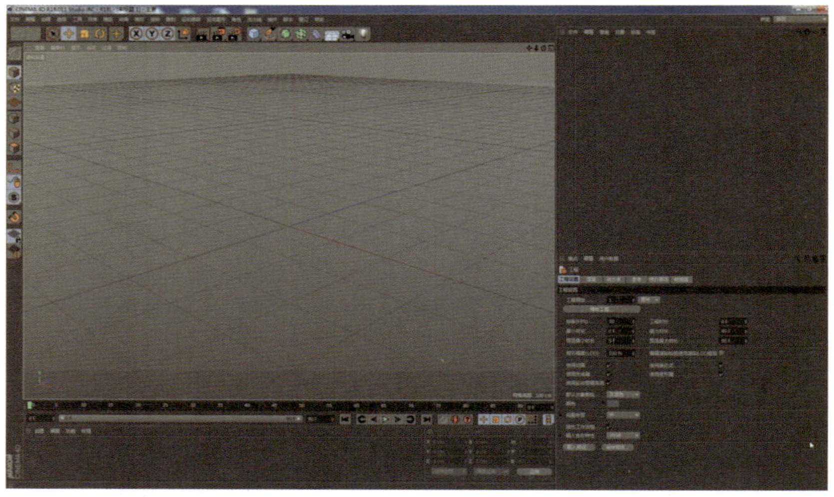

图3-18 打开C4D

图3-19　切换到正视图

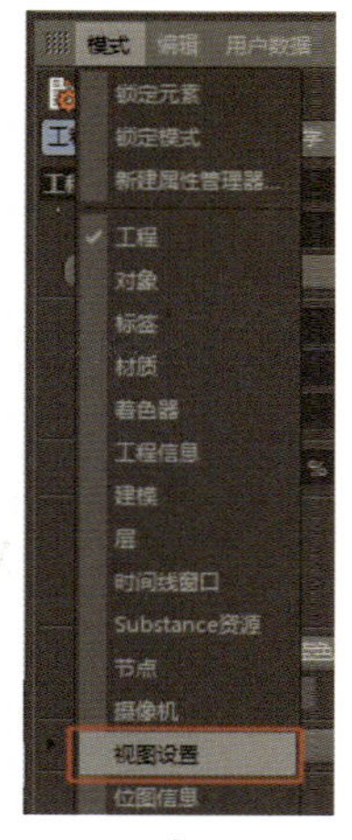

图3-20　【视图设置】

（4）进入【视图设置】后，再单击【背景】选项卡，单击【图像】参数后的路径按钮，如图3-21所示 。

（5）找到沙发参考图并单击【打开】按钮，如图3-22、图3-23所示。

图3-21　【背景】选项卡

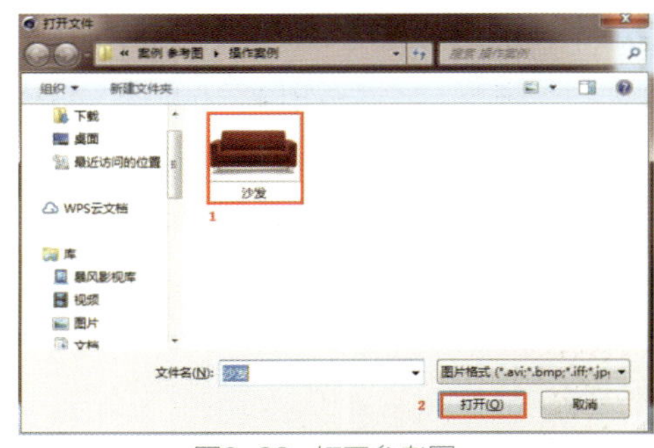

图3-22　打开参考图

图3-23　将参考图导入正视图

（6）单击对象工具组图标，如图3-24所示。

（7）创建立方体，在透视视图和前视图显示的状态如图3-25所示。

图3-24 单击对象工具组图标

图3-25 创建立方体

（8）选择立方体，在属性管理器的【对象】选项卡中修改【尺寸】属性，如图3-26所示。

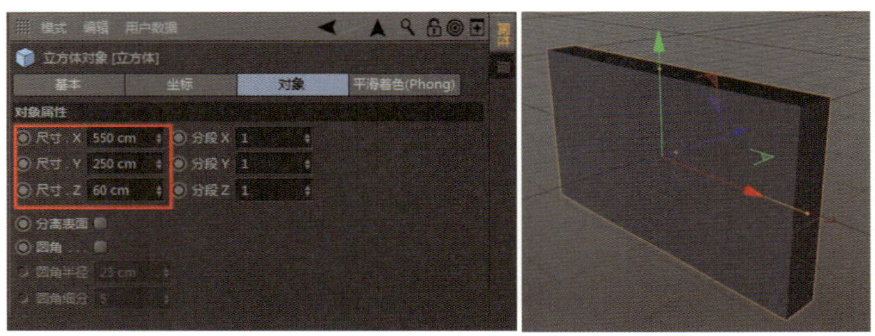

图3-26 设置立方体的尺寸

（9）选择立方体，在属性管理器的【对象】选项卡中选择【圆角】选项并调整参数，如图3-27所示。

（10）如果想观看模型分段数，可以执行【显示】→【光影着色（线条）】命令，沙发靠背制作完成，如图3-28所示。

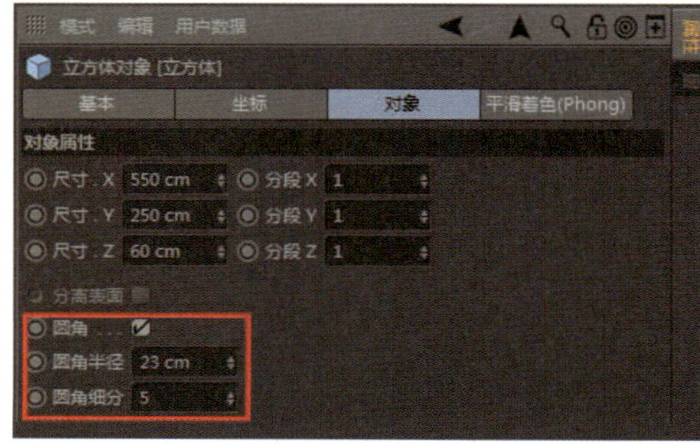

图3-27 【圆角】属性

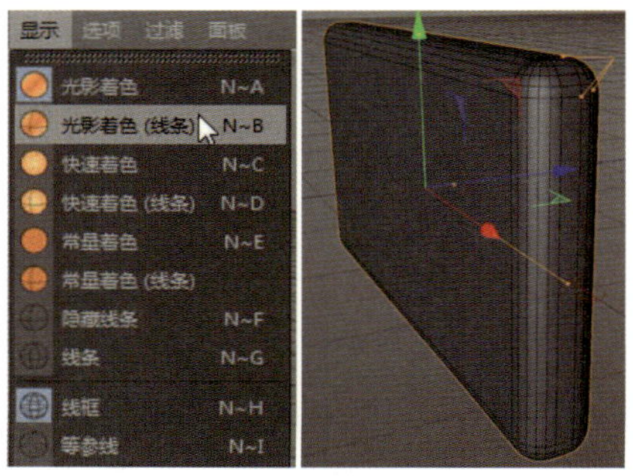

图3-28 执行【光影着色（线条）】命令

（11）在对象管理器列表下选择立方体，按【Ctrl】+【C】组合键，再按【Ctrl】+【V】组合键，复制一个立方体，如图3-29所示。

（12）选择新的立方体，使用【旋转】工具，沿*X*轴（*P*轴）旋转90°，或直接在坐标管理器的*P*轴参数内输入“90°”，如图3-30、图3-31所示。

（13）使用【移动】工具，沿*Y*轴移动立方体，形成沙发的底座，如图3-32所示。

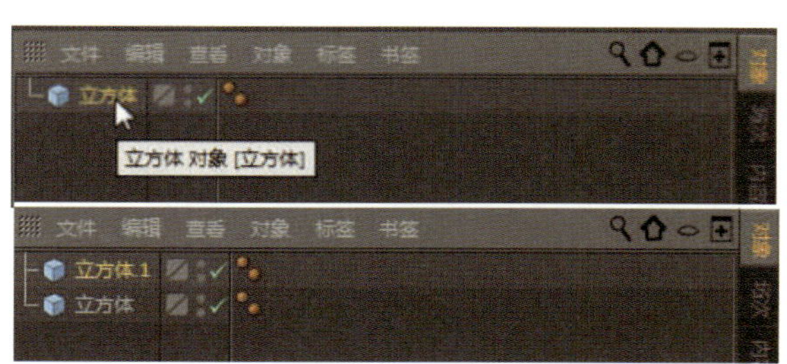

图3-29　复制立方体

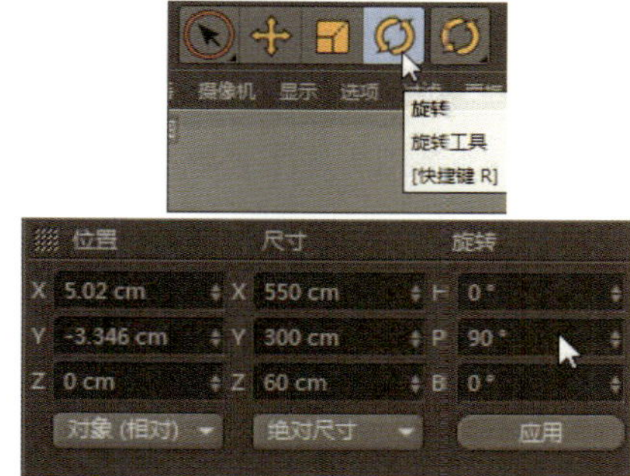

图3-30　使用【旋转】工具

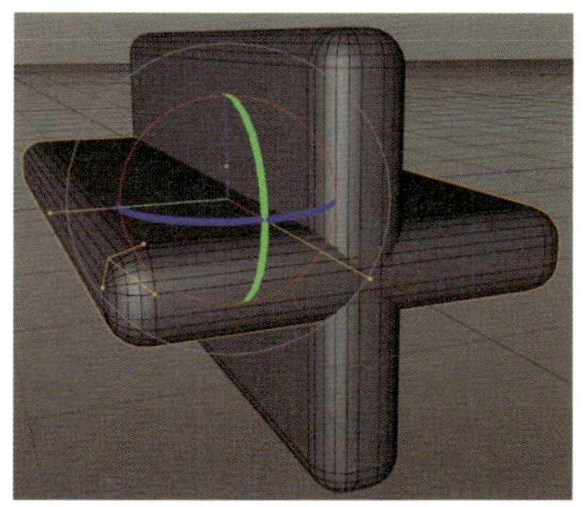

图3-31　旋转立方体

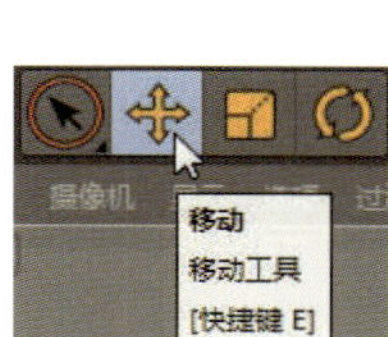

图3-32　移动立方体

（14）与步骤（11）相同，复制一个立方体，接着旋转、移动该立方体，并在属性管理器中修改它的【对象】参数，制作沙发的扶手；再复制一个扶手，移动到另一端，如图3-33、图3-34所示。

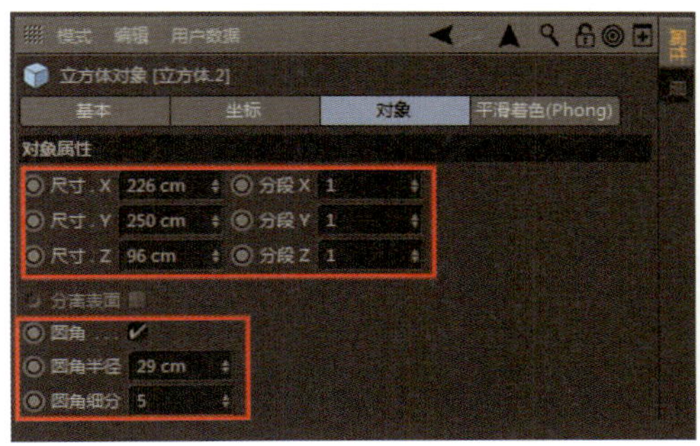

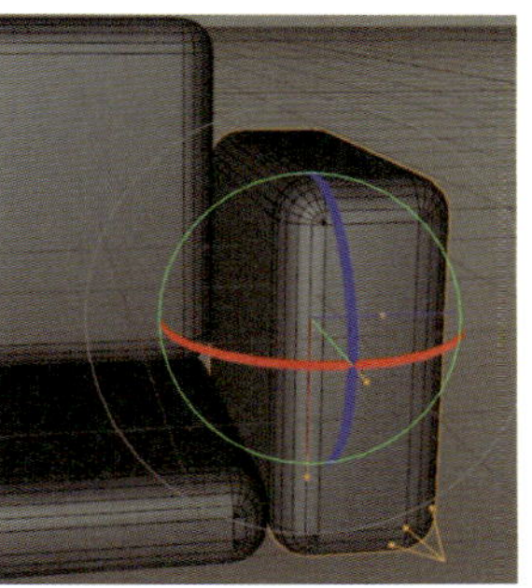

图3-33　制作扶手

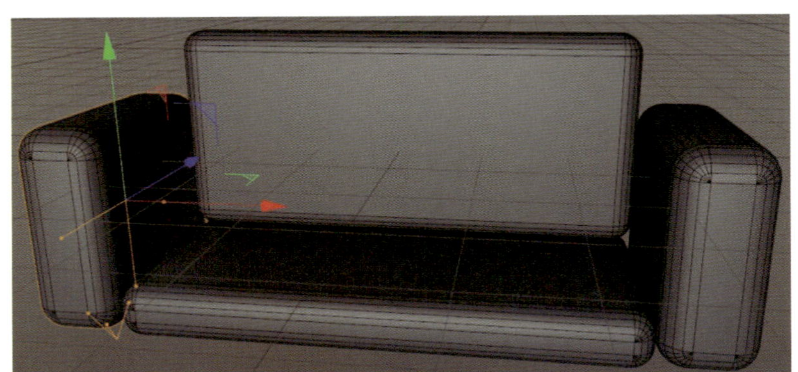

图3-34 复制另一端的扶手

（15）与步骤（11）相同，复制一个立方体，接着旋转、移动该立方体，并在属性管理器中修改它的【对象】参数，制作沙发的坐垫，如图3-35、图3-36所示。

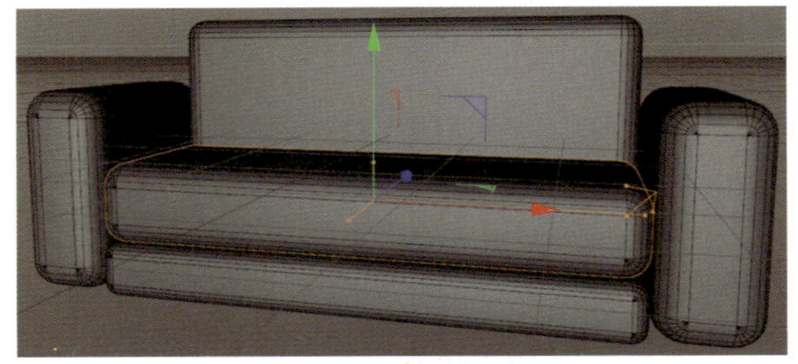

图3-35 制作坐垫

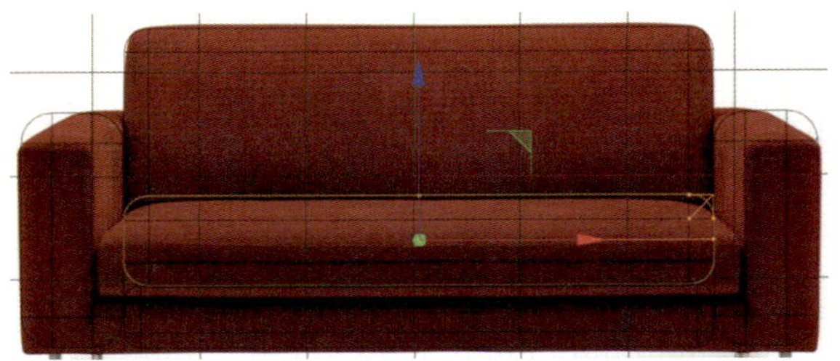

图3-36 与参考图对齐

（16）长按对象工具组图标，选择并创建圆柱体，如图3-37所示。

（17）选择圆柱体，旋转、移动圆柱体，并在属性管理器中修改它的【对象】参数，制作沙发的腿，如图3-38、图3-39所示。

图3-37 创建圆柱体

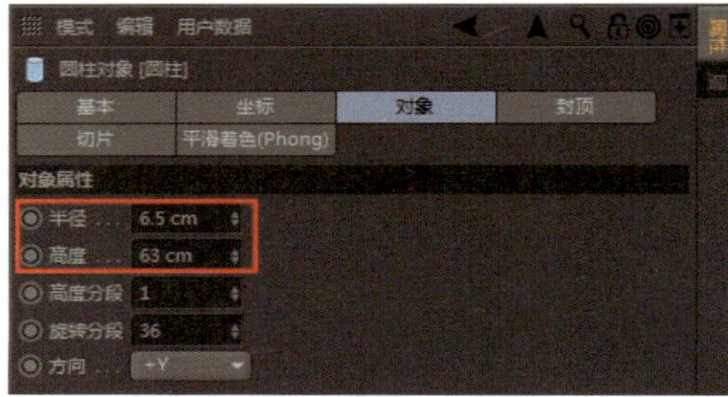

图3-38 调整参数

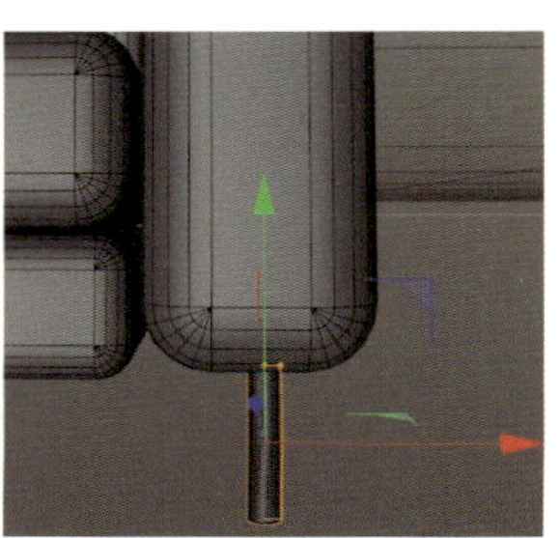

图3-39 调整位置

（18）复制一个圆柱体，接着移动它，并在属性管理器中修改它的【对象】参数，制作沙发的脚垫，如图3-40所示。

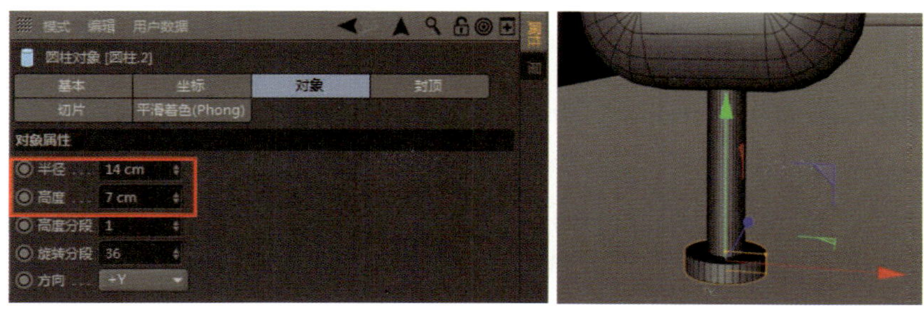

图3-40 创建、调整脚垫

（19）使用【框选】工具选择沙发的腿和脚垫，复制并移动，摆好位置，如图3-41所示。

（20）重复同样的操作，完成4组沙发腿和脚垫的制作，如图3-42所示。

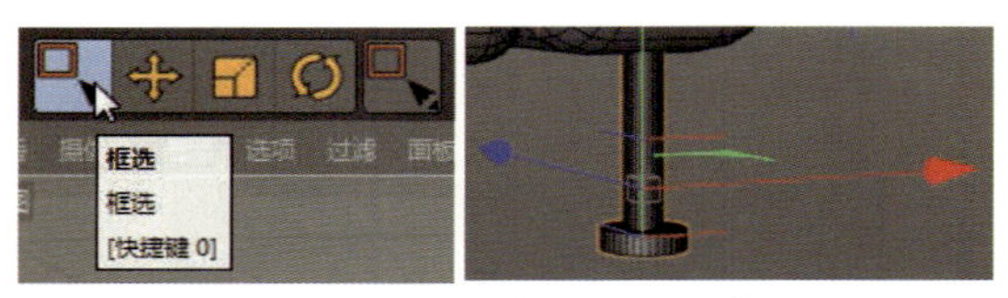

图3-41 框选沙发的腿和脚垫

图3-42 完成4组沙发腿和脚垫的制作

三、样条的创建与基础属性

样条工具组（见图3-43）有不同的颜色及区域划分：最左侧橙色为样条工具（画笔工具），可以使用样条工具绘制出任何需要的形状；中间蓝色的工具为参数化样条，可以通过编辑其中的参数形成所需要的形状。当然，也可以通过【转为可编辑对象】工具，将参数化样条或绘制出的样条转化为可编辑样条，编辑、调整其中点，形成所需要的形状。最右侧的5个工具为C4D R25版本的新工具，可以使用这些工具进行样条的布尔运算。

样条既可以通过单击工具栏中的按钮来创建，也可以通过在菜单栏中执行【创建】→【样条】命令选择相应的样条并单击其按钮来创建。

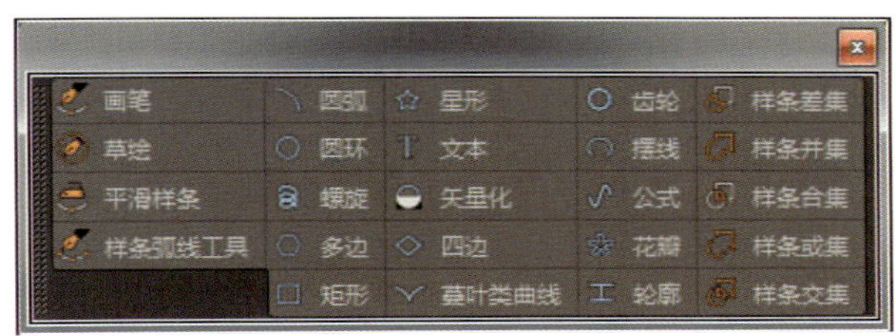

图3-43 样条工具组

（一）样条工具

1.【画笔】工具

它取代之前版本的贝塞尔（Bezier）样条、B-样条、线性和阿基玛（Akima）样条工具，可以在工作区直接绘制样条。

（1）单击图标激活【画笔】工具，然后直接在工作区单击即可创建线性样条，如图3-44所示。

（2）在工作区单击并拖动鼠标可以创建贝塞尔样条，如图3-45所示。

（3）绘制样条首尾相接时，形成闭合样条，如图3-46所示。

（4）若不想形成闭合样条，可以在绘制完成后，按空格键或【9】键切换到【实时选择】工具，取消【画笔】工具，如图3-47所示。

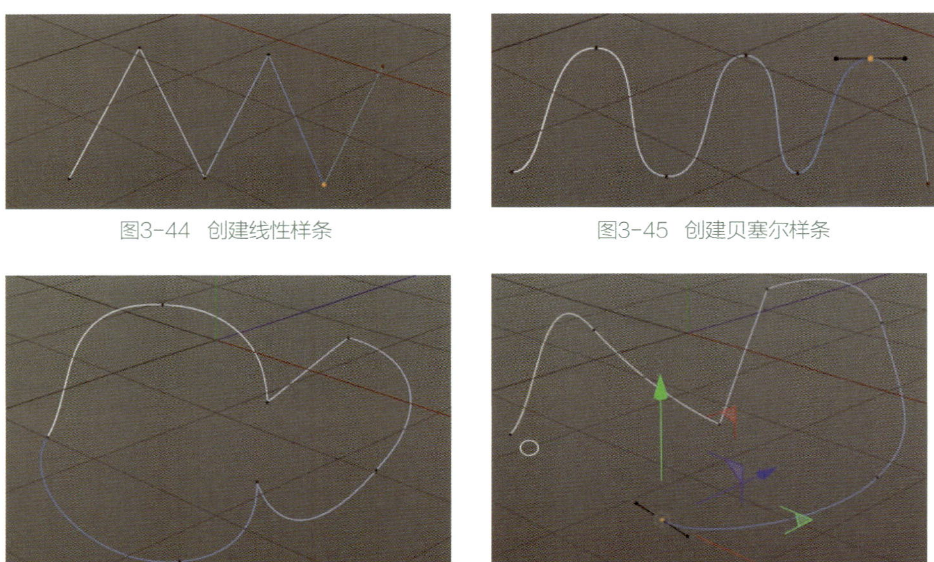

图3-44 创建线性样条　　图3-45 创建贝塞尔样条

图3-46 创建闭合样条　　图3-47 创建非闭合样条

2.【草绘】工具

使用【草绘】工具可以直接在工作区绘制样条，在默认情况下将创建贝塞尔样条，如图3-48所示。当现有的样条被编辑时，它们的原始样条类型将被保持。

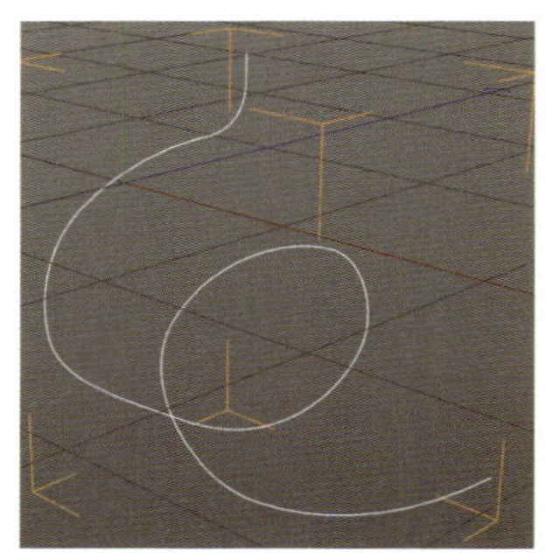

图3-48 【草绘】工具

3.【平滑样条】工具

单击图标激活【平滑样条】工具并拖动可以平滑样条线，如图3-49所示。可以在属性管理器中对起交互作用的【半径】【强度】等内容进行调整。

4.【样条弧线】工具

【样条弧线】工具可以创建圆弧或用圆弧连接样条，主要是3点圆的圆弧，即需要3个点（起点、中点、终点）来定义最终圆。在属性管理器中对起交互作用的所有内容的修改都会影响定义圆的形状的3个点。

（1）绘制圆弧。启用此工具，单击开始创建，释放鼠标左键，单击另一个位置并拖动，生成临时圆弧助手对象，再释放鼠标左键以创建圆弧，如图3-50所示。

（2）连接两段样条。选择样条，进入【点】层级，激活【圆弧】工具，单击相应的起点和终点进行圆弧连接，如图3-51所示。

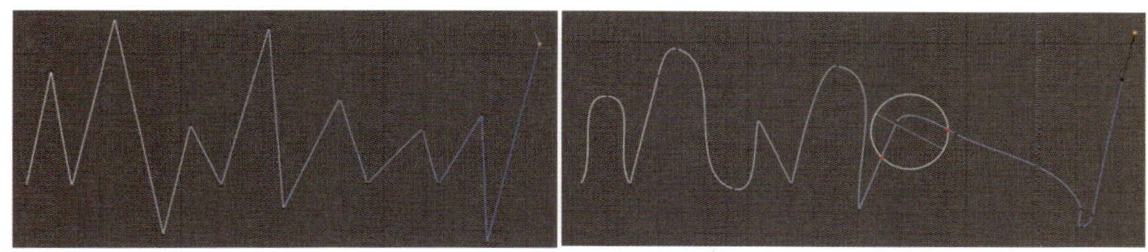

图3-49 【平滑样条】工具

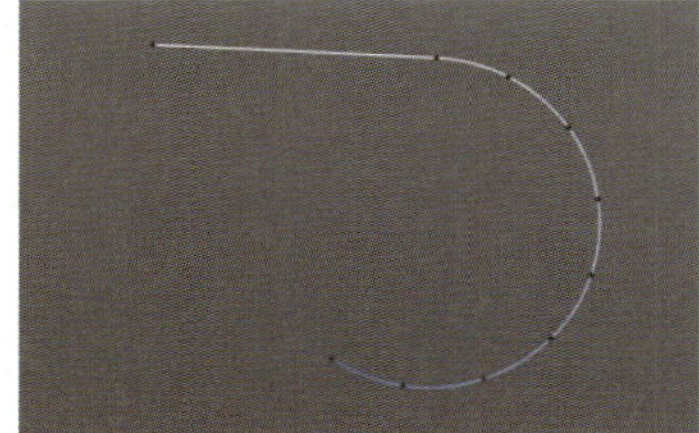

图3-50　绘制圆弧

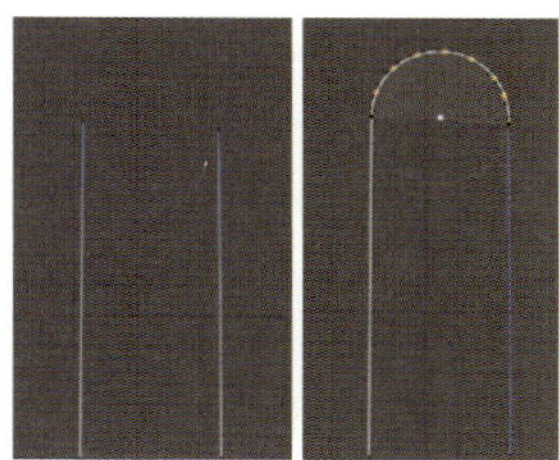

图3-51　连接两段样条

（二）参数化样条

1.【圆弧】工具

此工具可以创建弧形元素。但是弧线的类型有很多种，具体参数可以在属性管理器中进行编辑、修改，如图3-52所示。

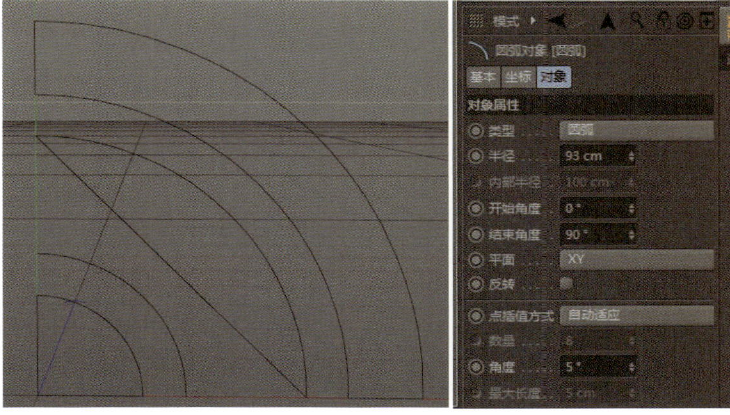

图3-52 【圆弧】工具

2.【文本】工具

此工具可以制作字母、字符和任何其他文本，只需选择一个字体并在样条的属性管理器文本框中输入文本即可（见图3-53）。

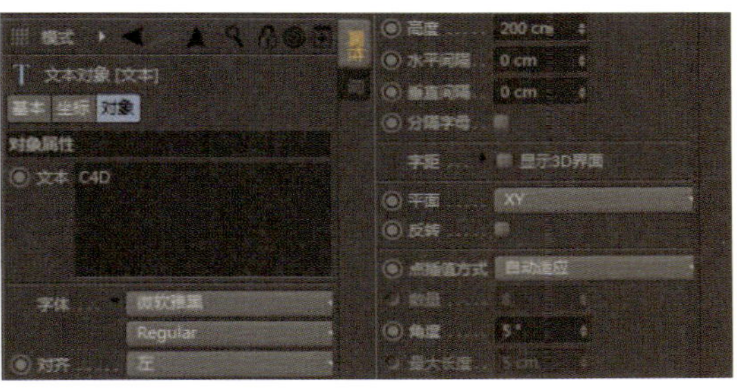

图3-53 【文本】工具

3.【齿轮】工具

此工具可以制作齿轮。除了默认类型的齿轮外，【齿轮】工具还提供了广泛的设置，能够创造各种类型的辐条、棘轮、径向辐条等（见图3-54），可以在属性管理器的【对象】【齿】【嵌体】选项卡中调整，如图3-55所示。

图3-54 【齿轮】工具类型

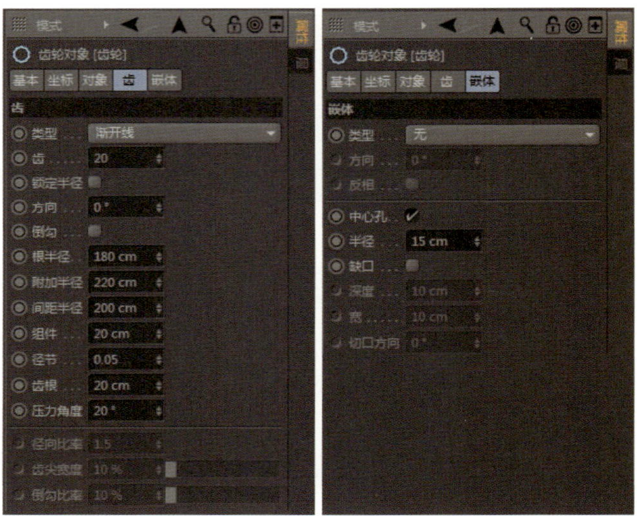

图3-55 【齿轮】工具属性

4.【轮廓】工具

此工具可以创建各种工字钢型材。具体类型可以在属性管理器中【对象】选项卡下的【类型】属性中调整，如图3-56所示。

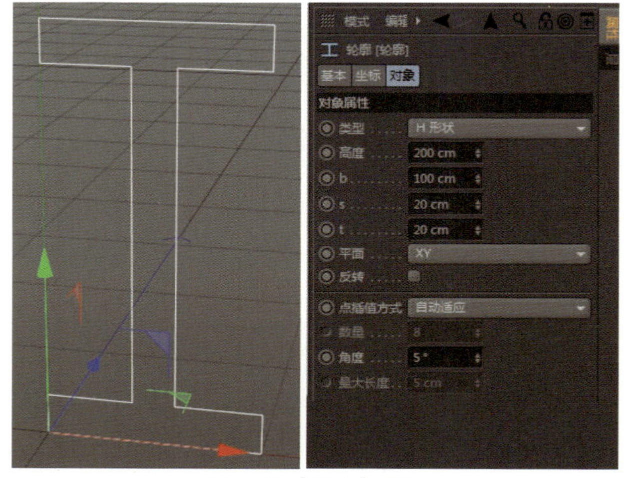

图3-56 【轮廓】工具

5.其他类型

其他类型的参数样条线基础属性与之前的类似，不做具体介绍。

（三）样条布尔运算

图3-57　样条布尔运算

布尔运算是数字符号化的逻辑推演法，包括联合（并集）、相交（交集）、相减（差集）等。在图形处理操作中引用这种逻辑运算方法可以使简单的基本图形组合产生新的形体。只有在创建了两个或两个以上的样条时，该工具才会启用。样条工具中的布尔运算有以下几类，如图3-57所示。

1.【样条差集】

样条A减样条B，先选择的样条为A，后选择的样条为B。单击【样条差集】按钮，将样条A与B重合的部分以及样条B删除，如图3-58所示。

2.【样条并集】

样条A加样条B，先选择的样条为A，后选择的样条为B。单击【样条并集】按钮，将样条A与B重合的部分删除，保留A与B的完整轮廓，如图3-59所示。

3.【样条合集】

先选择的样条为A，后选择的样条为B。单击【样条合集】按钮，将样条A与B单独的部分删除，保留A与B相交的部分，如图3-60所示。

4.【样条或集】

先选择的样条为A，后选择的样条为B。单击【样条或集】按钮，将样条A与B单独的部分保留，删除A与B相交的部分，如图3-61所示。

5.【样条交集】

先选择的样条为A，后选择的样条为B。单击【样条交集】按钮，将样条A与B单独的部分保留，A与B相交的部分也被独立出来，如图3-62所示。

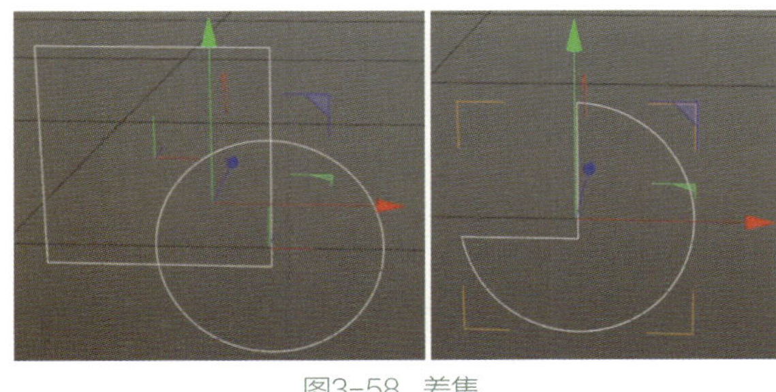
图3-58　差集

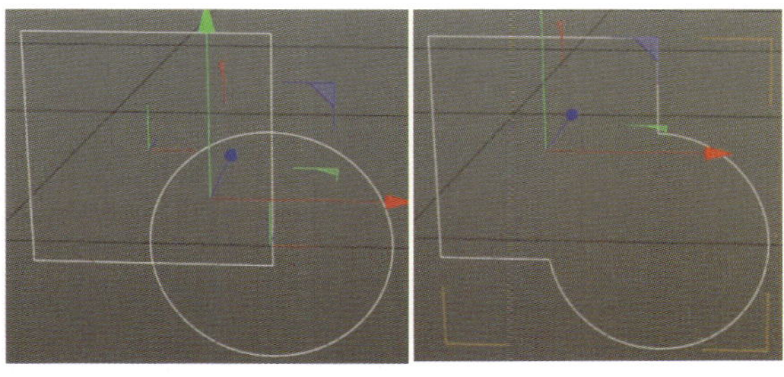
图3-59　并集

图3-60　合集

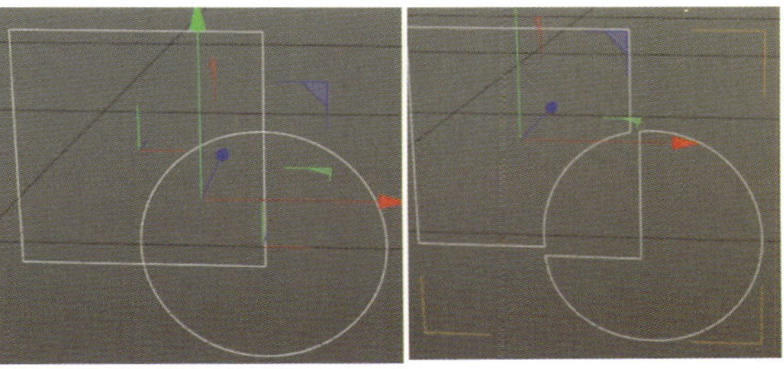
图3-61　或集

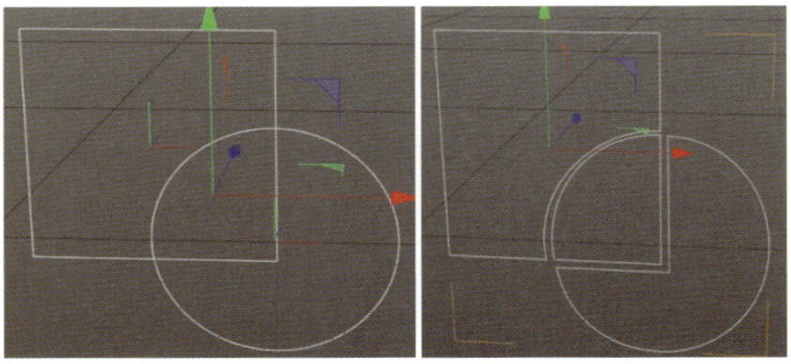

图3-62 交集

四、样条线实例练习——LOGO制作

（1）打开C4D，把工作区切换到正视图，如图3-63所示。

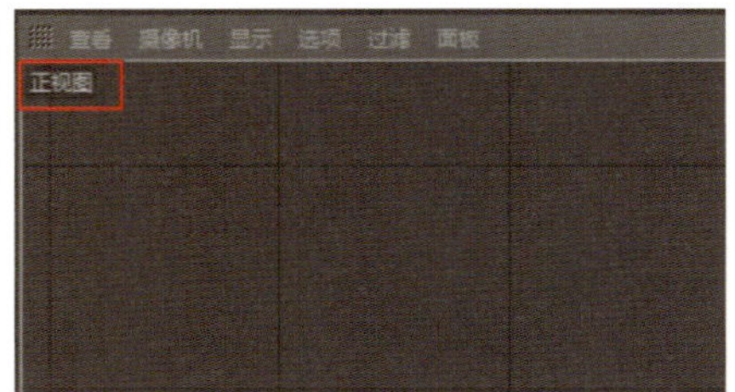

图3-63 切换到正视图

（2）进入【视图设置】，单击【背景】选项卡，如图3-64所示。

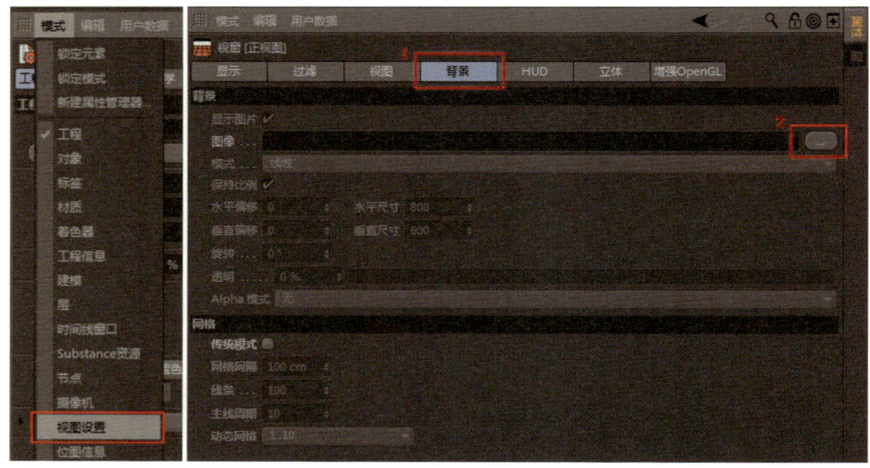

图3-64 设置背景

（3）找到参考图并单击【打开】按钮，导入参考图，如图3-65所示。

（4）选择【画笔】工具，如图3-66所示。

（5）沿着参考图开始绘制，在关键的转折处创建点即可，如图3-67所示。

（6）绘制完成后，激活【点】层级工具，使用【移动】工具，调整点的贝塞尔手柄，使曲线和参考图吻合，如图3-68所示。

图3-65　打开参考图

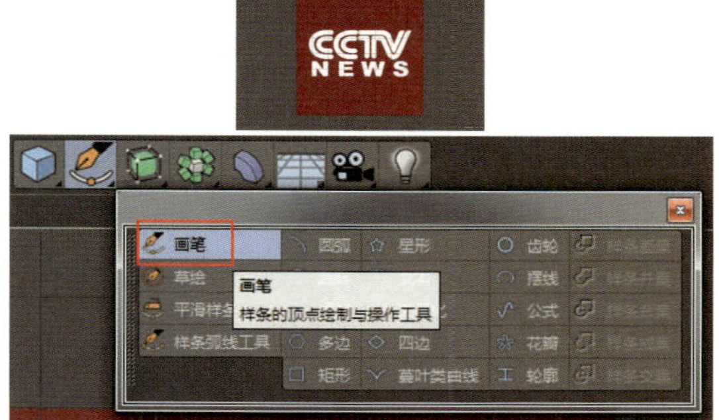
图3-66　选择【画笔】工具

图3-67　绘制样条

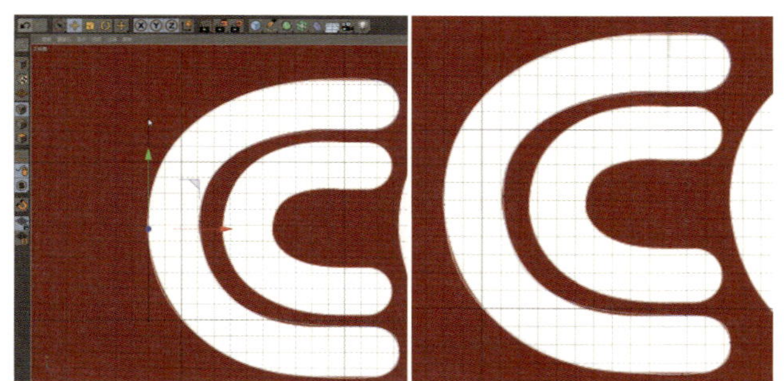
图3-68　在正视图中调整贝塞尔手柄

（7）选择调整好的样条线，按【Ctrl】+【C】组合键进行复制，按【Ctrl】+【V】组合键进行粘贴，复制出另一条样条线“样条.1”，如图3-69所示。

（8）激活【点】层级工具，使用【移动】工具，调整点的贝塞尔手柄，使曲线和参考图中的小C吻合，如图3-70、图3-71所示。

图3-69　复制样条

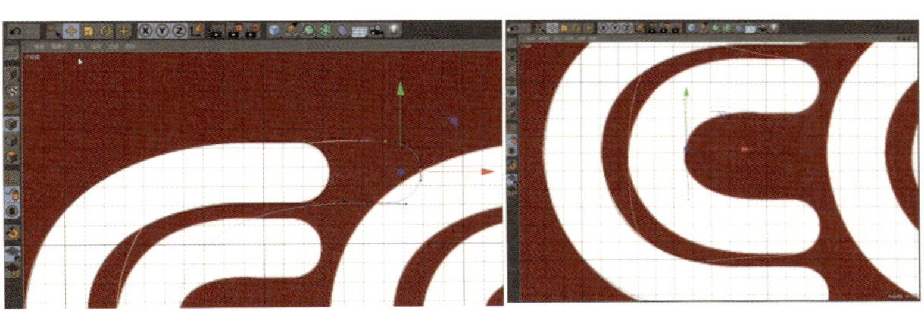
图3-70　调整贝塞尔手柄

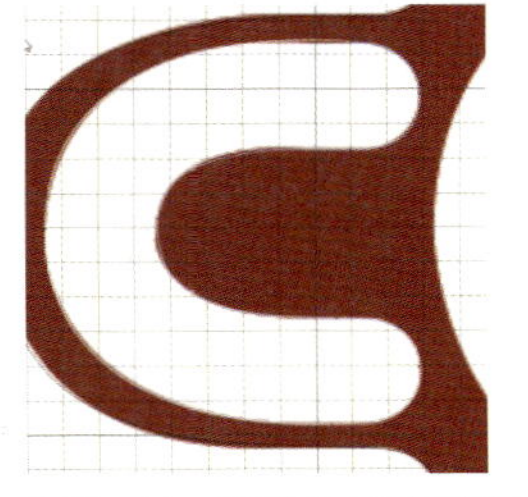
图3-71　使样条与参考图吻合

（9）为了方便选择与识别，可以在对象管理器中双击样条的名称，为它们进行重命名，如图3-72所示。

（10）在对象管理器中，选择样条“大写C”和“小写C”，按【Ctrl】+【C】、【Ctrl】+【V】组合键进行复制、粘贴，得到另外一组样条“大写C.1”和“小写C.1”，移动它们，调整好位置，如图3-73所示。

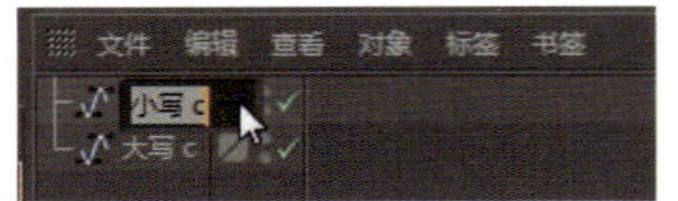

图3-72 重命名

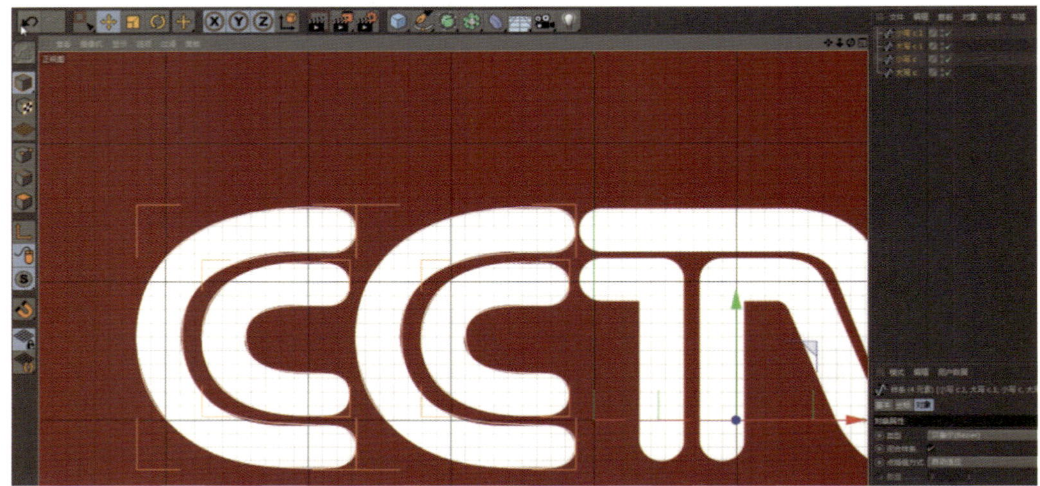
图3-73 复制并调整样条

（11）重复步骤（4）—（6），绘制下一个字母。在直角转弯处，可以进入【点】层级，右击，在快捷菜单中执行【刚性插值】命令，将贝塞尔点转化为直角点，如图3-74所示。

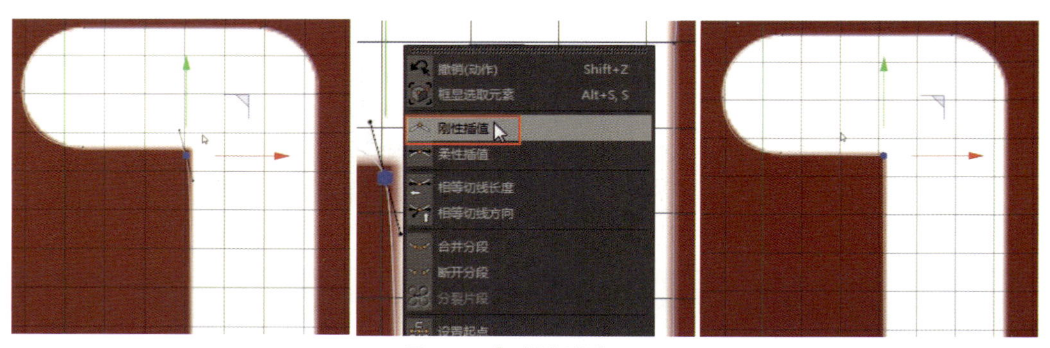

图3-74 【刚性插值】

（12）使直线上的两个点垂直对齐的方法如下：选择两个点，在坐标管理器中找到X轴，此时X轴的参数为两个点在X轴的距离，输入“0”，两个点即在X轴上对齐，保持垂直，如图3-75所示。

（13）使直线上的两个点水平对齐的方法如下：选择两个点，在坐标管理器中找到Y轴，此时Y轴的参数为两个点在Y轴的距离，输入“0”，两个点即在Y轴上对齐，保持水平，如图3-76所示。

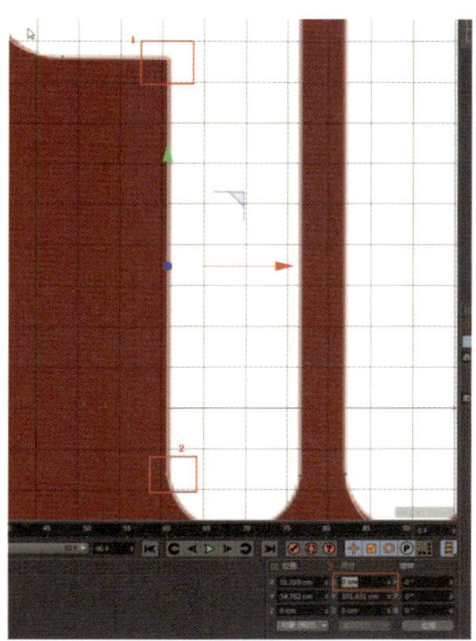

图3-75　垂直对齐两个点

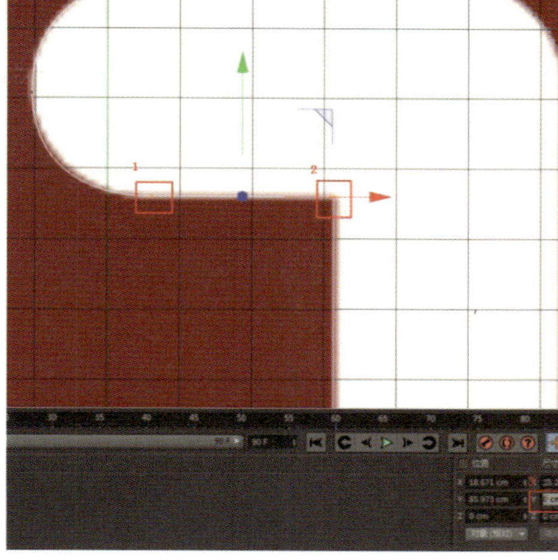

图3-76　水平对齐两个点

（14）绘制完成的TV两个字如图3-77所示。

（15）接下来创建文字，单击【文本】工具按钮，如图3-78所示。

图3-77　绘制完成的TV两个字

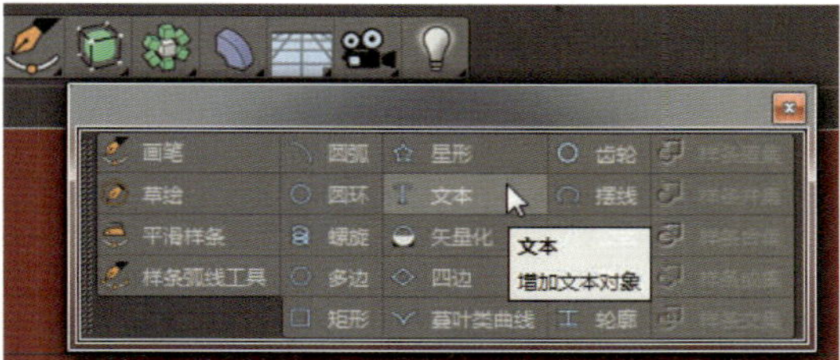

图3-78　创建文本

（16）在属性管理器中单击【文本】工具的【对象】选项卡，在【文本】选项后的输入框内输入需要的文字，接下来可以调整字体形状以及文字的尺寸大小，如图3-79所示。

图3-79　输入文字

（17）刚创建出的文字不能与参考图完全对齐，如图3-80所示。

图3-80　与参考图对比

（18）选择文字，单击【转为可编辑对象】按钮 或按快捷键【C】，把文字转化为可编辑的样条，如图3-81所示。

（19）进入【点】层级，选择相对应的点，逐字调整大小，可以使用【移动】工具或【缩放】工具进行调整、编辑，如图3-82、图3-83所示。

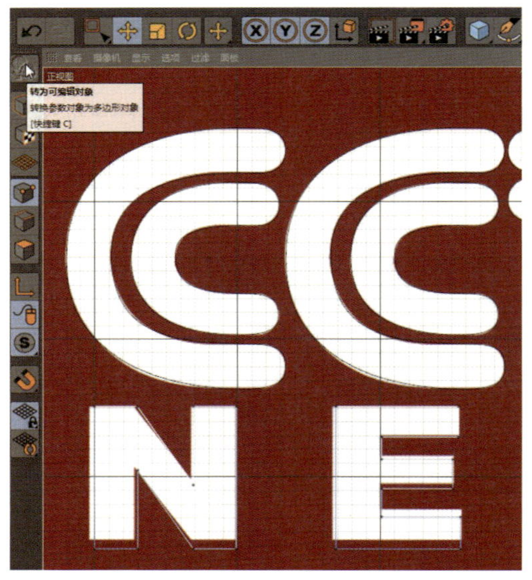

图3-81　转化为可编辑样条

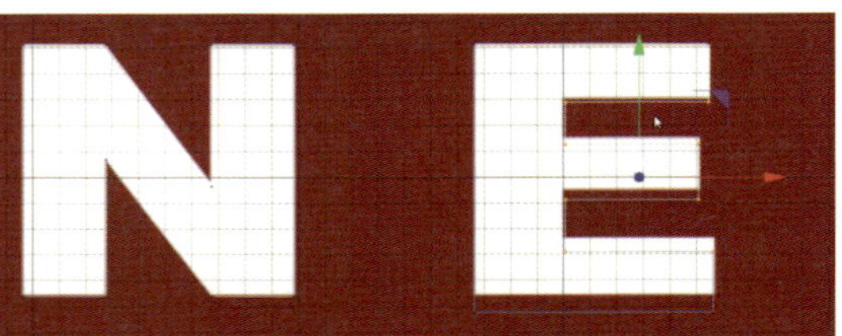
图3-82　调整点①

图3-83　调整点②

（20）最终在透视视图中的效果如图3-84所示。

图3-84　LOGO绘制完成

第四章　生成器

一、生成器工具组

生成器能够让我们使用简单的曲线或物体快速且容易地创建表面。生成器必须配合样条或对象交互使用。它们必须与模型形成层级关系才能产生效果，如图4-1所示。

图4-1　生成器与对象的层级关系

（一）【细分曲面】

它用来平滑对象，可以有效地节约计算机内存。细分器的类型和分段数等属性可以在属性管理器的【对象】选项卡中调整。

创建立方体和【细分曲面】生成器，然后将立方体拖入【细分曲面】生成器，使立方体变成【细分曲面】生成器的子层级，如图4-2所示。

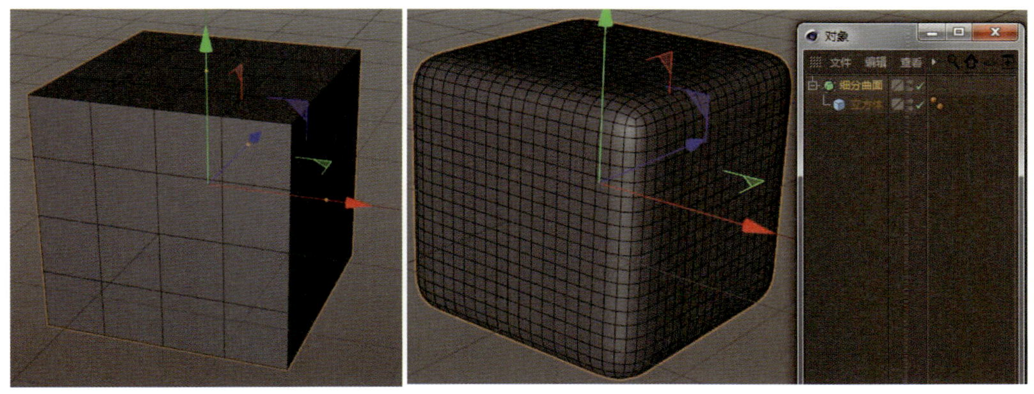

图4-2　【细分曲面】的效果

（二）【旋转】

使用此工具围绕坐标轴旋转一个二维图像或样条，可以生成一个三维对象，如图4-3所示。旋转的类型和分段数等属性可以在属性管理器的【对象】选项卡中调整。

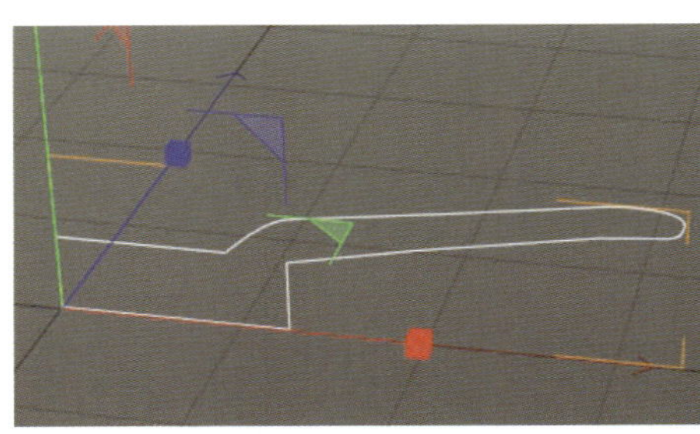
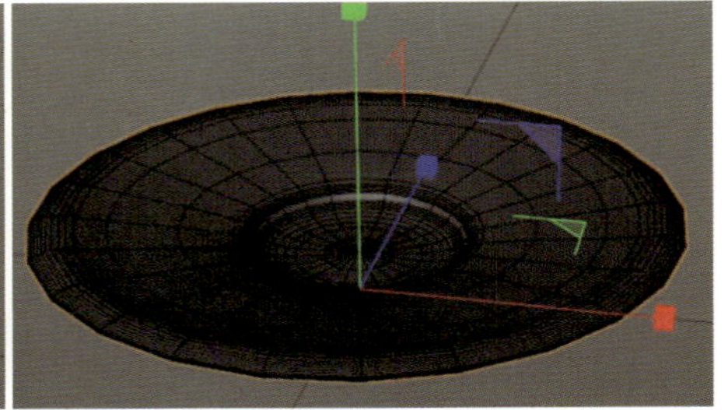

图4-3 【旋转】的效果

（三）【放样】

使用【放样】工具在两个或多个样条上拉伸，可以生成一个三维对象，如图4-4所示。样条的顺序决定了它们连接的顺序，而且支持多个形状的样条。放样的类型和分段数等属性可以在属性管理器的【对象】选项卡中调整。

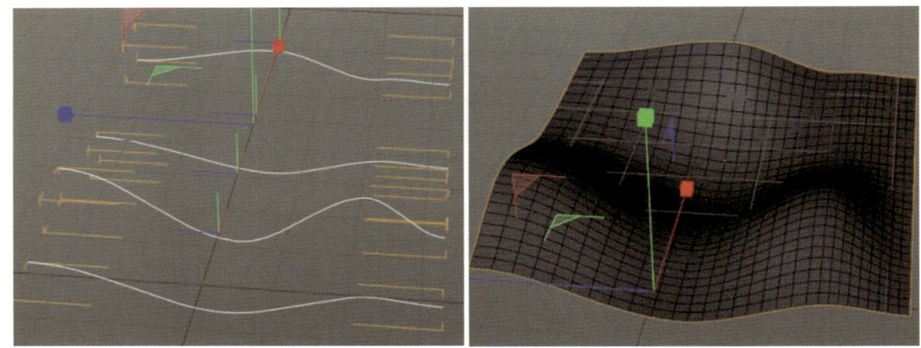

图4-4 【放样】的效果

（四）【扫描】

扫描对象需要两三个样条（见图4-5）。第一个样条为轮廓样条，用于定义横截面；第二个样条作为路径；可选的第三个样条——轨道样条可用于修改轮廓样条在物体长度上的尺度。或者可以使用函数图，所有相关的轨道样条函数都可以被调整。扫描的类型和分段数等属性可以在属性管理器的【对象】选项卡中调整。

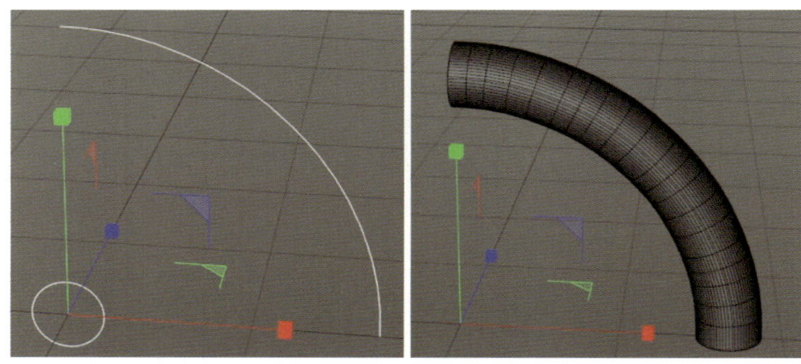

图4-5 【扫描】的效果

（五）【贝塞尔】

贝塞尔的目标是使表面光滑、弯曲。贝塞尔不同于其他生成器，它不需要任何对象。贝塞尔对象在*X*和*Y*轴方向上的贝塞尔曲线上伸展表面，通过调整控制点来影响表面的形状，如图4-6所示。

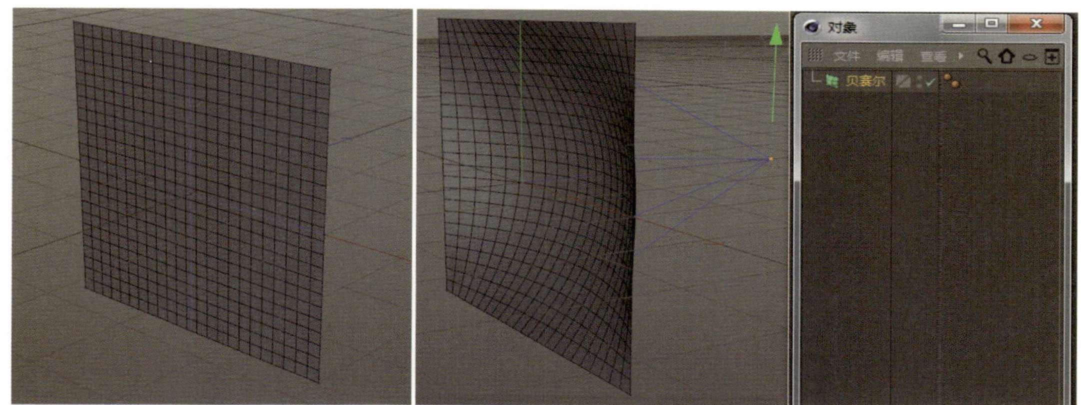

图4-6 【贝塞尔】的效果

二、【旋转】【扫描】工具实例练习——煤油灯制作

（1）打开C4D，并把工作区切换到正视图，如图4-7所示。

（2）进入【视图设置】，单击【背景】选项卡，如图4-8所示。

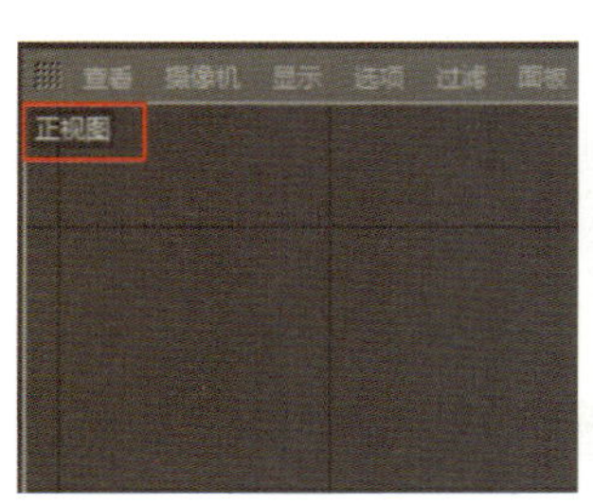

图4-7 切换到正视图

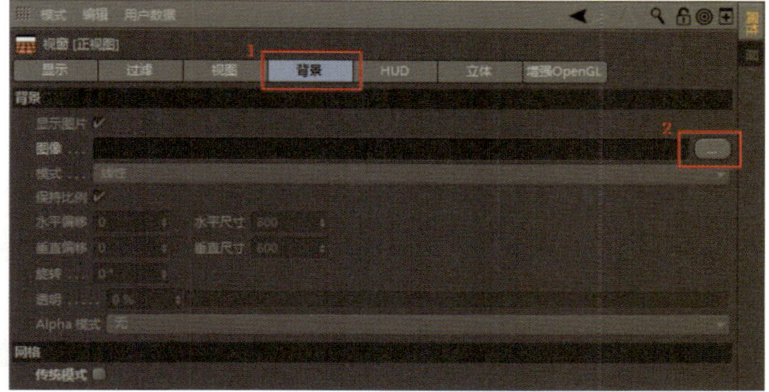

图4-8 【背景】选项卡

（3）找到参考图并单击【打开】按钮，导入参考图，如图4-9、图4-10所示。

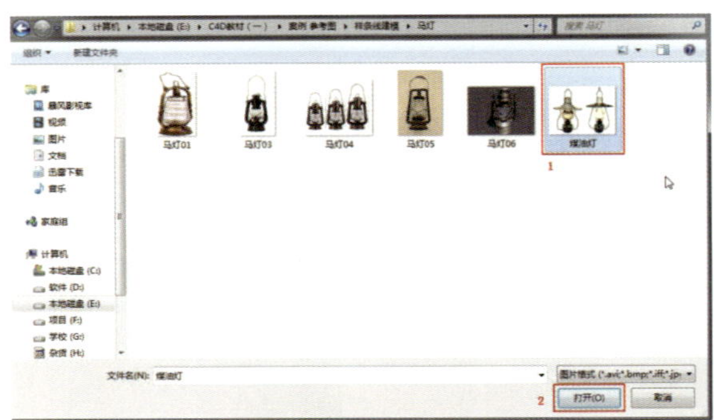

图4-9　打开参考图

图4-10　将参考图导入正视图

（4）调整参考位置，使之能够对齐全局坐标的Y轴，如图4-11、图4-12所示。

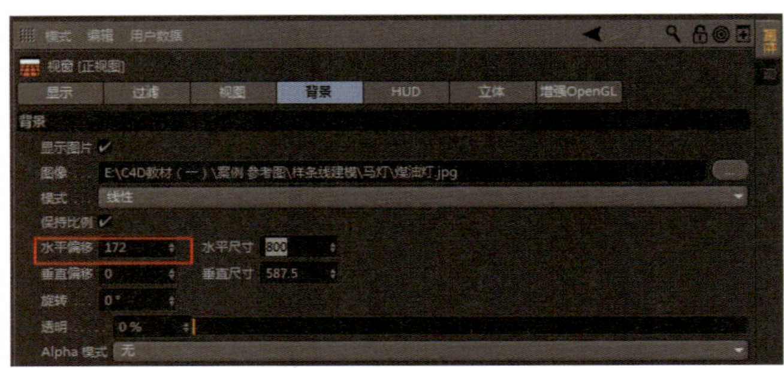

图4-11　调整水平偏移

图4-12　将参考图中心对齐Y轴

（5）使用【画笔】工具沿着灯罩绘制轮廓，如图4-13所示。

（6）绘制好轮廓之后，创建【旋转】生成器。在对象管理器内拖动绘制好的样条，把样条变成【旋转】生成器的子层级，如图4-14所示。

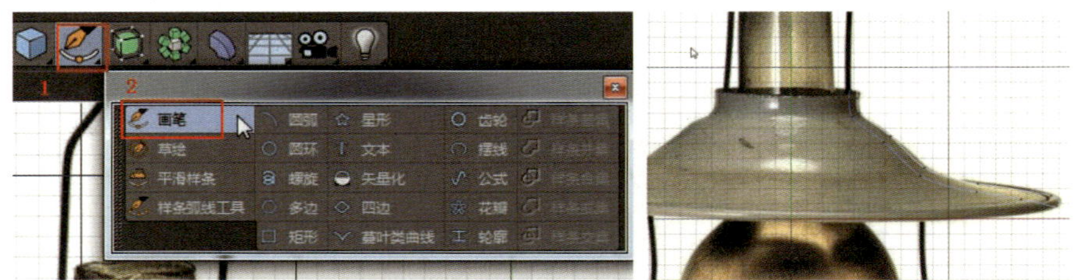

图4-13　使用【画笔】工具创建轮廓

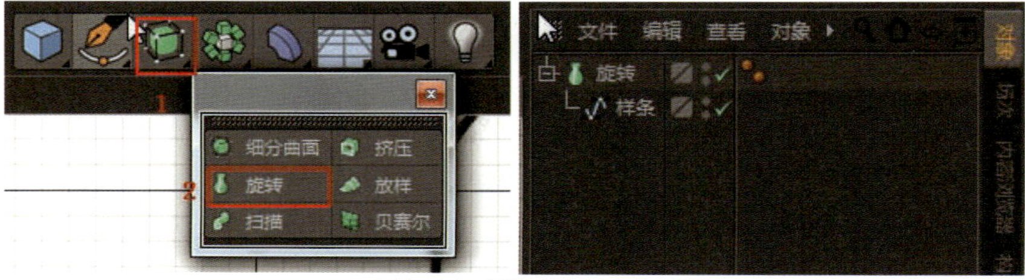

图4-14　创建【旋转】生成器

（7）灯罩制作完成并与参考图对齐，如图4-15、图4-16所示。

图4-15 灯罩制作完成

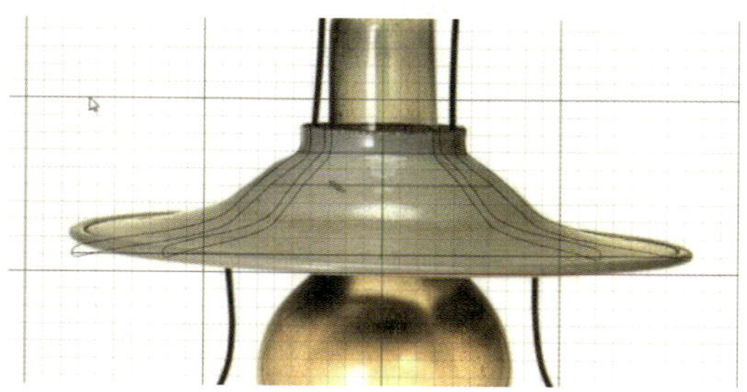

图4-16　与参考图对齐

（8）使用【画笔】工具沿着玻璃灯罩绘制轮廓，如图4-17所示。

（9）绘制好玻璃灯罩轮廓之后，创建【旋转】生成器。在对象管理器内拖动绘制好的样条，把样条变成【旋转】生成器的子层级，如图4-18所示。

（10）玻璃灯罩制作完成，如图4-19所示。

（11）使用【画笔】工具沿着玻璃底座绘制轮廓，如图4-20所示。

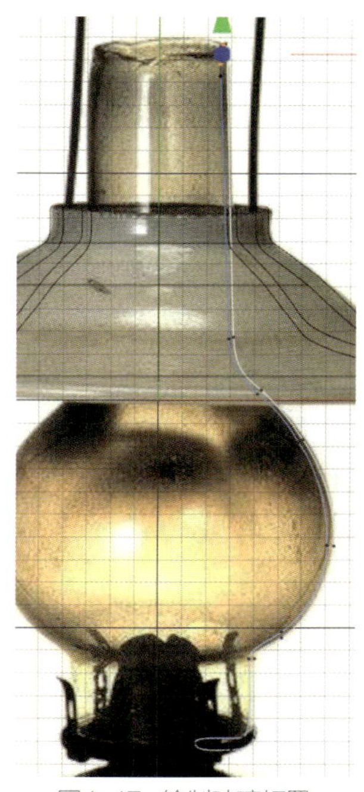

图4-17　绘制玻璃灯罩

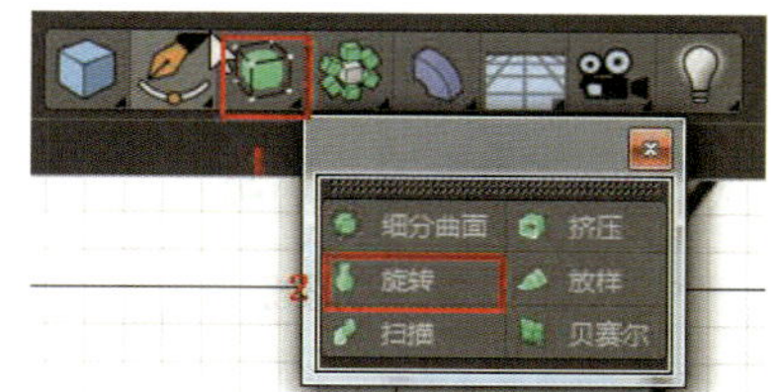

图4-18　创建【旋转】生成器

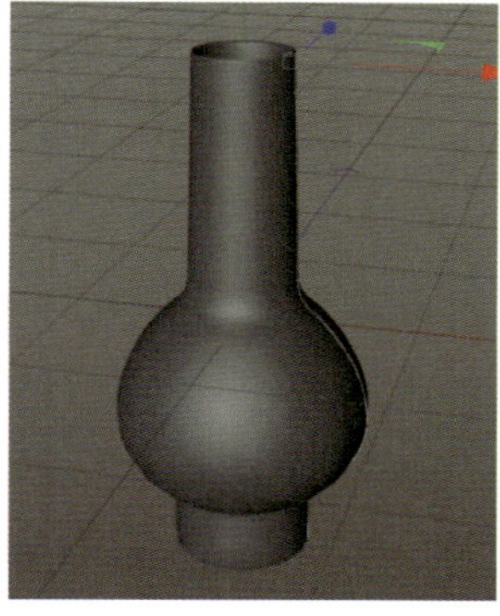

图4-19　玻璃灯罩绘制完成

图4-20　绘制玻璃底座轮廓

（12）绘制好玻璃底座轮廓之后，创建【旋转】生成器。在对象管理器内拖动绘制好的样条，把样条变成【旋转】生成器的子层级，如图4-21所示。

（13）玻璃底座制作完成，如图4-22所示。

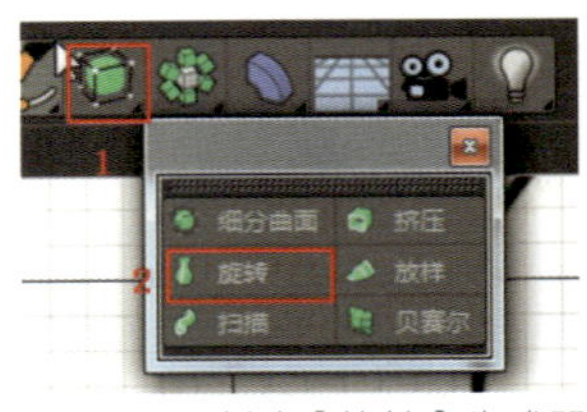

图4-21 创建【旋转】生成器

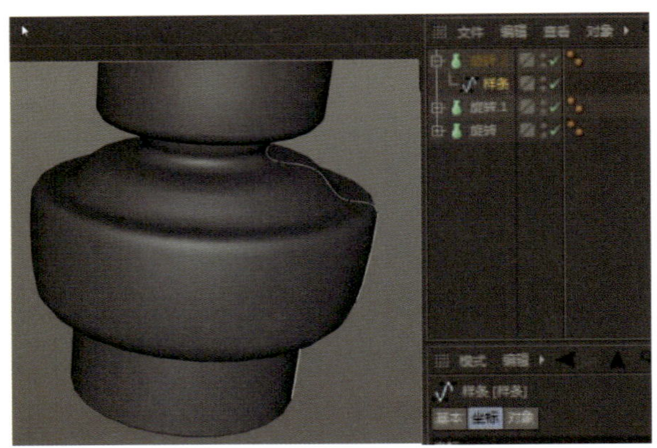

图4-22 玻璃底座制作完成

（14）使用【画笔】工具沿着金属提手绘制轮廓，如图4-23所示。

（15）创建圆环，并在对象管理器的【对象】选项卡中调整其半径，如图4-24、图4-25所示。这个圆环的半径就是提手的半径。

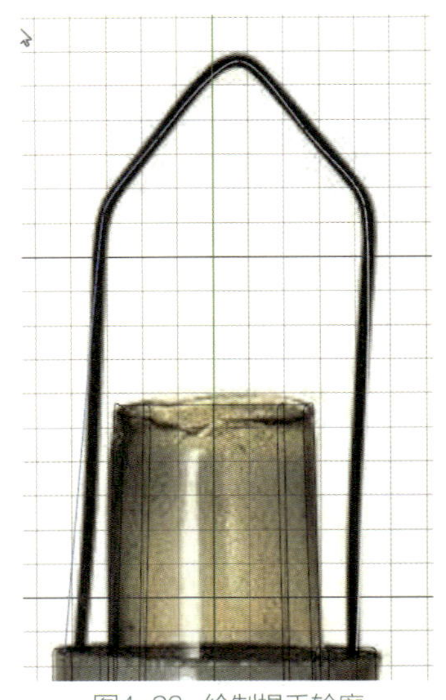
图4-23 绘制提手轮廓

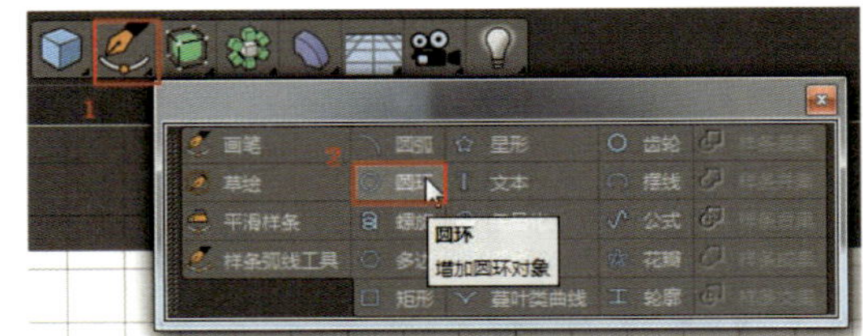

图4-24 绘制圆环

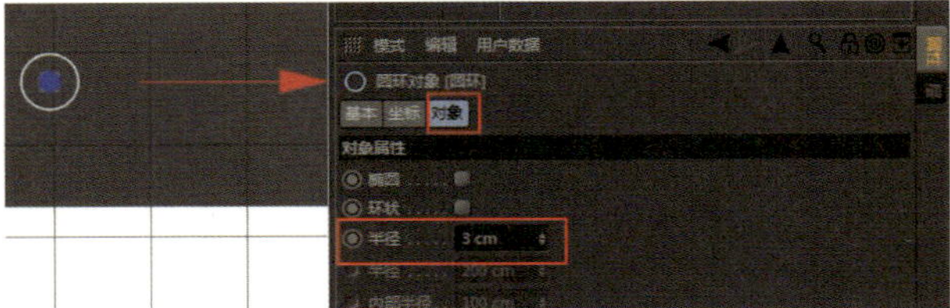

图4-25 调整圆环半径

（16）绘制好提手的轮廓和半径之后，创建【扫描】生成器，如图4-26所示。

（17）在对象管理器内拖动绘制好的样条和圆环，把样条和圆环变成【扫描】生成器的子层级。圆环在第一层，样条在第二层，如图4-27所示。

（18）重复步骤（14）—（16），创建样条和圆环，作为侧面提手的路径和半径。创建【扫描】生成器，然后在对象管理器内拖动绘制好的样条和圆环，把样条和圆环变成【扫描】生成器的子层级。圆环在第一层，样条在第二层，如图4-28所示。

（19）在对象管理器里对创建的模型进行重命名，如图4-29所示。

图4-26　创建【扫描】生成器

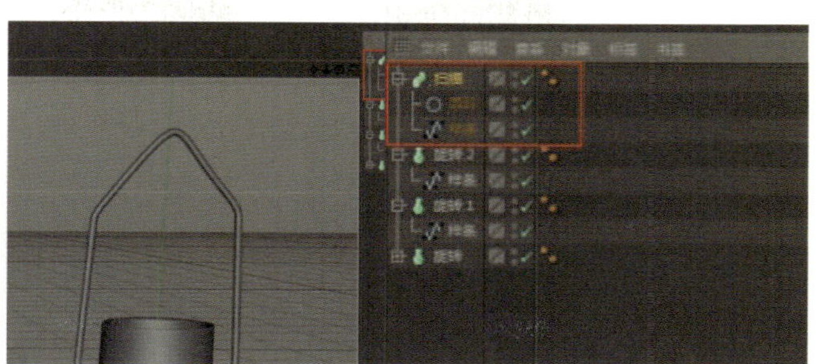

图4-27　调整层级关系

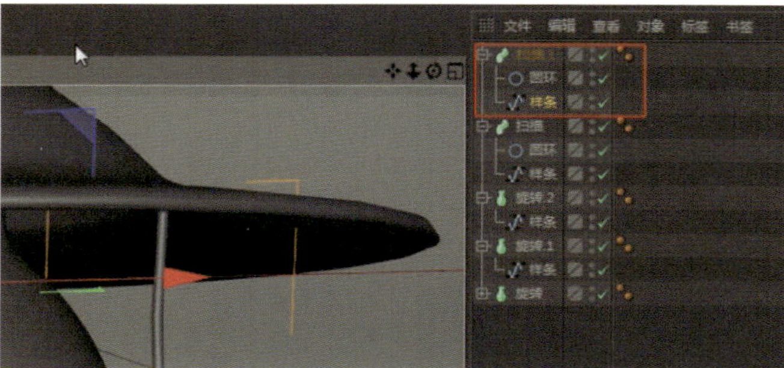

图4-28　制作侧面提手

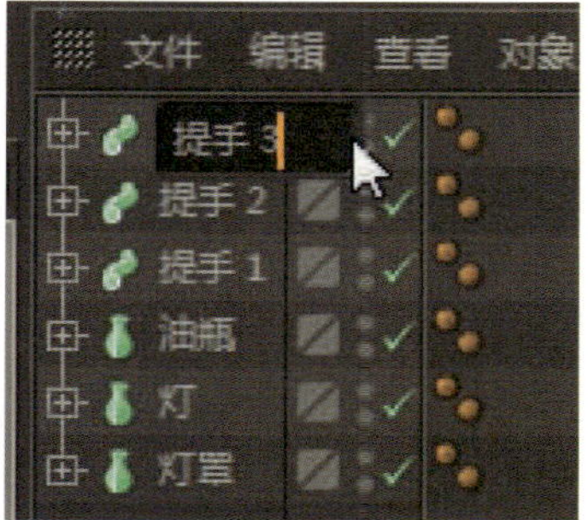

图4-29　重命名

（20）选择"提手2"，按【Ctrl】+【C】、【Ctrl】+【V】组合键进行复制、粘贴，得到另一个模型"提手3"。

（21）打开层级关系，选择"样条"。在属性管理器内的【坐标】选项卡中，把缩放属性X轴数字改为"-1"，如图4-30所示。

（22）调整位置，得到另一侧提手，如图4-31所示。

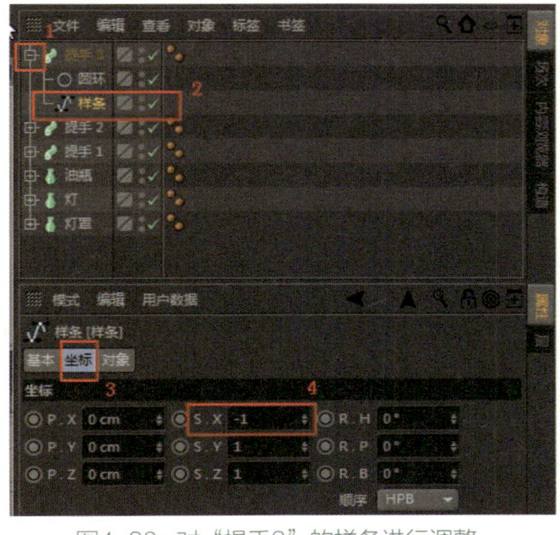

图4-30　对"提手3"的样条进行调整

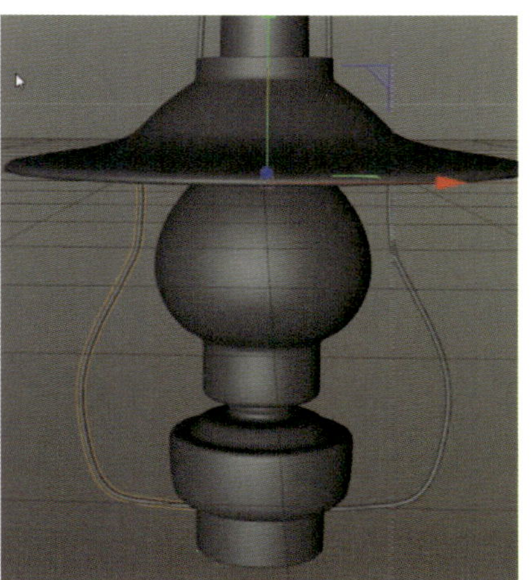

图4-31　调整位置

（23）创建圆环并调整位置及半径，以符合底座半径，如图4-32、图4-33所示。

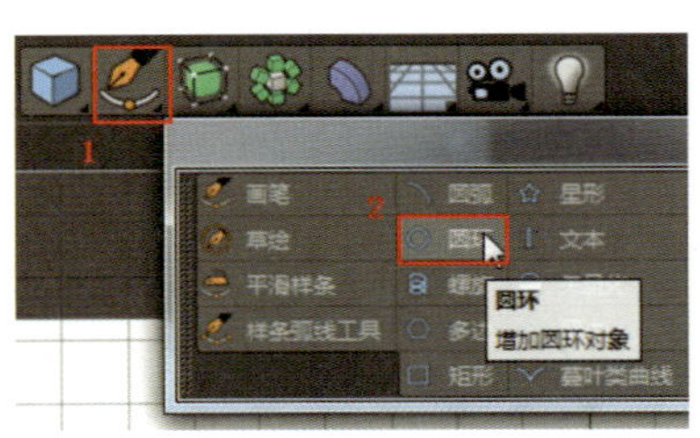

图4-32 创建圆环

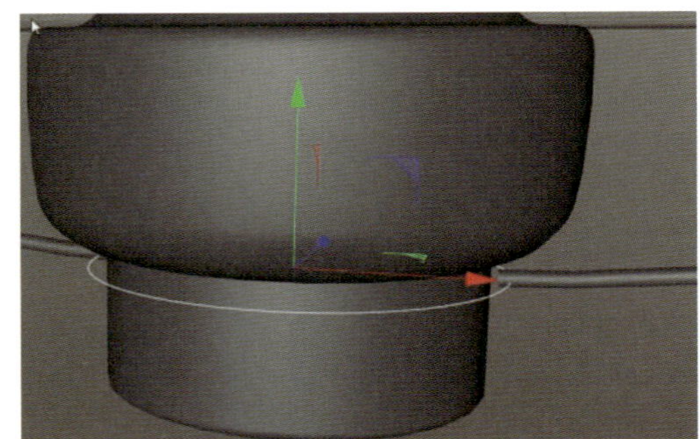
图4-33 调整半径

（24）创建矩形并调整宽度和高度，作为底座的轮廓，如图4-34所示。

（25）创建【扫描】生成器，然后在对象管理器内拖动绘制好的圆环和矩形，把圆环和矩形变成【扫描】生成器的子层级。矩形在第一层，圆环在第二层。制作完成的效果如图4-35所示。

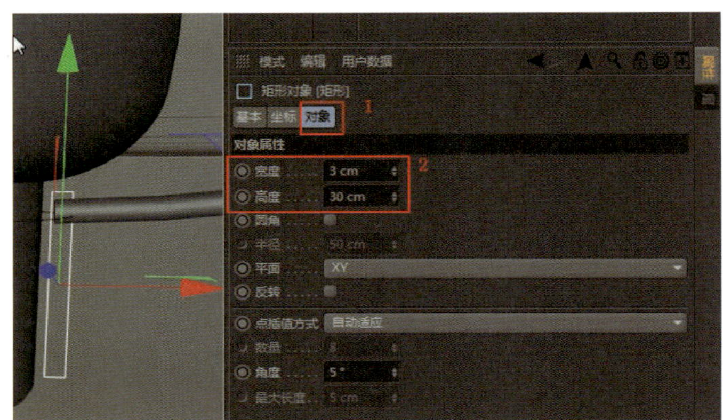

图4-34 调整宽度、高度

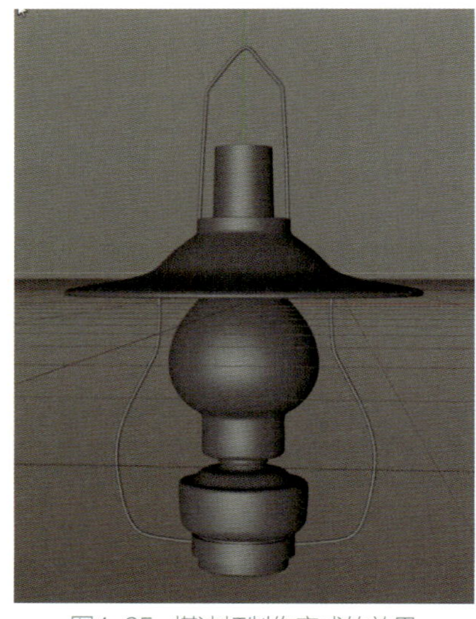
图4-35 煤油灯制作完成的效果

第五章　造型器

一、造型器工具组

造型器工具组功能强大，可以自由组合出各种效果。C4D为用户提供了9种造型工具（见图5-1）。造型器必须和几何体配合使用，与模型形成层级关系才能产生效果。

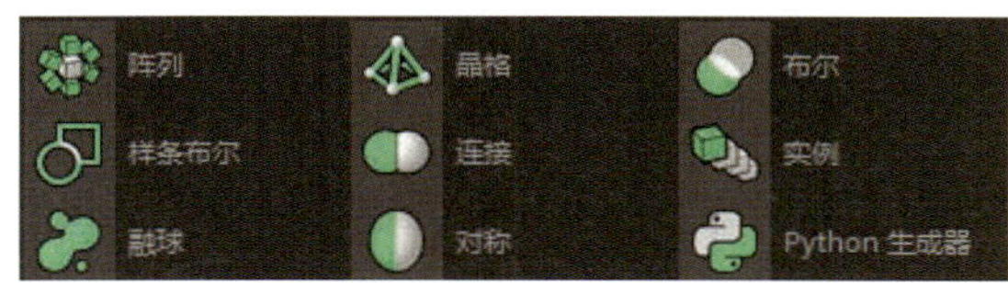

图5-1　造型器工具组

（一）【挤压】

【挤压】针对样条线，其中闭合样条曲线和非闭合样条曲线的挤出效果是有差别的。

闭合样条曲线：创建一个【花瓣】样条曲线，创建【挤压】，使【挤压】成为样条的父层级，得到完整模型的效果，物体两端是闭合状态，如图5-2所示。

非闭合样条曲线：点击左侧样条画笔工具，在场景中创建一个非闭合样条曲线造型，创建【挤压】，使【挤压】成为样条的父层级，得到片状造型的物体，物体边缘及两端皆为开放状态。如图5-3所示。

【方向】 确定曲线基础的方向，包括自动、X、Y、Z、自定义、绝对。

【偏移】 控制模型基础的厚度。

【细分数】 控制挤出后的模型细分效果。

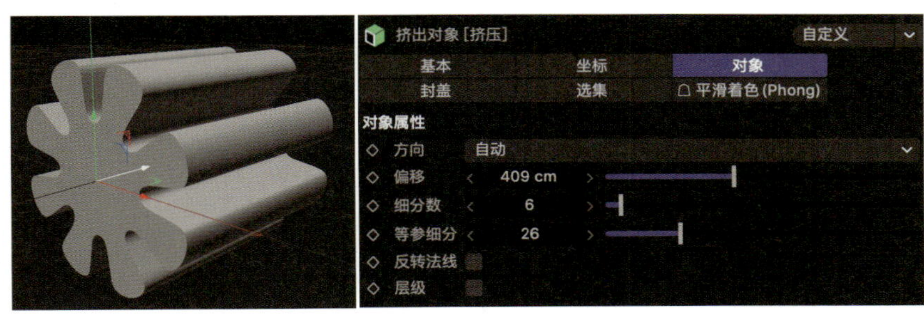

图5-2 【闭合样条曲线挤出】效果

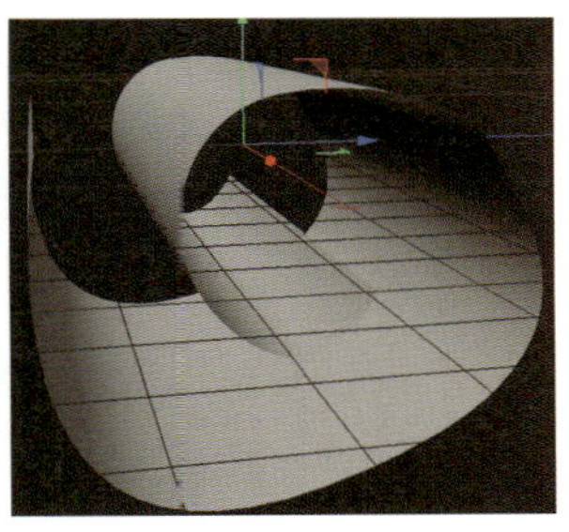

图5-3 【非闭合样条曲线挤出】效果

（二）【阵列】

它以球面形式或波形排列对象。振幅可以动画化。

创建一个球体，创建【阵列】，使【阵列】成为球体的父层级，得到如图5-4所示的效果。

【半径】【副本】 设置阵列的半径和阵列中的物体数量。

【振幅】【频率】 阵列波动的范围和快慢。

【阵列频率】 阵列中每个物体波动的范围，要与振幅和频率配合使用。

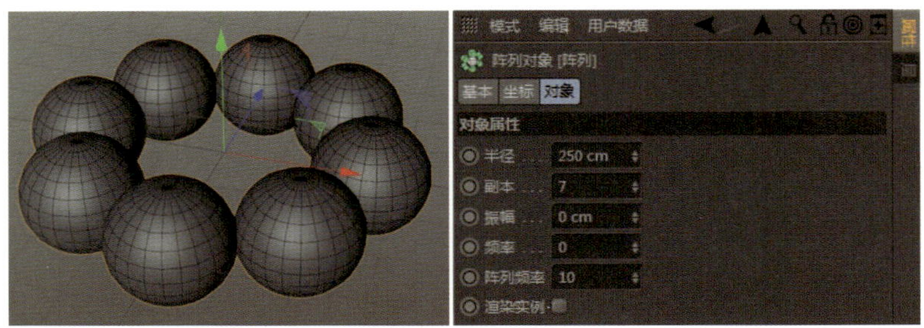

图5-4 【阵列】效果

（三）【晶格】

它使用原子数组从每个子对象创建一个原子晶格结构。执行【晶格】效果后，所有物体的边缘都用圆柱体代替，所有的点都用球体代替（见图5-5）。

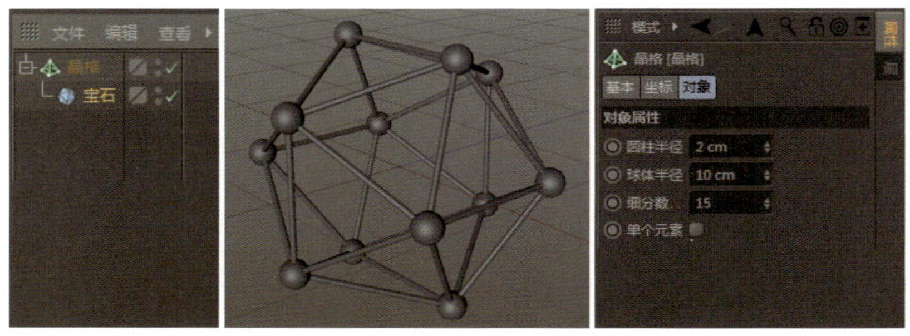

图5-5【晶格】效果

【圆柱半径】 控制圆柱体半径的大小。

【球体半径】 控制球体半径的大小。

【细分数】 控制圆柱体和球体的细分数。

【单个元素】 选择此选项后，当晶格对象转化为可编辑多边形时，晶格的各个部分将变成独立对象（见图5-6）。

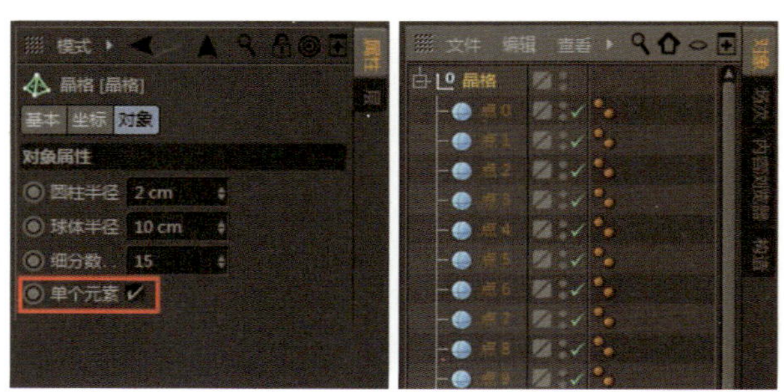

图5-6 单个元素

（四）【布尔】

【布尔】针对多边形，运算模式包括【A减B】【A加B】【AB交集】【AB补集】，需要两个或两个以上的物体进行运算（见图5-7至图5-11）。

【创建单个对象】 选择此选项后，布尔运算后的两个或两个以上对象将被整合成一个对象。

【隐藏新的边】 选择此选项后，会隐藏新生成的线或不规则的线。

【交叉处创建平滑着色（Phong）分割】 选择此选项后，遇到复杂的边缘结构时，将对交叉的边缘进行平滑。

【优化点】 对布尔运算后物体对象的点元素进行优化，删除无用的点。只有选择【创建单个对象】选项时才会被激活。

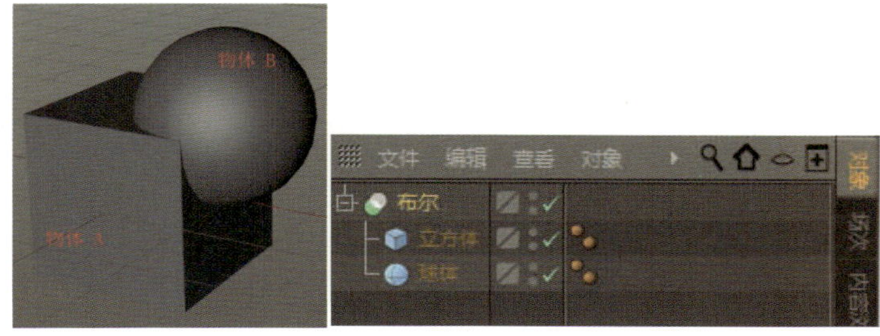

图5-7 【布尔】

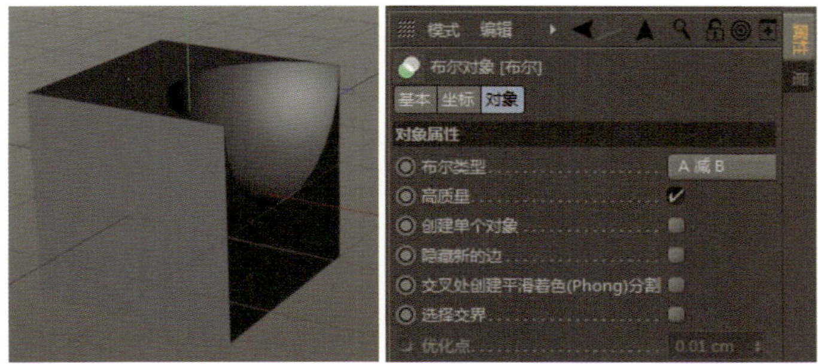

图5-8 【A减B】

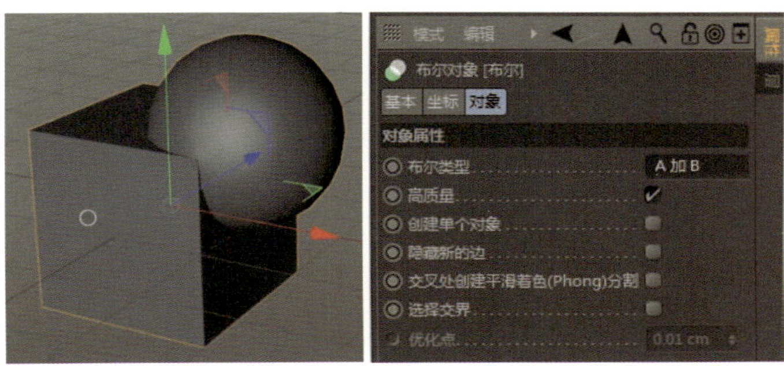

图5-9 【A加B】

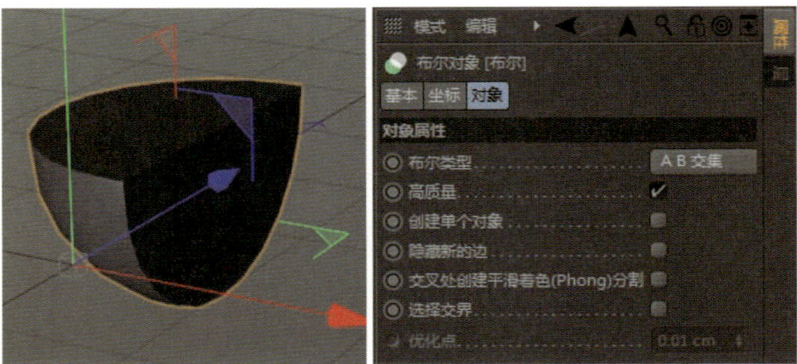

图5-10 【AB交集】

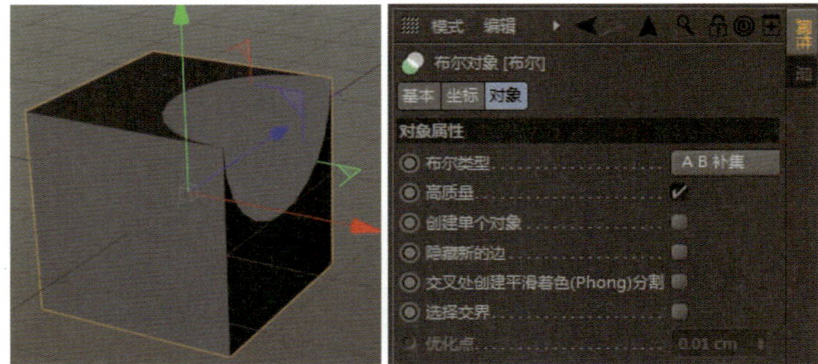

图5-11 【AB补集】

（五）【样条布尔】

【样条布尔】针对样条线，运算模式包括【合集】【A减B】【B减A】【与】【或】【交集】，与多边形布尔运算大致相同，不作赘述（见图5-12）。

【创建封盖】 选择此选项后，样条线会变成一个闭合的面（见图5-13）。

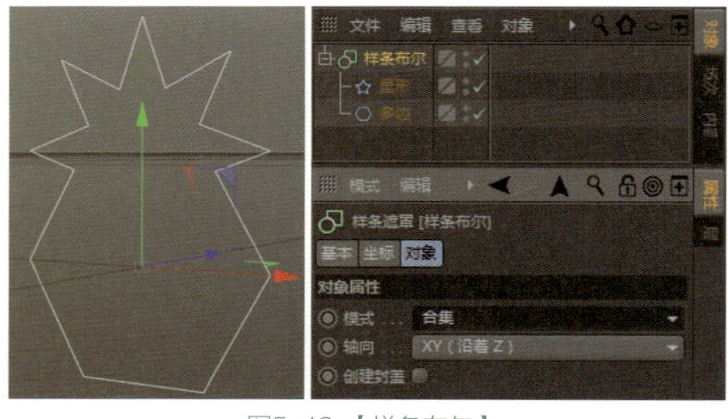

图5-12 【样条布尔】

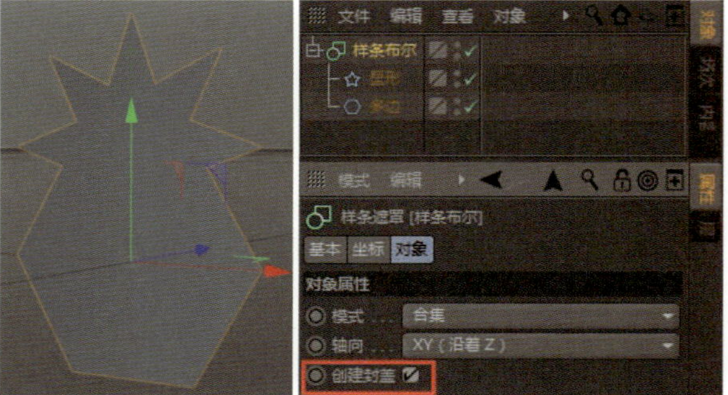

图5-13 【创建封盖】

（六）【连接】

它需要两个或两个以上的物体进行运算，在定义的公差范围内连接任意数量的对象点，可以在需要时对它们进行焊接，形成一个物体（见图5-14）。

【焊接】 选择此选项后，对两个或多个物体进行连接。

【公差】 选择【焊接】选项后才能调整公差值，两个物体会自动连接。公差值越大，焊接影响的距离就越远（见图5-15）。

【平滑着色（Phong）模式】 对焊接连接处进行平滑处理。

【居中轴心】 选择此选项后，焊接好的物体轴线在物体中心。

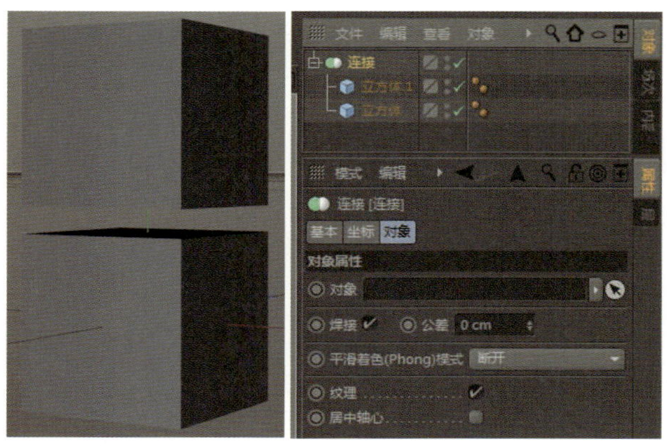

图5-14 创建两个对象并使用【连接】

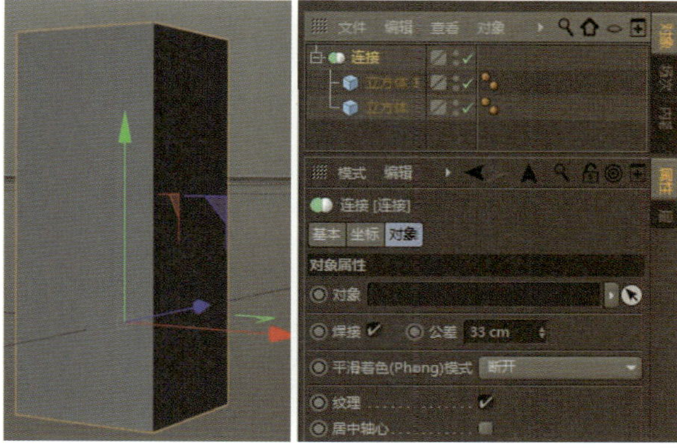

图5-15 调整公差值后的效果

（七）【实例】

【实例】可以继承原始物体的所有属性。

使用【实例】工具复制出一个“宝石”，对“立方体”和“宝石实例”做布尔运算，效果如图5-16所示。

如果改变“宝石”的面数类型，那么布尔运算中的“宝石实例”的面数类型也会随之变化，从而影响布尔运算后的效果（见图5-17）。

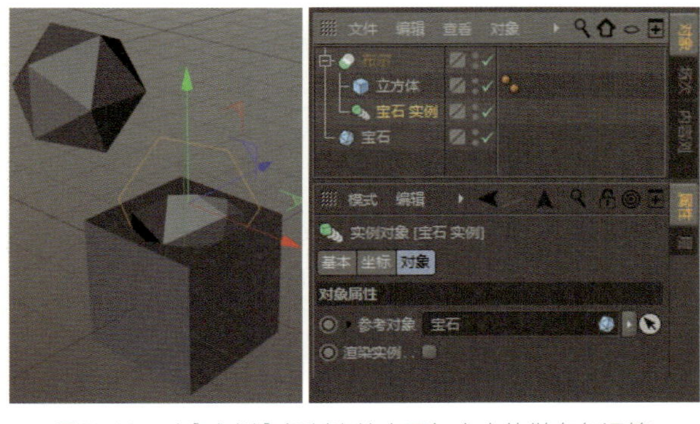

图5-16 对【实例】复制出的宝石与立方体做布尔运算

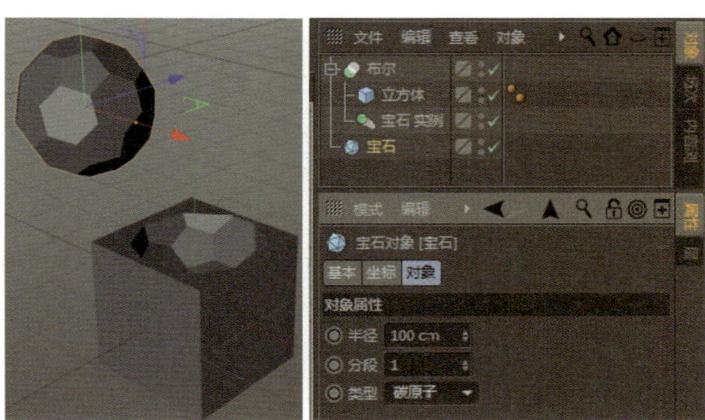

图5-17 原始“宝石”变化影响【实例】复制出的“宝石”

（八）【融球】

它需要两个或两个以上的物体（参数化几何体、可编辑多边形、样条）进行运算，在定义的公差范围内连接、拉伸任意数量的对象点。移动任何一个子对象，【融球】效果都会实时更新（见图5-18）。

【外壳数值】 设置融球的融解程度和大小。

【编辑器细分】 设置融球的细分数，值越小，越光滑，不影响渲染时的质量。

【渲染器细分】 数值越小，渲染时就越圆滑，但在工作区视图无法观看。

【指数衰减】 选择此选项后，融球大小和圆滑程度有所衰弱。

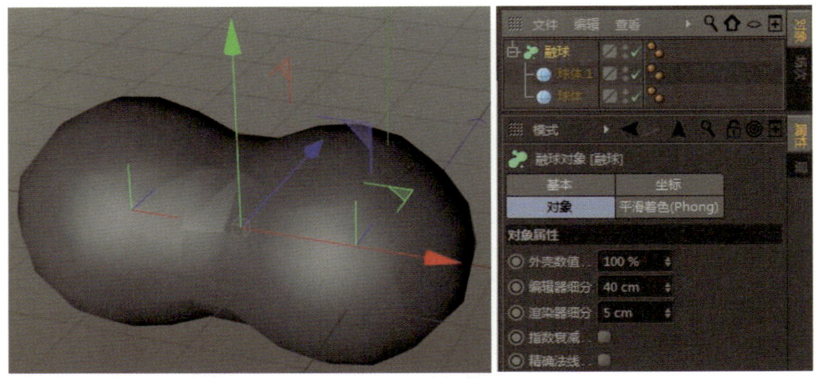

图5-18 为两个球体添加【融球】效果

（九）【对称】

此工具可将原始对象对称复制出一个模型（见图5-19）。【对称】只能针对几何体，不能对称复制灯光、摄像机等物体。

【镜像平面】 以全局坐标轴对称物体。

【焊接点】【公差】 选择【焊接点】选项后，【公差】被激活，调整公差值，两个物体会连接到一起。

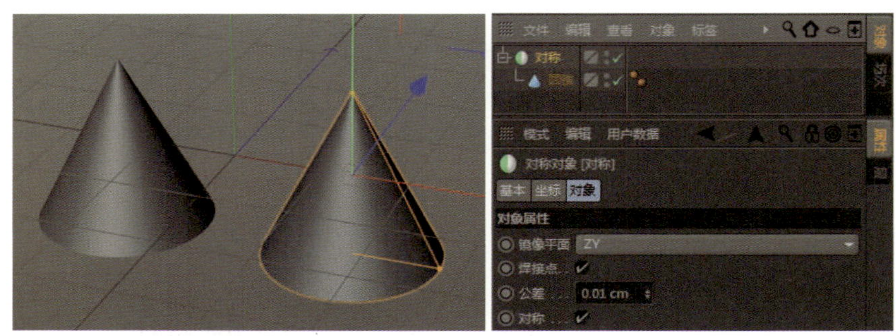

图5-19 【对称】

（十）【Python生成器】

【Python生成器】需要用到编程语言进行操作。在输入区输入Python代码后，可以生成几何图形（见图5-20）。例如，通过创建代码可以更快地创建某些对象，而不是创建插件。

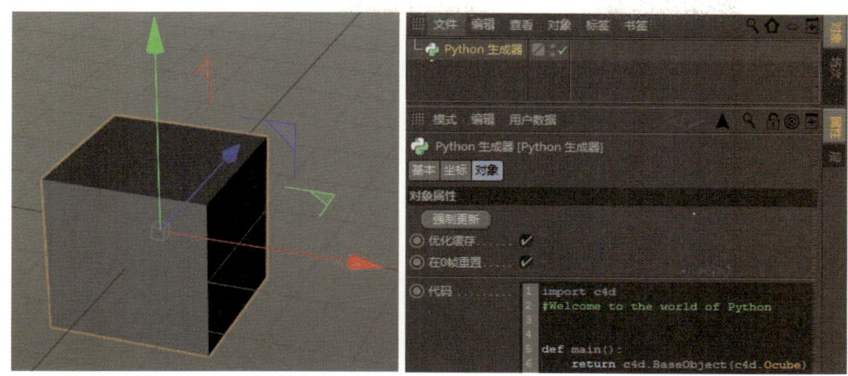

图5-20 【Python生成器】

（十一）【浮雕】

【浮雕】效果是基于所使用的纹理效果产生的。创建【浮雕】，点开右侧对象属性，在纹理中导入制定纹理贴图，会直接得到想要的纹理浮雕效果，如图5-21所示。

【纹理】 导入的图片效果即为浮雕的纹理效果。

【尺寸】 设置浮雕的大小，中间数值确定浮雕的厚度。

【宽度细分数】【高度细分数】数值越大，模型细分度越高，浮雕边缘越清晰。

【底部级别】【顶部级别】 浮雕的起伏比例，确定浮雕凹凸的相对位置。

【方向】确定浮雕凸面的指向方向。

【球状】勾选球状侯，浮雕效果以球体为载体展示效果。如图5-22所示。

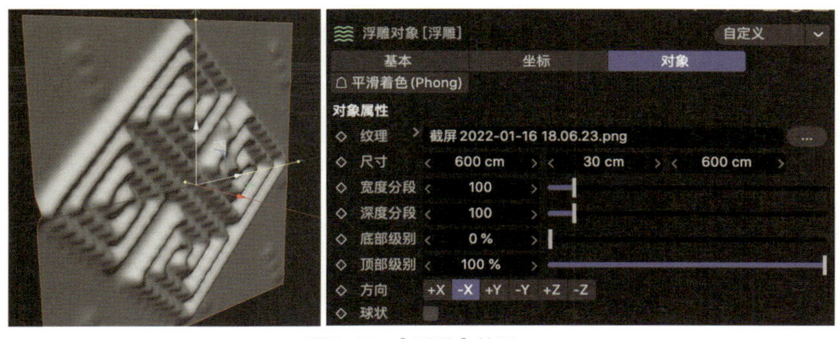

图5-21 【浮雕】效果

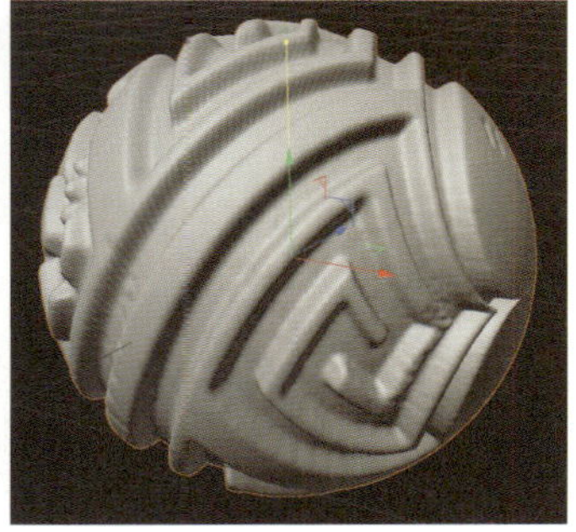
图5-22 球状【浮雕】效果

二、造型器工具组实例练习——标题设计

标题设计效果如图5-23所示。

（一）背景的制作——晶格的制作

（1）打开C4D软件。

（2）创建【宝石】，如图5-24所示。

图5-23　标题设计效果图

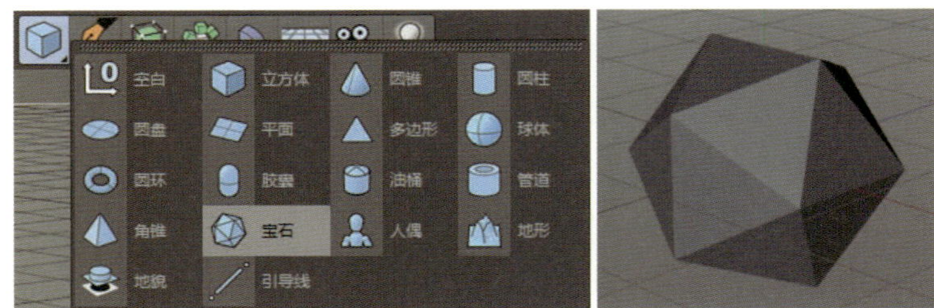

图5-24　创建【宝石】

（3）创建【晶格】，如图5-25所示。

图5-25　创建【晶格】

（4）将【晶格】变成【宝石】的父层级并调整【晶格】参数，如图5-26所示。

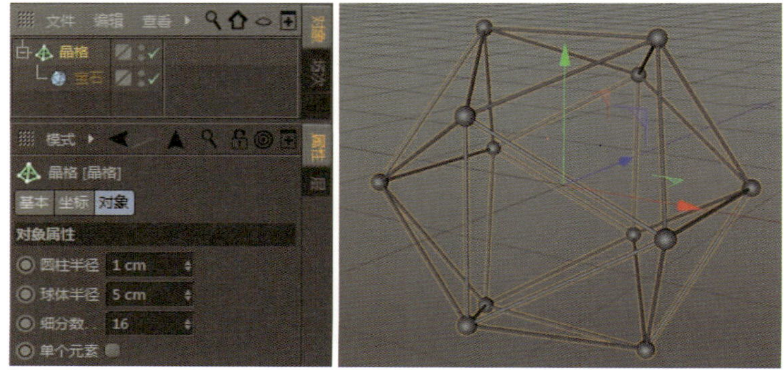

图5-26　【晶格】效果

（3）调整圆柱体的【切片】参数，制作成“芝士”的主体，如图5-36所示。

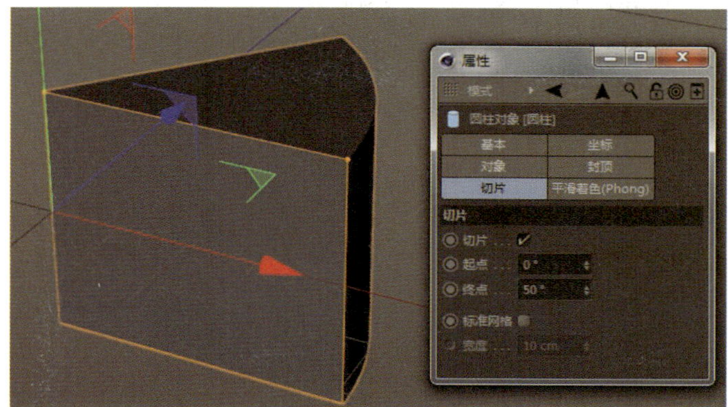

图5-36　调整【切片】参数

（4）创建【球体】，调整球体的半径并复制，摆放于圆柱体之上，如图5-37所示。

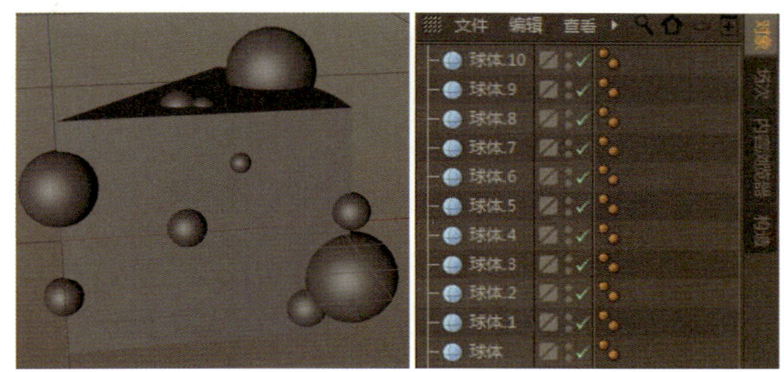

图5-37　创建【球体】并复制

（5）选择所有球体，使用【连接对象+删除】工具，将所有球体合并为一个模型，如图5-38所示。

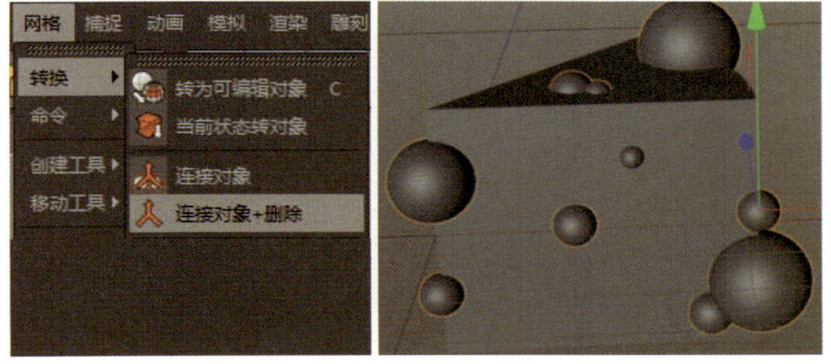

图5-38　将球体合并

（6）创建【布尔】，如图5-39所示。

图5-39 创建【布尔】

（7）将【布尔】作为【圆柱】和【球体11】的父层级；设置【布尔类型】为【A减B】，【圆柱】为A，【球体11】为B，如图5-40所示。

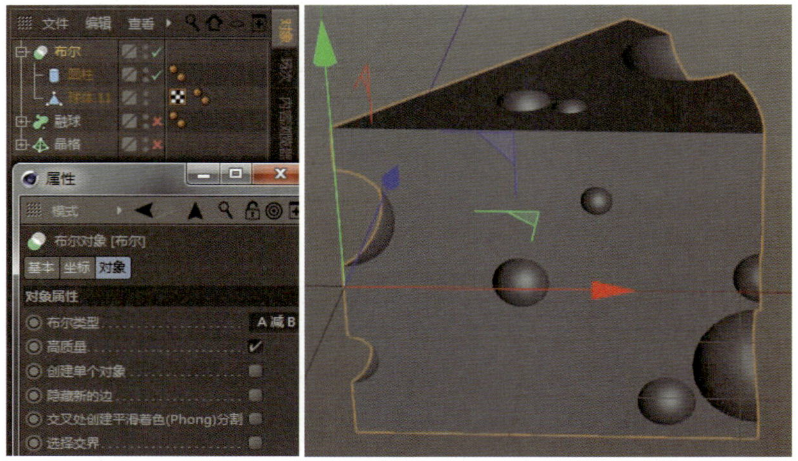

图5-40 【布尔】后的效果

（8）复制一些“芝士”的模型，摆放在晶格周围，效果如图5-41所示。

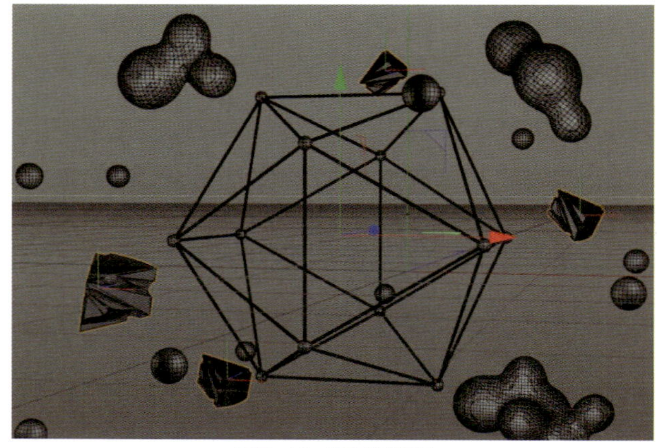
图5-41 复制并摆放

（五）文字的制作

（1）创建【文本】，如图5-42所示。

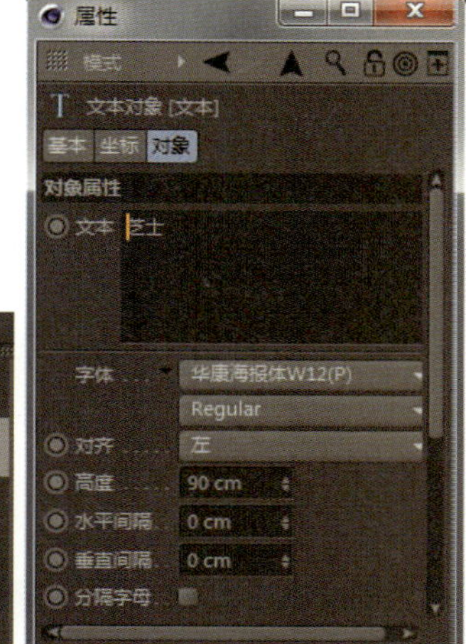
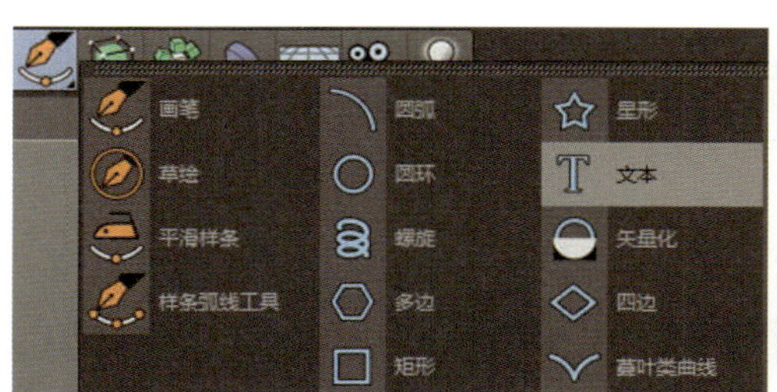

图5-42 创建【文本】

（2）编辑文本内容，然后复制一个文本，输入其他文字，调整文本摆放的位置，如图5-43所示。

（3）创建两个【挤压】生成器，并使之成为两个文本的父层级，如图5-44所示。

（4）调整【挤压】生成器的属性，得到文字的最终效果如图5-45所示。

图5-43 复制并调整位置

图5-44 创建【挤压】生成器

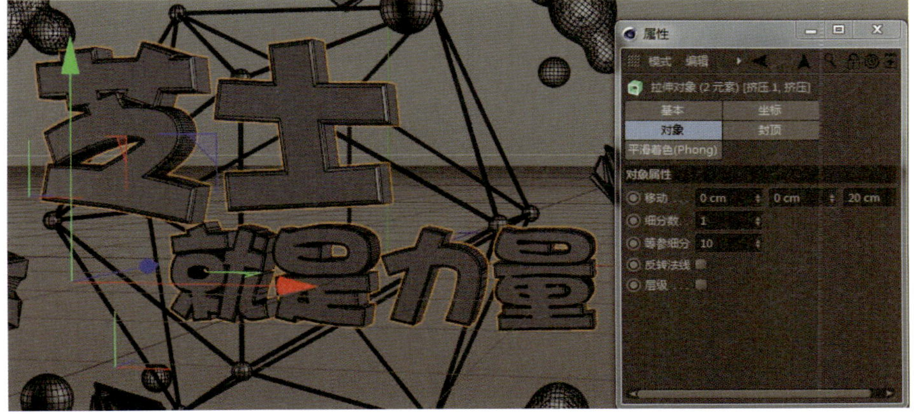

图5-45 字体制作完成

（六）花纹的制作

（1）创建【花瓣】和【螺旋】，如图5-46所示。

（2）创建【扫描】生成器，使【扫描】生成器变成【花瓣】和【螺旋】的父层级，如图5-47所示。

（3）创建【圆环】和【螺旋】，如图5-48所示。

（4）再创建一个【扫描】生成器，使其变成【圆环】和【螺旋】的父层级，如图5-49所示。

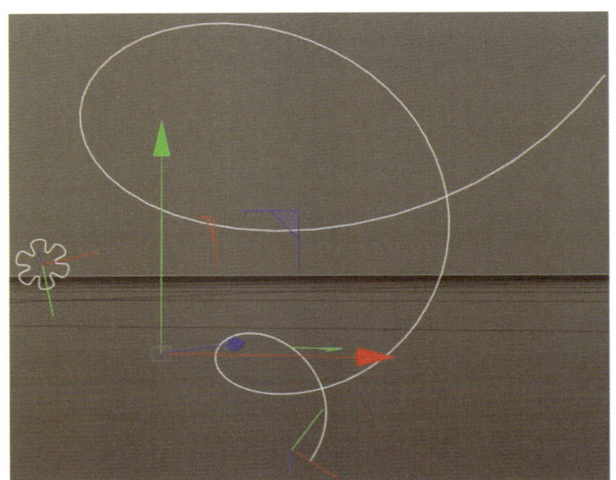

图5-46 创建【花瓣】和【螺旋】

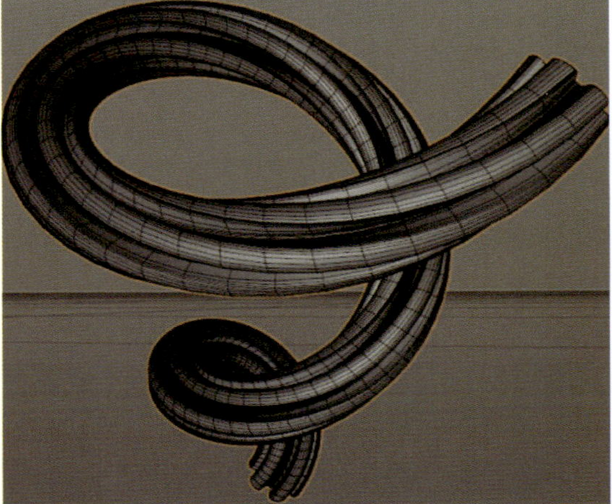

图5-47 创建【扫描】生成器

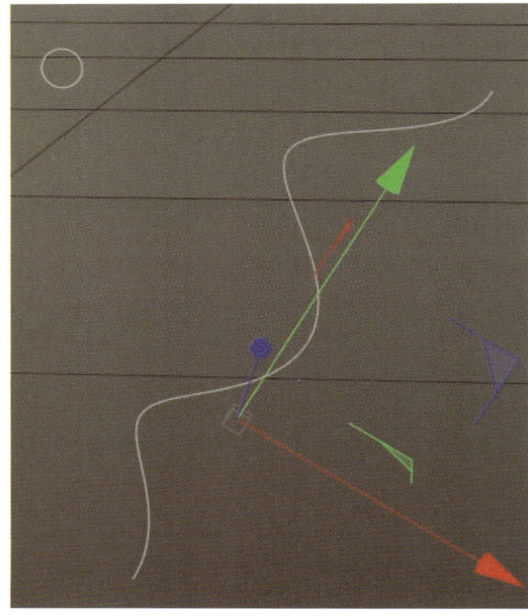

图5-48 创建【圆环】和【螺旋】

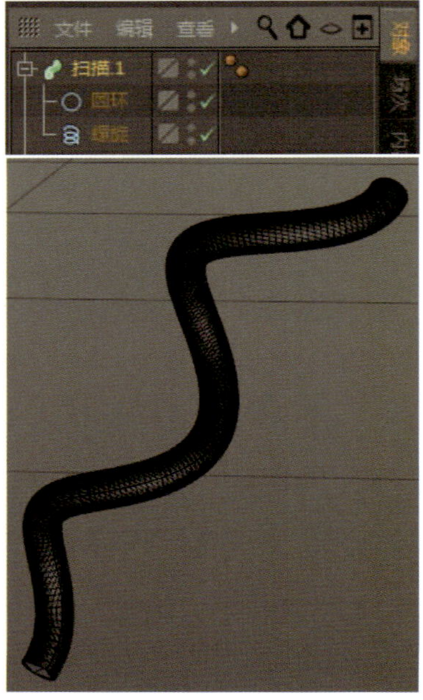

图5-49 再创建一个【扫描】生成器

（5）调整位置并复制，得到的最终效果如图5-50所示。

图5-50 最终效果

第六章　变形器

变形器可以给几何体添加各种变形效果（见图6-1）。可以在原始对象、生成器对象、多边形对象和样条上使用变形器。被变形器影响的模型对象要有足够的细分段数，否则变形后效果不理想。

变形器会影响它的父对象和父级下面的层级结构。这意味着一个变形器将影响层级结构中的任何对象以及层级结构中的降级者之下的任何对象。但是，如果它被定位在对象管理器层级结构的顶层，则不会有任何影响，因为它将没有父级。

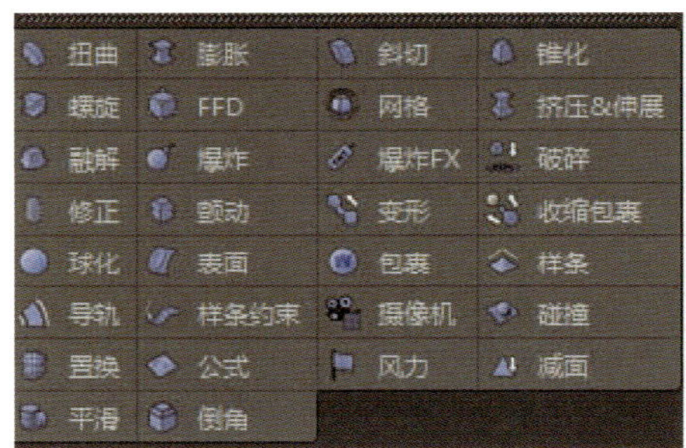

图6-1　变形器工具组

（1）【扭曲】。英文版中【Bend】也指弯曲。此工具可以弯曲一个物体。变形器要成为物体的子层级，可以在工作区中通过橙色的手柄交互式地改变弯曲度，也可以在属性管理器中调整参数。被扭曲的物体要有足够的分段数，否则不能达到理想效果，如图6-2所示。

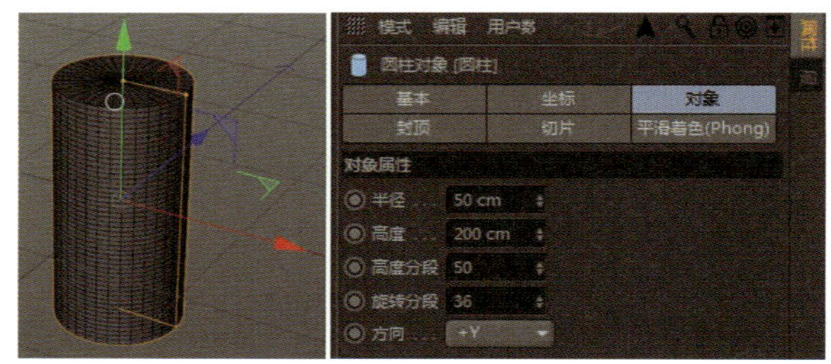

图6-2　圆柱体要有足够的高度分段

【尺寸】 变形器的范围。

【模式】 通过3种模式来控制影响范围。在【限制】模式下，模型在扭曲框内部范围起作用。【框内】是指模型只能在扭曲框内部范围起作用。【无限】是指模型不受扭曲框范围的限制。

【强度】 控制弯曲的强度，如图6-3所示。

【保持纵轴长度】 选择此选项后，始终保持模型原始纵轴长度不变。

【匹配到父级】 当变形器作为物体子层级时，选择此选项可以自动与父级大小、位置进行匹配，如图6-4所示。

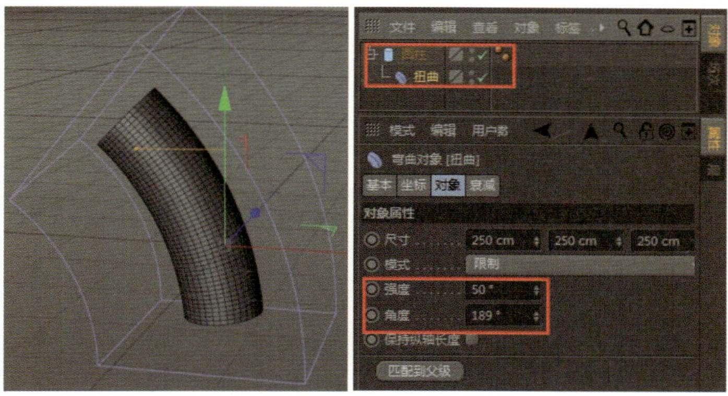

图6-3 【扭曲】效果

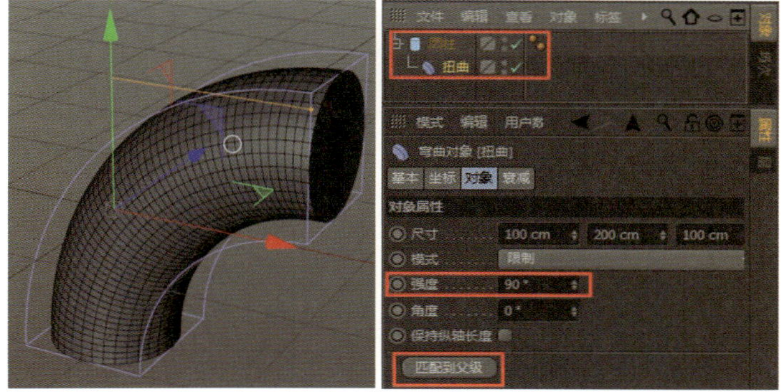

图6-4 【匹配到父级】

（2）【膨胀】。此工具可以使物体凸起或收缩。变形器要成为物体的子层级，可以在工作区中通过橙色的手柄交互式地改变膨胀强度，也可以在属性管理器中调整参数，如图6-5所示。

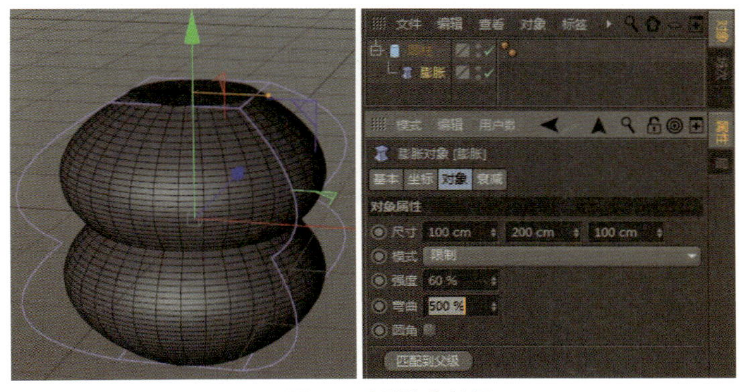

图6-5 【膨胀】效果

【弯曲】 设置膨胀或收缩的弯曲程度。

【圆角】 选择此选项后将保持膨胀的圆角。

（3）【斜切】。此工具可以使物体进行斜切或倾斜变形。变形器要成为物体的子层级，可以在工作区中通过橙色的手柄交互式地改变强度与角度，也可以在属性管理器中调整参数，如图6-6所示。

【强度】 控制倾斜的强度。

【角度】 控制倾斜的方向。

【弯曲】 控制倾斜时的弯曲程度。

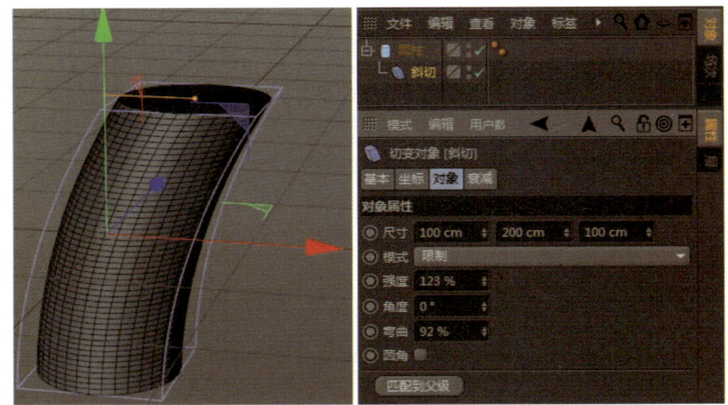

图6-6 【斜切】效果

（4）【锥化】。此工具可以将物体缩小或加宽。变形器要成为物体的子层级，可以在工作区中通过橙色的手柄交互式地改变强度，也可以在属性管理器中调整参数，如图6-7所示。

其参数与【斜切】类似，不作赘述。

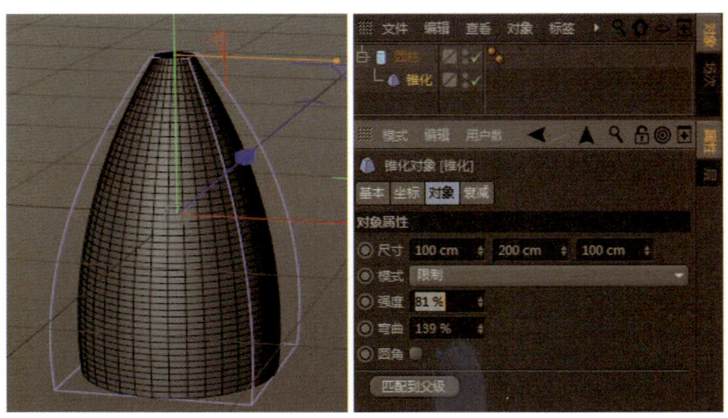

图6-7 【锥化】效果

（5）【螺旋】。英文版中【Twist】也指扭曲。此工具可以使物体沿着Y轴旋转。变形器要成为物体的子层级，可以在工作区中通过橙色的手柄交互式地改变螺旋效果，也可以在属性管理器中调整参数，如图6-8所示。

【角度】 控制扭曲的数量。

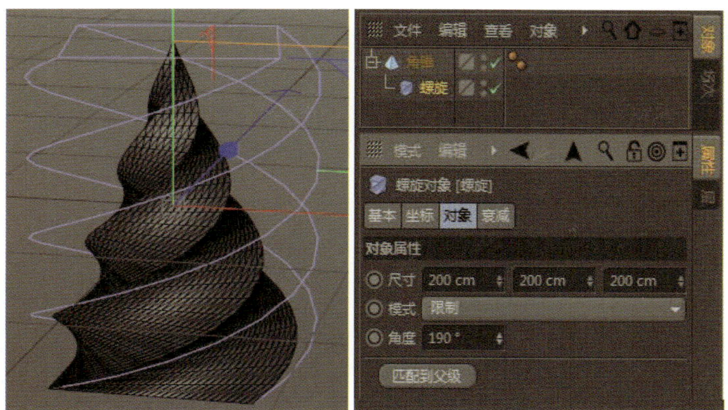

图6-8 【螺旋】效果

（6）【FFD】。FFD的全称为Free Form Deformer。它通过晶格点来自由地变形对象，如图6-9所示。

【栅格尺寸】 FFD的影响范围。

【水平网点】【垂直网点】【纵深网点】 分别控制*X*、*Y*、*Z*3个轴向的网点分布数量。网点数量越多，变形效果就越灵活。

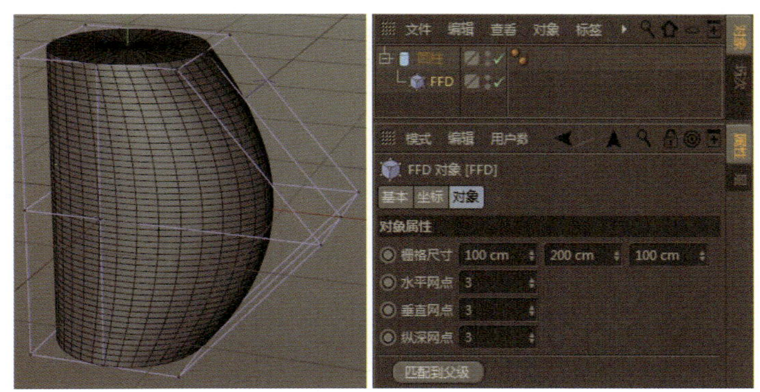

图6-9 【FFD】效果

（7）【网格】。它与【FFD】类似，在对象周围创建一个自定义低分段数的网笼，用来影响对象的变形。创建一个立方体，将其转化为可编辑多边形；创建一个圆柱体，再创建一个【网格】，使【网格】成为【圆柱】的子对象；将立方体拖入网笼列表中；单击【初始化】按钮后，即可进入立方体的【点】层级，通过调整点来影响圆柱体，如图6-10所示。

【网笼】 在空白区域添加一个控制模型的对象。

【衰减】 控制网笼对模型的影响程度。

（8）【挤压&伸展】。【挤压&伸展】是传统2D动画中最常用的效果之一（见图6-11）。例如，一个小球弹跳碰撞地板（或其他表面）时会被压扁，并在弹起时拉伸，虽然发生形变，但是小球的体积不变。这样的动画效果使原本平凡的运动更具活力。

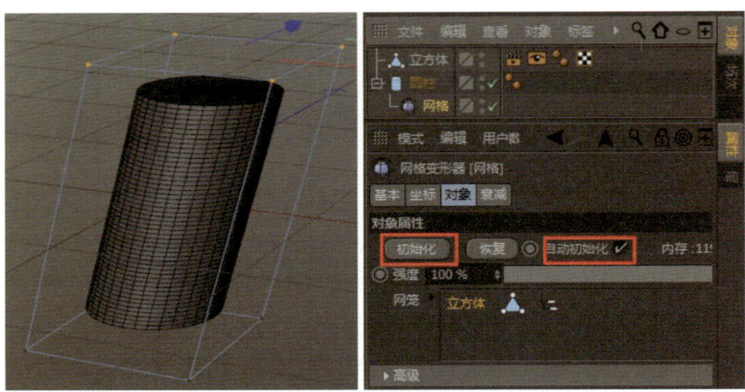

图6-10 【网格】效果

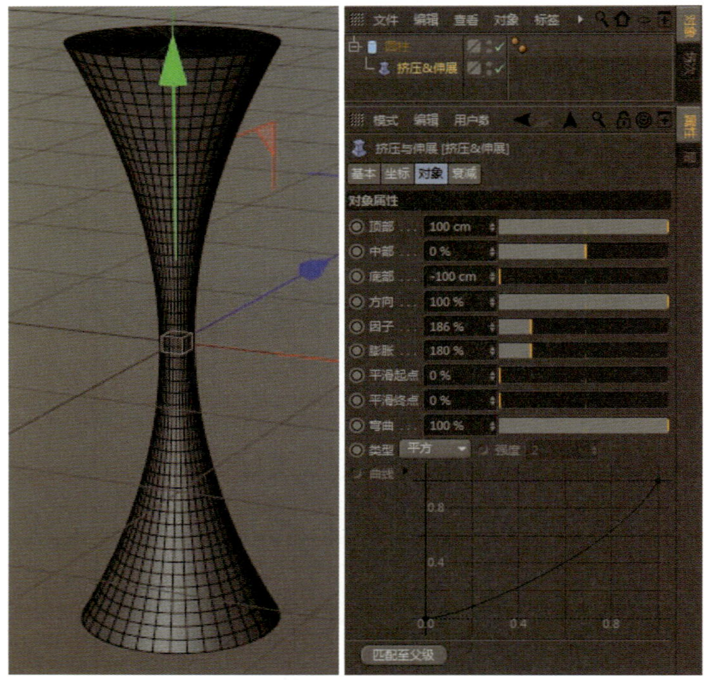

图6-11 【挤压&伸展】效果

【因子】 控制挤压或拉伸的程度，只有调整此参数后，其他参数才会起作用。

【顶部】【中部】【底部】 分别控制模型的顶部、中部、底部的挤压与拉伸形态。

【方向】 设置挤压、拉伸模型对象沿*X*轴方向扩张。

【膨胀】 设置挤压、拉伸的膨胀变化。

【平滑起点】【平滑终点】 设置模型起点和终点的平滑程度，如图6-12所示。

【弯曲】 设置模型弯曲变化。

【类型】 选择不同的类型，可以激活【曲线】选项，用来调整挤压或拉伸时的细节变化。

【形状】 包括【无限】【圆柱】【圆环】【线性】等10种形状。

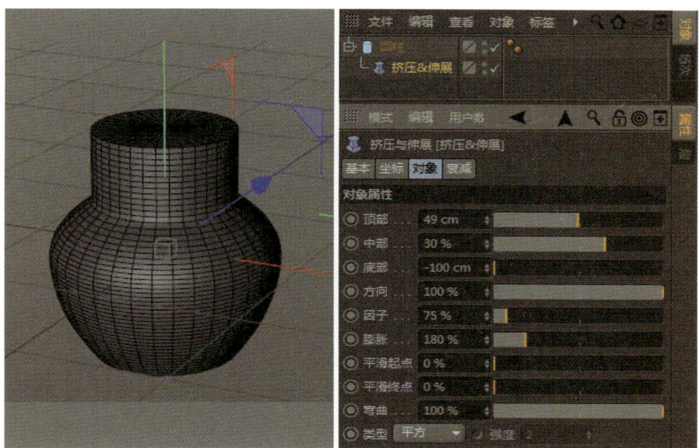

图6-12 【平滑起点】和【平滑终点】

（9）【融解】。它以物体原点为中心，沿着径向融解，可以在工作区中通过橙色的手柄交互式地改变融解效果，也可以在属性管理器中调整参数，如图6-13所示。

【强度】 设置融解的强度。

【半径】 设置融解对象的半径变化。

【垂直随机】【半径随机】 分别设置对象垂直方向和半径方向的随机值。

【融解尺寸】 设置融解对象的融解尺寸。

【噪波缩放】 设置融解时的噪波大小。

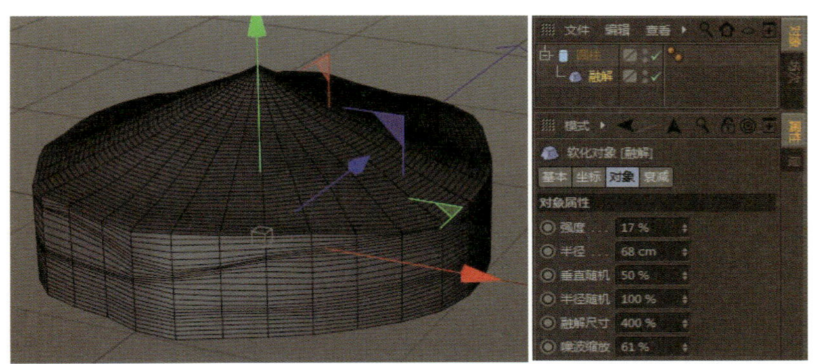

图6-13 【融解】效果

（10）【爆炸】。它以【爆炸】变形器为中心，将物体炸裂成多个多边形，可以在工作区中通过橙色的手柄交互式地改变爆炸强度，也可以在属性管理器中调整参数，如图6-14所示。

【强度】 设置爆炸进度，“0%”为不爆炸，“100%”为爆炸完成。

【速度】 设置碎片到爆炸中心的距离，值越大，碎片飞离爆炸中心越远。

【角速度】 设置碎片的旋转角度。

【终点尺寸】 设置爆炸完成后的碎片大小。

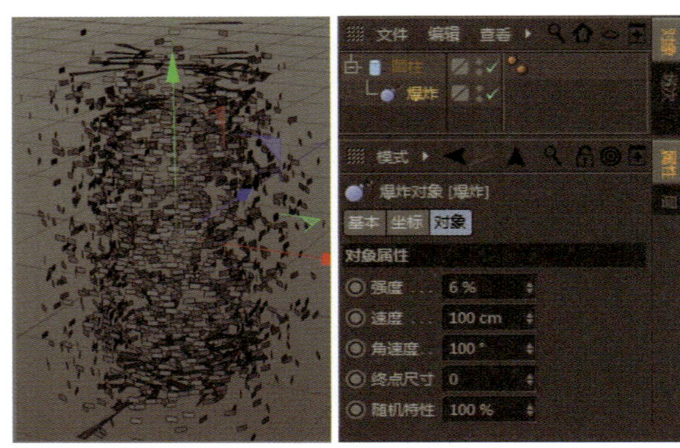

图6-14 【爆炸】效果

（11）【爆炸FX】。更逼真地模拟爆炸，爆炸碎片为立体碎块而不是多边形。

①【对象】。其爆炸效果如图6-15所示。具体参数的意义如下：

【时间】 控制爆炸进度与范围。

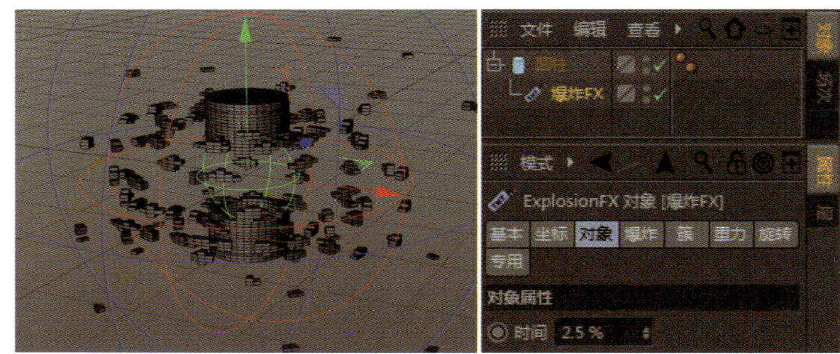

图6-15 【爆炸FX】效果①

②【爆炸】。其爆炸效果如图6-16所示。具体参数的意义如下：

【强度】 数值越大，爆炸力越强。

【衰减】（强度） 控制爆炸强度的衰减，爆炸强度由中心向外逐渐减弱。

【变化】（强度） 控制爆炸碎片受强度影响的随机值。

【方向】（强度） 控制爆炸方向。

【线性】 选择此选项后，碎片受力方向相同。

【变化】（方向） 爆炸碎片方向随机。

【冲击时间】 数值越大，爆炸越强烈。

【冲击速度】 与爆炸时间一起控制爆炸范围。

【衰减】（冲击速度） 数值为“0%”时，衰减不起作用；数值为“100%”时，爆炸范围将缩小到设定的爆炸范围内。

【变化】（冲击速度） 微调爆炸范围的随机变化。

【冲击范围】 爆炸范围之外的物体表面（红色线框范围）不会被爆炸加速。

【变化】（冲击范围） 物体表面之外的爆炸范围的细微变化，如图6-17所示。

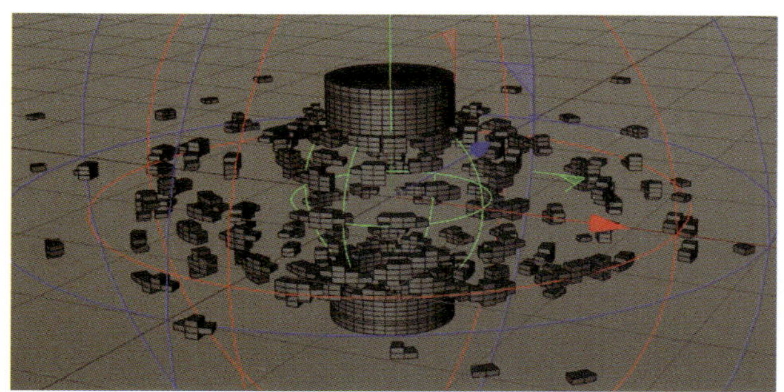

图6-16 【爆炸FX】效果②

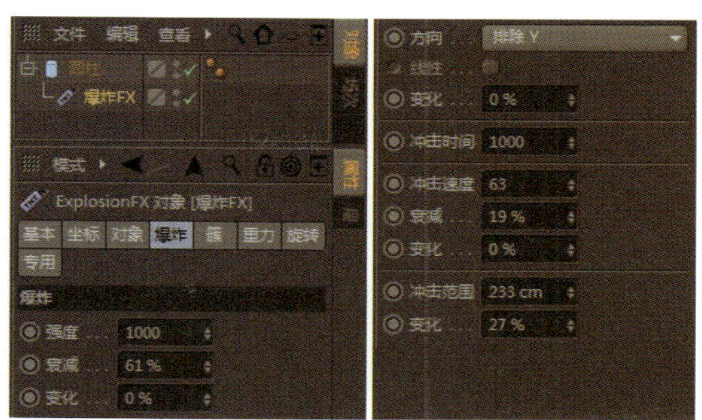

图6-17 【爆炸】属性

③【簇】。其爆炸效果如图6-18所示。具体参数的意义如下：

【厚度】 设置爆炸碎片的厚度。

【厚度】（百分比） 设置爆炸碎片的厚度的比例。

【密度】 每组碎片的密度及重量。

【变化】（密度） 设置每一组碎片的密度变化。

【簇方式】 设置形成爆炸碎片对象的类型。

【固定未选部分】 当【簇方式】设置为【使用选集标签】时，此选项被激活，未选择的部分将不参与爆炸。

【最少边数】【最多边数】 当【簇方式】设置为【自动】时，这两个选项被激活，用来设置形成碎片多边形的最多边数和最少边数。

【消隐】 破碎后使碎片变小，最终消失。

【类型】 设置碎片消失的控制方式的时间或距离。

【开始】【延时】 通过这两个值来设置爆炸碎片消失所需的时间或距离，如图6-19所示。

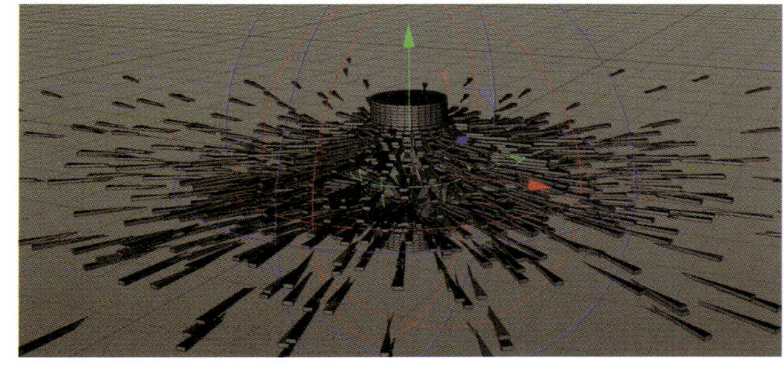
图6-18 【簇】效果

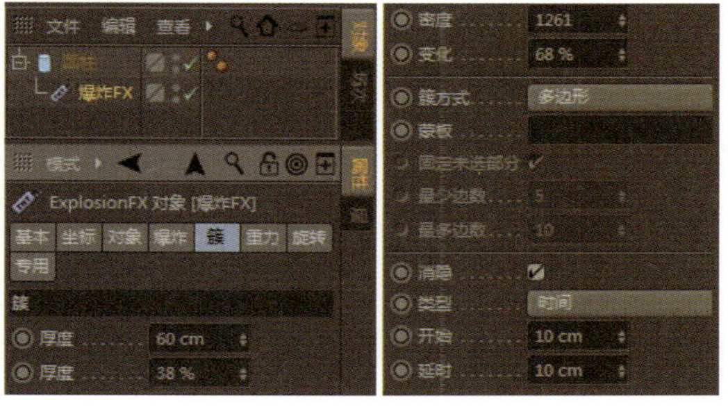

图6-19 【簇】属性

④【重力】。其具体参数的意义如下：

【加速度】 重力加速度，默认为“9.81”。

【变化】（加速度） 重力加速度的变化值。

【方向】 重力加速度的方向。

【范围】 重力加速度的范围。

【变化】 重力加速度的微调，如图6-20所示。

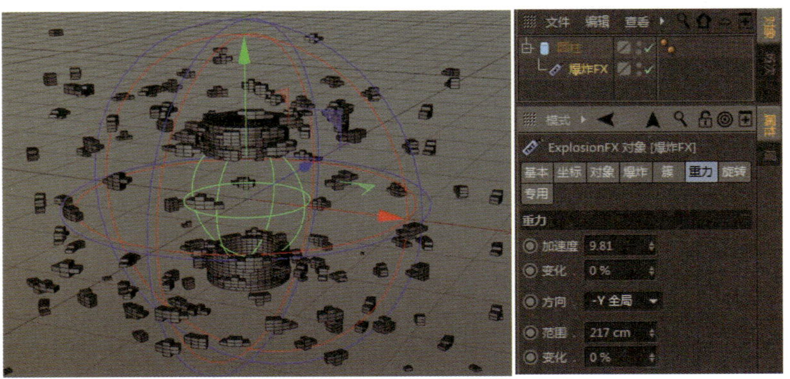

图6-20 【重力】属性

⑤【旋转】。其具体参数的意义如下：

【速度】 碎片旋转速度。

【衰减】 碎片旋转速度由快到慢的过程。

【变化】 碎片旋转速度的变化值。

【转轴】 控制所有的旋转轴。

【变化】（转轴） 控制碎片旋转轴的倾斜，如图6-21所示。

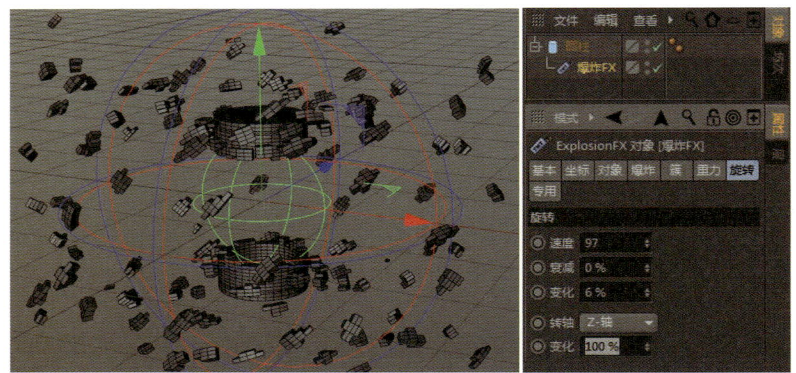

图6-21 【旋转】属性

⑥【专用】。其具体参数的意义如下：

【风力】 默认为Z轴，正值为Z轴方向。

【变化】（风力） 风力大小的变化。

【螺旋】 默认沿Y轴方向旋转的力，正值为逆时针。

【变化】（螺旋） 旋转力的随机变化值，如图6-22所示。

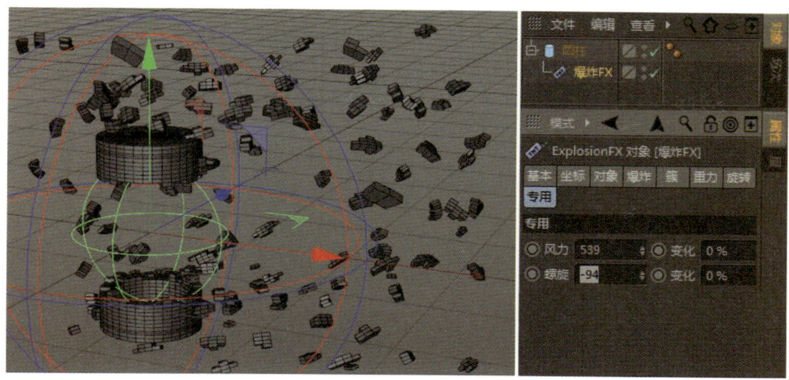

图6-22 【专用】属性

（12）【破碎】。它使物体破碎成单个多边形，然后落到地面上，可以在工作区中通过橙色的手柄交互式地改变破碎方式，也可以在属性管理器中调整参数，如图6-23所示。

【强度】 破碎的开始和结束。

【角速度】 破碎的旋转角度。

【终点尺寸】 破碎结束时的碎片大小。

【随机特性】 破碎形体的随机调整。

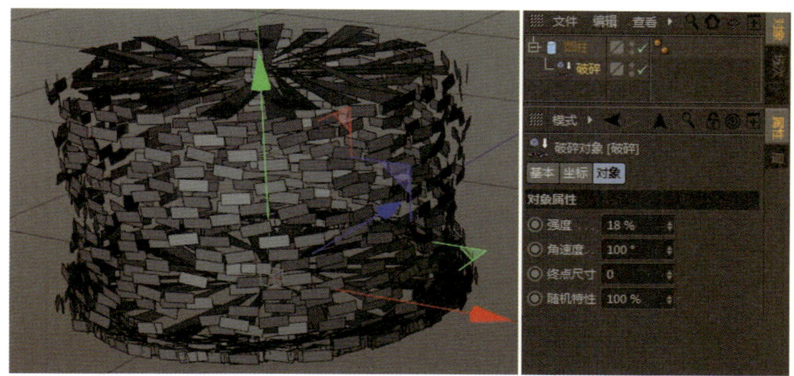

图6-23 【破碎】效果

（13）【修正】。这个变形器的主要目的是给用户一个真正的变形编辑能力。【修正】变形器可以在对象不是可编辑多边形时，让用户进入对象的【点】层级，并允许用户根据变形状态来修改它们的位置，如图6-24所示。

（14）【颤动】。使用这个变形器可以创建对应于角色移动的二次运动，如动画角色大肚子的抖动。颤动不同于其他变形器，它不影响在其父对象下面分组的所有对象，而且只对有关键帧动画的对象起作用。这是由于颤动必须跟踪它所影响的物体的运动。如果想要【颤动】变形器影响多个对象，就必须给每个对象指定单独的变形器，如图6-25所示。

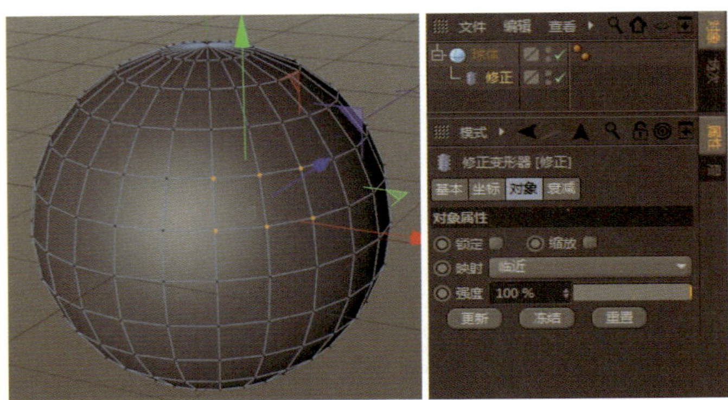

图6-24 【修正】效果

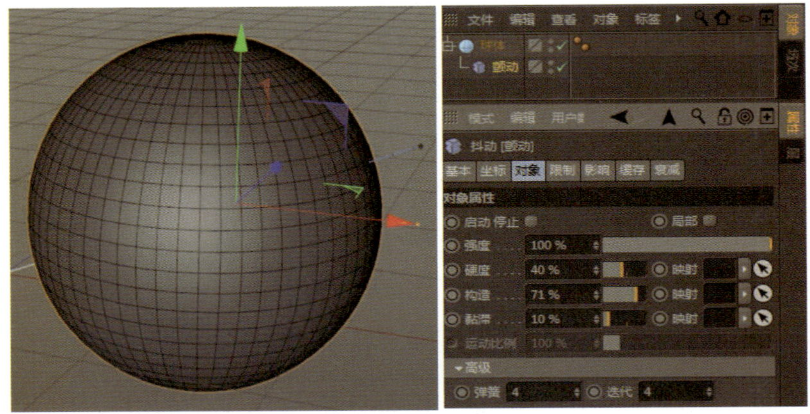

图6-25 【颤动】效果

（15）【变形】。此工具可以允许用户将原始物体变形为目标物体的形体，但要求目标变形物体和原始物体的顶点数量一致，而且两者都必须转化为可编辑多边形。

创建两个分段数、顶点数相同的模型【球体】和【球体.1】，将其转化为可编辑多边形。调整【球体.1】的点，使之变形成为目标物体，如图6-26所示。

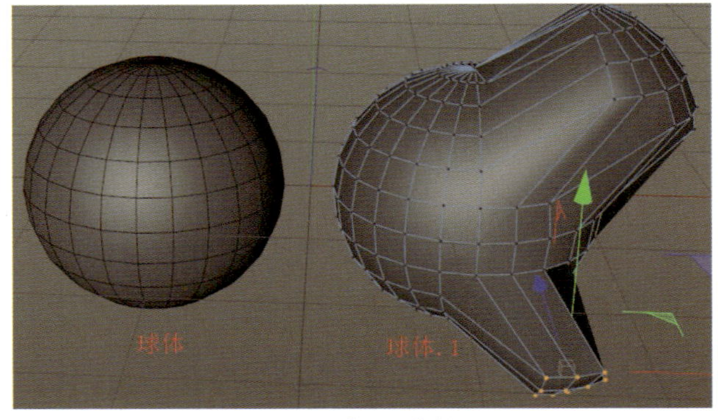

图6-26 【变形】效果

在对象管理器中选择【球体】，添加【变形】变形器，然后对着【球体】右击，为其添加【姿态变形】标签。添加【姿态变形】标签后，在属性管理器中选择混合模式中的【点】选项，如图6-27所示。

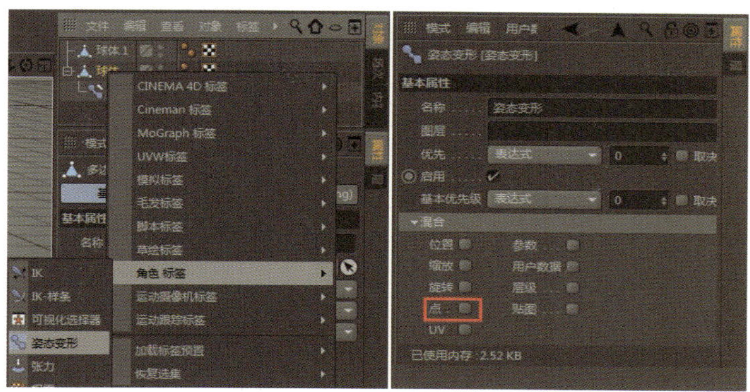

图6-27 添加【姿态变形】标签

然后将【球体.1】拖入【姿态】面板，使之成为变形的目标姿态。之后可以通过【强度】属性调整变形程度，如图6-28所示。

最后，选择【变形】变形器，将【姿态变形】标签拖入【变形】栏，就可以通过【目标】选项卡下的【球体.1】属性进行调整，如图6-29所示。

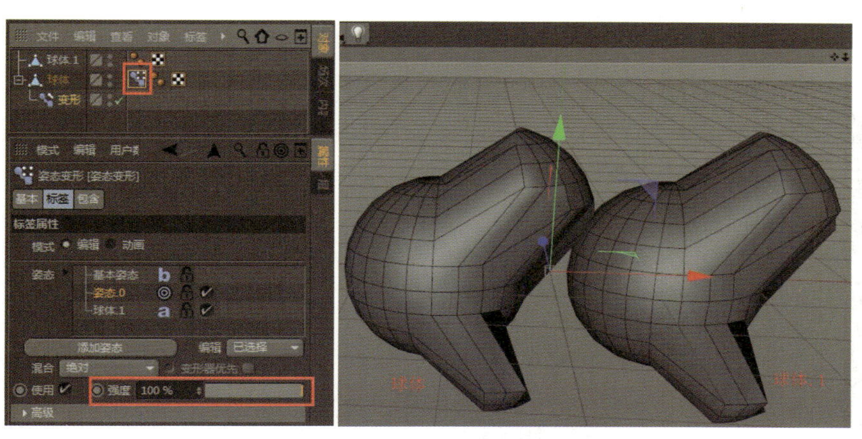

图6-28 通过【强度】控制变形

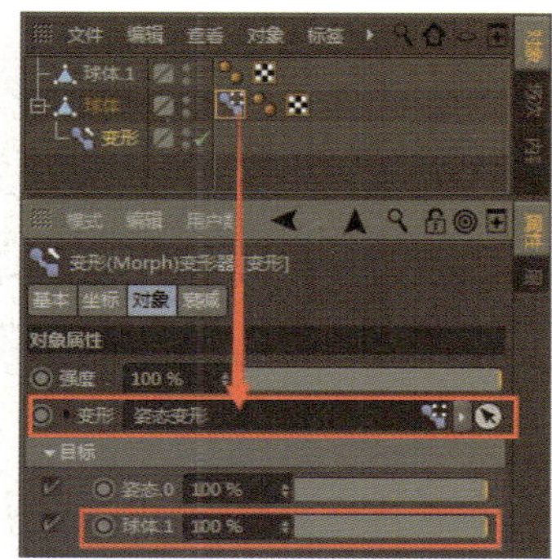

图6-29 最终效果

（16）【收缩包裹】。这个变形器允许将一个对象（称为源）收缩到另一个对象（称为目标）。即使对象是完全不同的形状并且具有不同的点数，也可以收缩。

它与其他变形器一样，用户可以通过使其成为所需对象的子对象或将其放置在一个组内的同一层级结构中来分配它。

创建一个球体和一个圆锥，为球体添加【收缩包裹】变形器，然后将圆锥拖入变形器的【目标对象】栏，如图6-30所示。

隐藏圆锥，然后调整【强度】属性，即可控制球体的变形强度，如图6-31所示。

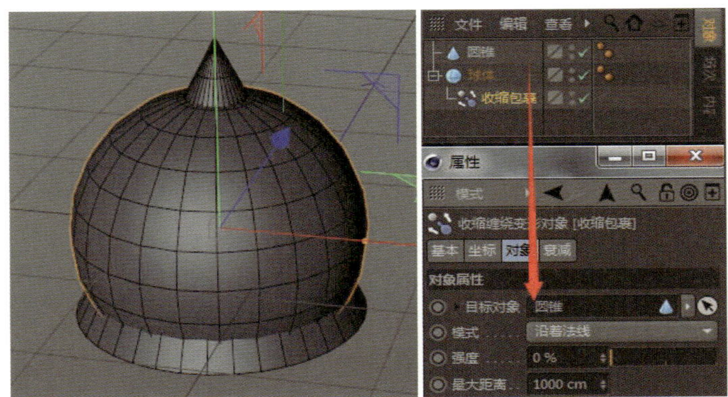

图6-30 【收缩包裹】属性

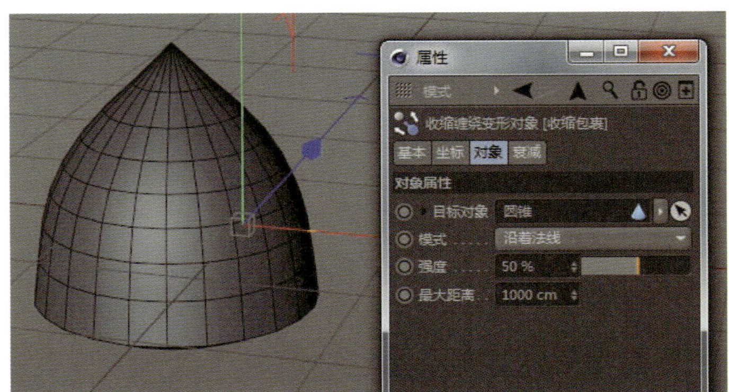

图6-31 【收缩包裹】效果

（17）【球化】。【球化】变形器可以根据其强度设定将物体变形成球形，可以在工作区中通过橙色的手柄交互式地改变对象的形状，也可以在属性管理器中调整参数，如图6-32、图6-33所示。

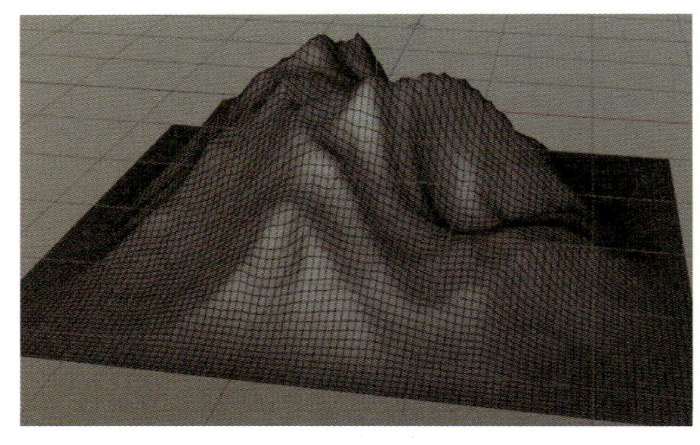

图6-32 创建山体

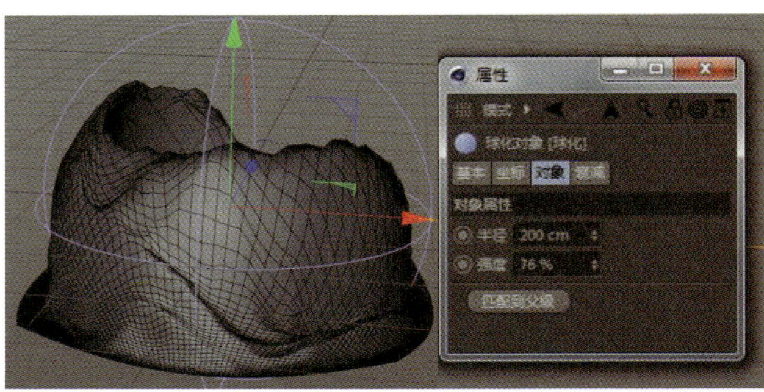

图6-33 【球化】效果

【半径】 设置球化的大小。

【强度】 设置变形程度，值越大，变形越厉害。

（18）【表面】。该变形器用于使物体形状跟随另一物体的表面变形。例如，它可以用来快速地将缝线缝合到由织物标签变形的织物上，使针迹跟随织物变形，而实际上不包括在织物计算中。它也可以用来在另一个表面上移动网格，从而使网格变形。

创建一个平面和一个立方体，为立方体添加【表面】变形器，将平面拖入【表面】变形器的【表面】栏，再单击【初始化】按钮，立方体即可随着平面进行变形，如图6-34所示。

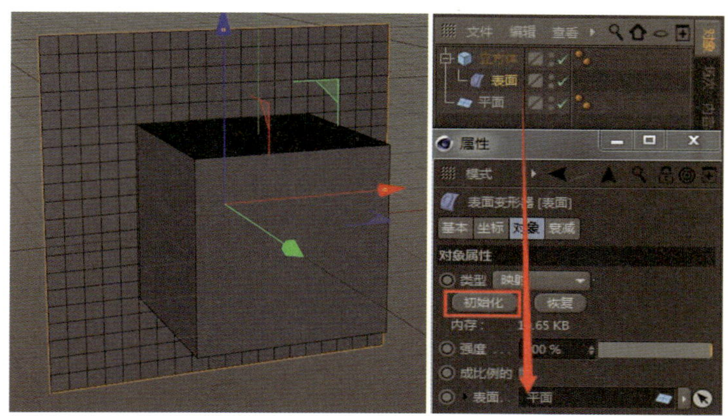

图6-34 【表面】效果

（19）【包裹】。该变形器用于使物体包裹到另一个物体表面。创建立方体，参数设置如图6-35所示；添加【包裹】变形器，如图6-36所示。

【宽度】 设置包裹物体的范围，值越大，包裹的范围越小。

【高度】 设置包裹的高度。

【半径】 设置包裹物体的半径。

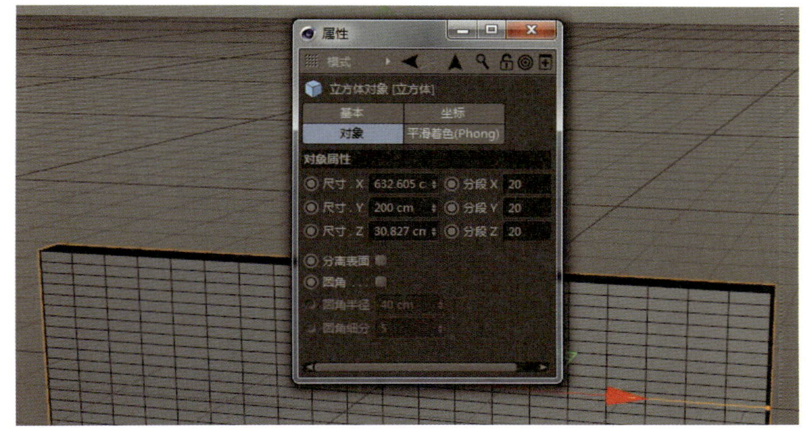

图6-35 创建立方体

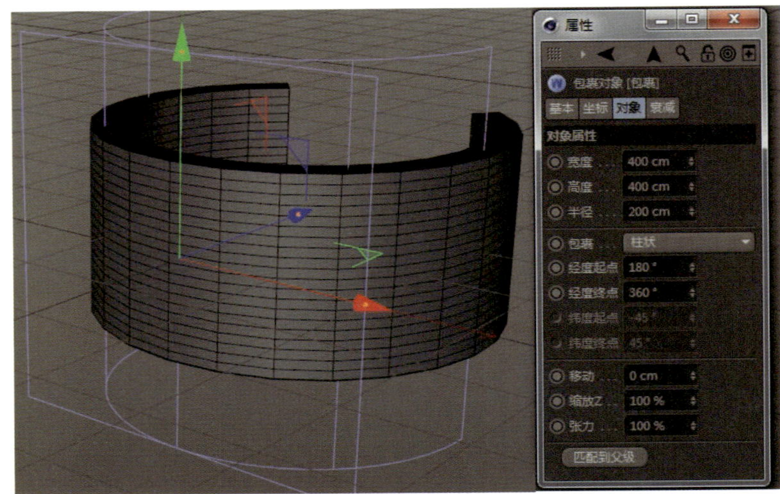

图6-36 【包裹】效果

【经度起点】【经度终点】 设置包裹物体起点和终点的位置。

【移动】 设置包裹物体在*Y*轴上的拉伸。

【缩放*Z*】 设置包裹物体在*Z*轴上的缩放。

【张力】 设置【包裹】变形器对物体施加的强度。

（20）【样条】。它使用两个样条变形对象：原始样条和修改样条。【样条】变形器考虑两个样条的位置和形状的差异，并相应地变形物体。

【样条】变形器对字符建模和动画特别有用。例如，可以使用几个修改样条来快速、轻松地创建各种面部表情或肌腱伸展。

创建一个平面和两个圆环，将【圆环.1】移动到【圆环】上方，如图6-37所示。

为平面添加【样条】变形器，将【圆环】和【圆环.1】分别拖入【样条】变形器的【原始曲线】和【修改曲线】栏，调整【半径】【完整多边形】和【形状】属性即可，如图6-38所示。

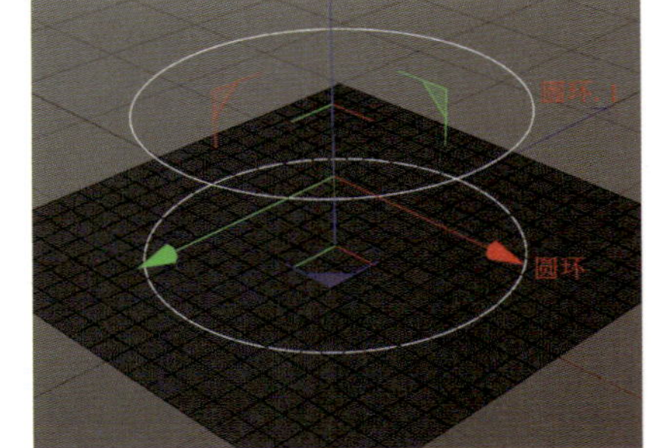

图6-37 【修正】效果

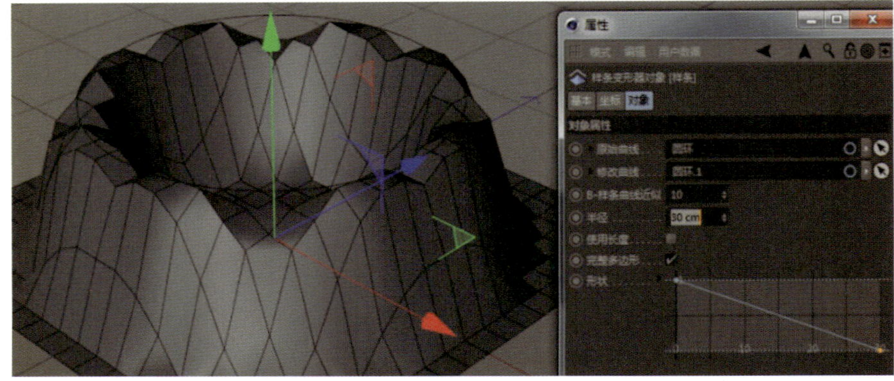

图6-38 【样条】效果

（21）【导轨】。它是用样条来定义多边形物体的形状。

创建立方体，调整分段数，然后创建两个样条，如图6-39所示。

为立方体添加【导轨】变形器，将两个样条分别拖入【左边Z曲线】和【右边Z曲线】栏里，如图6-40所示。

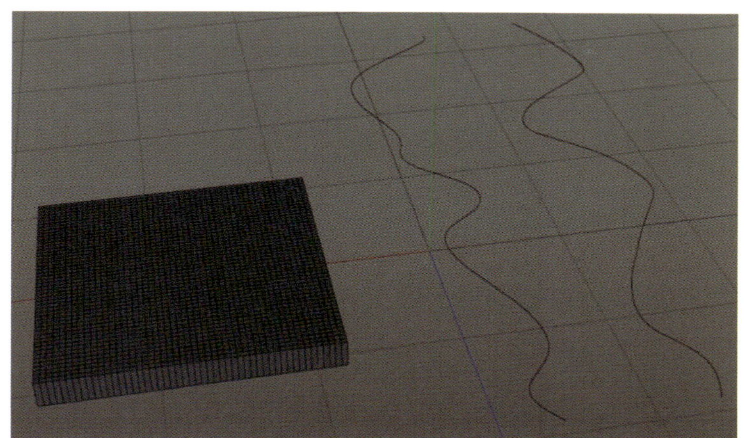

图6-39　创建立方体和样条

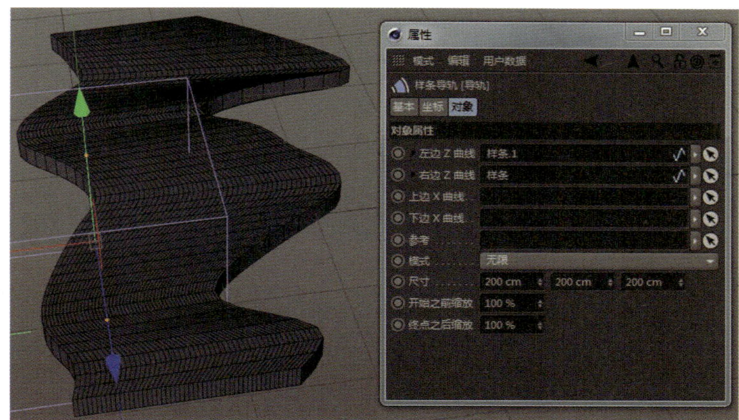

图6-40　【导轨】效果

（22）【样条约束】。它使物体可以以样条为路径进行变形或缠绕。

【导轨】 可以用另一条曲线来控制被样条约束的物体的旋转方向。

【强度】 设置样条对模型的约束强度。

【偏移】 设置模型在样条上的偏移大小。

【起点】【终点】 设置模型在样条上的起点和终点。

【尺寸】【旋转】 通过曲线来控制模型和样条的尺寸与旋转。

创建样条线和胶囊体，调整胶囊体的【高度分段】和【半径】。

为胶囊体添加【样条约束】变形器，如图6-41所示。

将样条拖入【样条约束】变形器的【样条】栏并调整轴向，如图6-42所示。

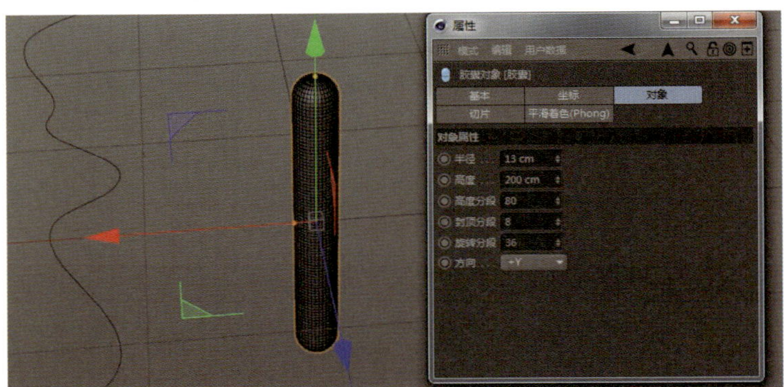

图6-41 创建胶囊体和样条

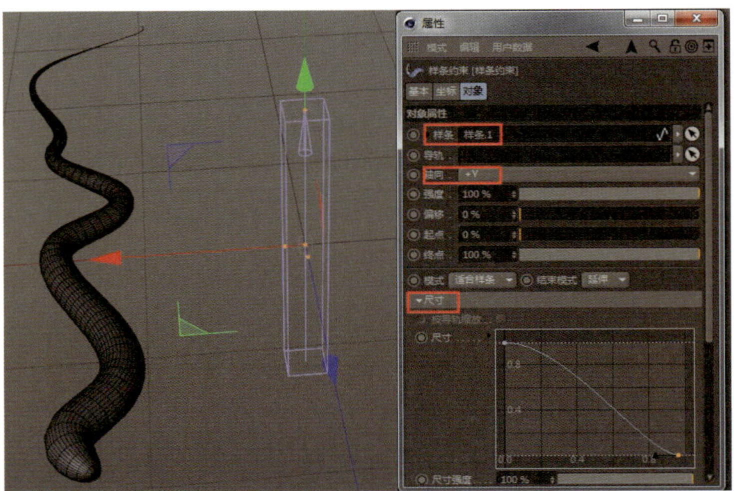

图6-42 【样条约束】效果

（23）【摄像机】。使用该变形器可基于覆盖在摄像机视图顶部的网格来变形对象。这对于创建与摄像机视图相比是静态的自由变形来说非常有用。可以把它看作涂抹工具，但是它会使物体的体积产生变化。

【强度】 控制【摄像机】变形器对模型的变形强弱。

【网格*X*】【网格*Y*】 控制网格点的多少及疏密程度。

创建胶囊体和摄像机并进入摄像机视角，如图6-43所示。

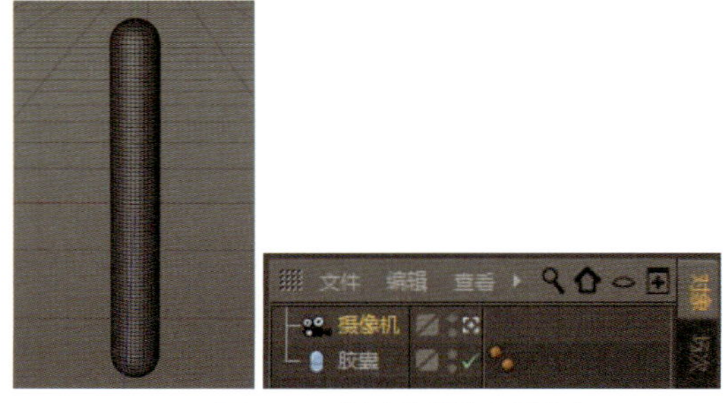

图6-43 创建胶囊体和摄像机

为胶囊体添加【摄像机】变形器，将创建的摄像机拖入【摄像机】变形器的【摄像机】栏里。进入【点】层级，即可用位移、旋转等工具编辑物体形状，如图6-44所示。

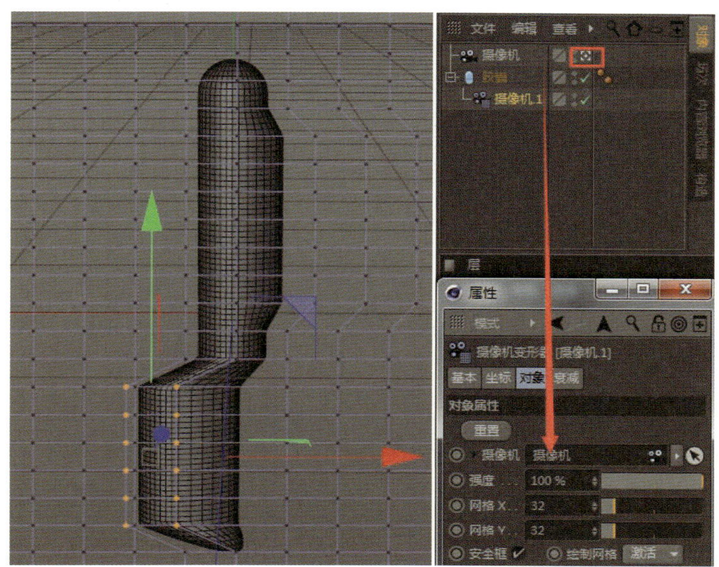

图6-44　【摄像机】效果

（24）【碰撞】。使用该变形器可模拟物体之间的相互作用。可以把它想象成一个软表面，当它与另一个表面碰撞时，会被推或拉变形。

创建一个球体和一个平面，如图6-45所示。

为平面添加【碰撞】变形器，将球体拖入【碰撞】变形器的【碰撞器】对象栏。当球体碰到平面时，平面会凹陷，如图6-46所示。

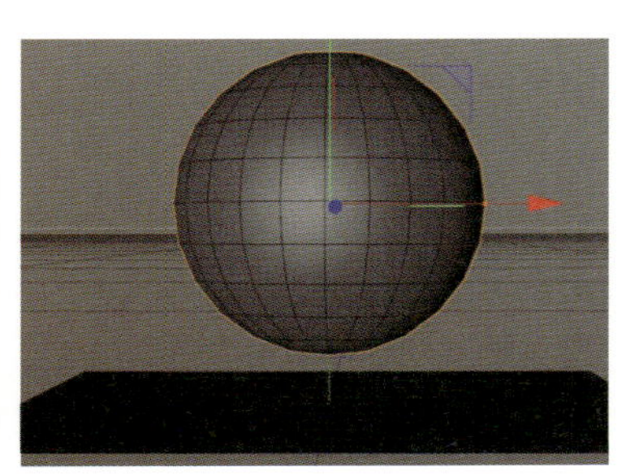
图6-45　创建球体和平面

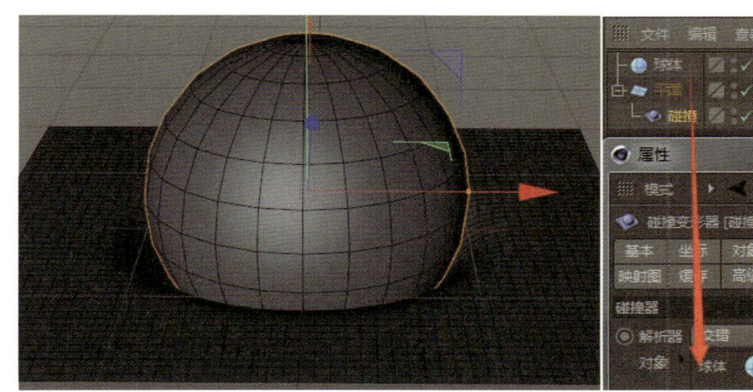

图6-46　【碰撞】效果

（25）【置换】。它通过纹理贴图来控制模型的凹凸，如图6-47所示。

【强度】【高度】 控制置换的强弱和整体高度。

【贴图】 通过【偏移】【长度】【平铺】来控制贴图的位置和形状。

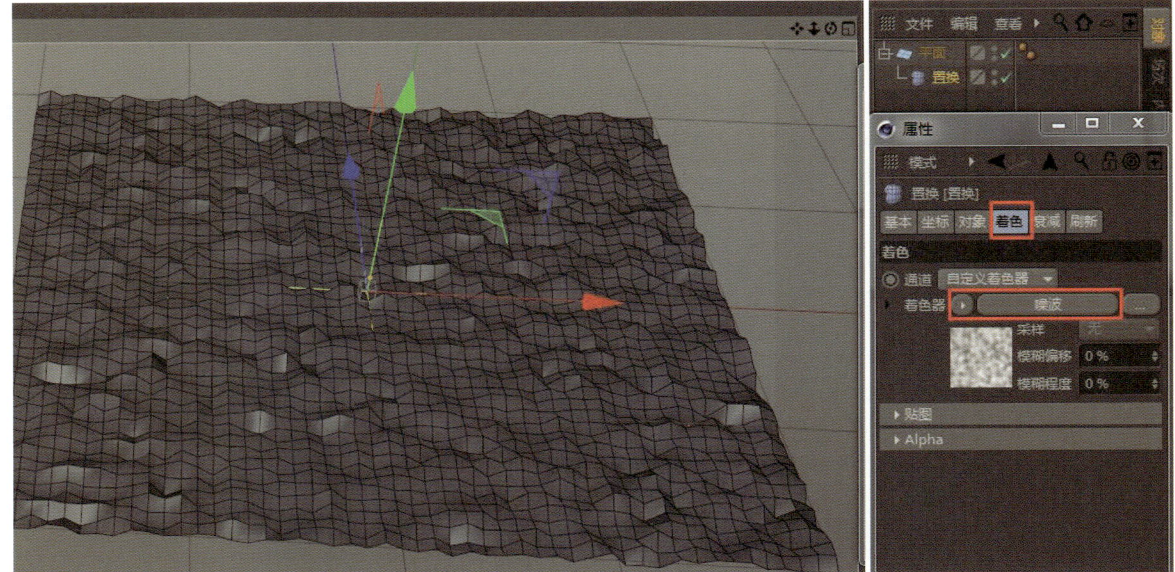

图6-47 【置换】效果

（26）【公式】。该变形器是使用数学公式来影响对象形状的。拖动手柄以控制变形器的大小，所有影响范围内的表面都将受到影响。默认公式创建的圆形波纹如图6-48所示。

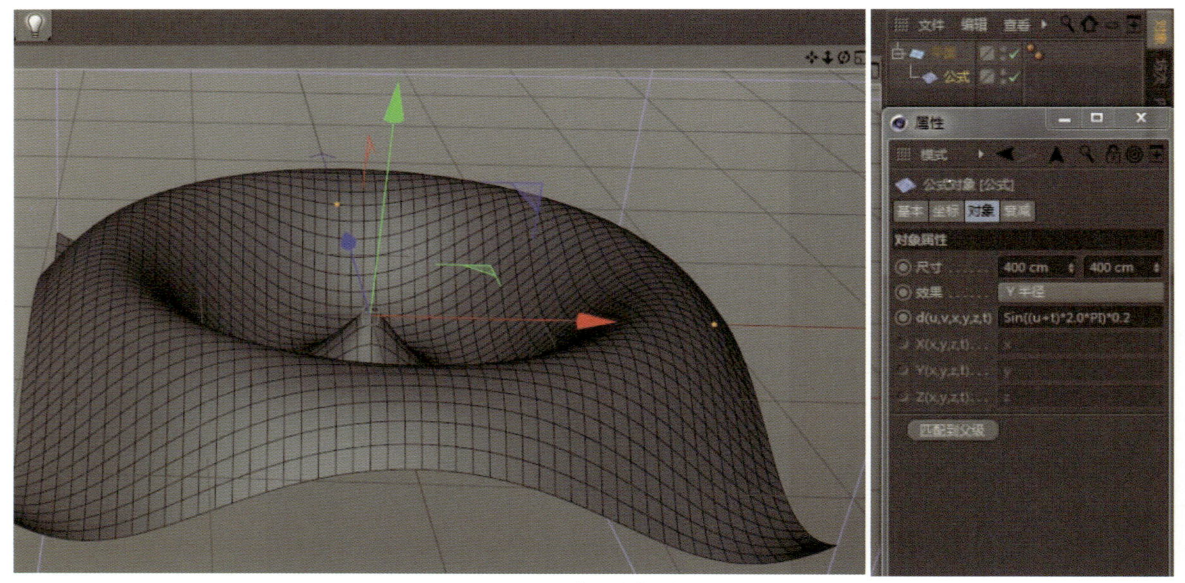

图6-48 【公式】效果

（27）【风力】。这个变形器可以在物体上产生波浪。【风力】在变形器的正*X*方向上吹。【风力】变形器会自动播放动画（单击动画工具栏的播放按钮）。在*Z*轴上拖动橙色手柄，可以在视口中交互式地改变波浪的振幅；在*X*轴上拖动橙色手柄，可以改变*X*和*Y*轴方向上波浪的大小，如图6-49所示。

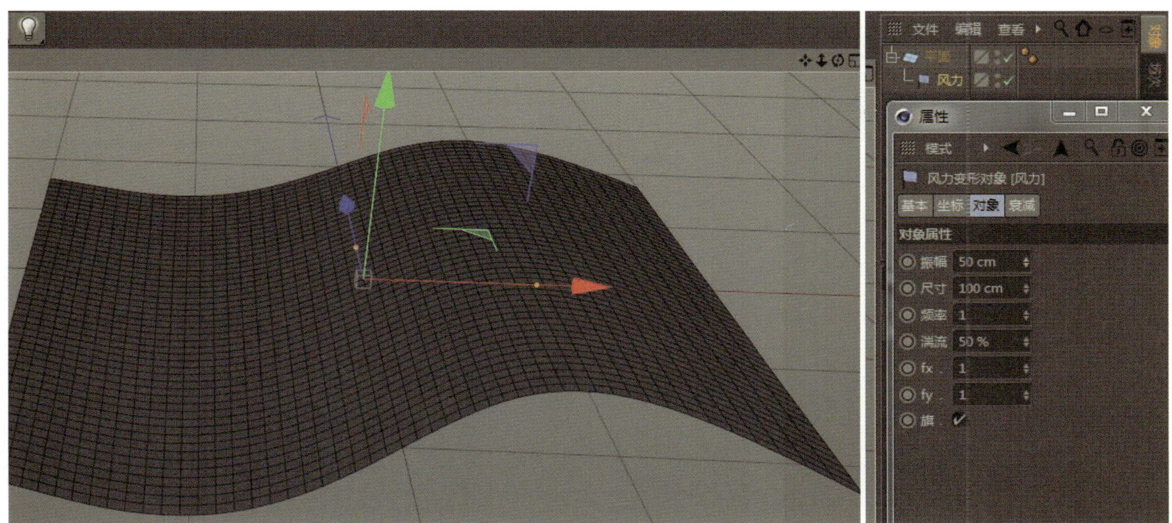

图6-49 【风力】效果

【振幅】 设置模型形状的波动范围。

【尺寸】 设置模型形状的波动大小。数字越小，波动越大。

【频率】 设置模型波动的频率。

【湍流】 设置模型波动的形状。

（28）【减面】。这个变形器能够以灵活、直观的方式减少C4D中任何几何对象的多边形数量，如图6-50所示。

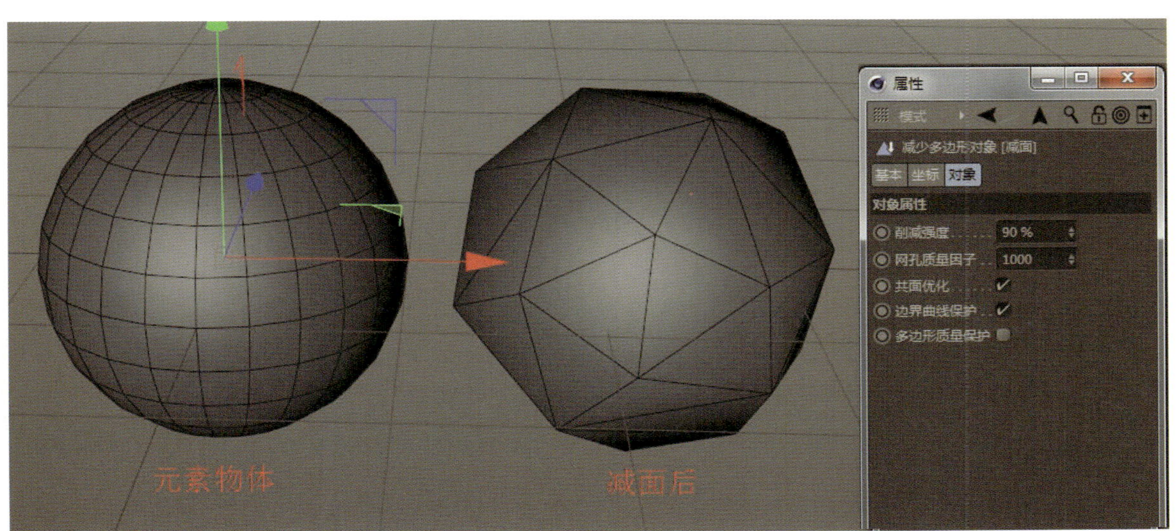

图6-50 【减面】效果

（29）【平滑】。这个变形器能够用来平滑物体的表面，如图6-51所示。

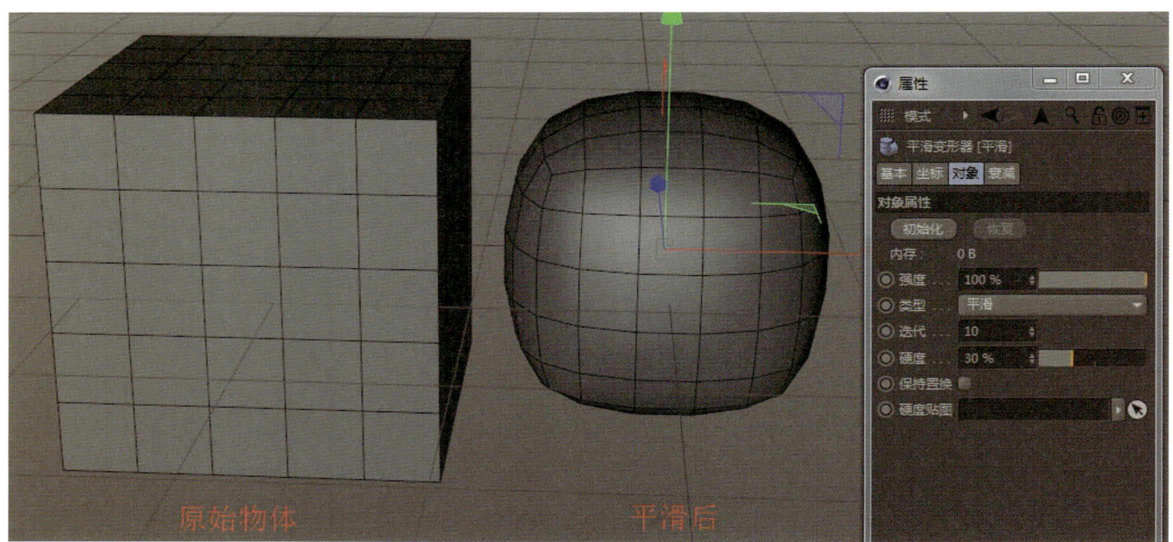

图6-51 【平滑】效果

（30）【倒角】。它与多边形的【倒角】工具类似，在此不作赘述。这个变形器主要是针对点、边和多边形的斜切，是使用变形器在程序上完成的，也就是说，原始物体可以被非破坏性地斜切。该变形器可以使用选择标记和旋转信息来决定哪些点、边和多边形应该被斜切。

第七章　建模工具

一、编辑对象

C4D的对象和样条基本是参数化的，即它们没有点或多边形，而是使用数学公式和参数创建的。由于这些对象没有点或多边形，因此它们不能以与普通多边形对象和样条相同的方式进行编辑。例如，不能选择或移动点，也不能执行【挤压】或【创建轮廓】这样的命令。

但是，用户可以单击【转为可编辑对象】按钮，将这些对象转化为可编辑样条线和多边形，即可对其进行编辑。【转为可编辑对象】的快捷键为【C】。

转化为可编辑对象后，可以进入模型的【点】、【边】（线）、【多边形】（面）层级，然后在空白处右击，即可找到常用的编辑命令（见图7-1）。

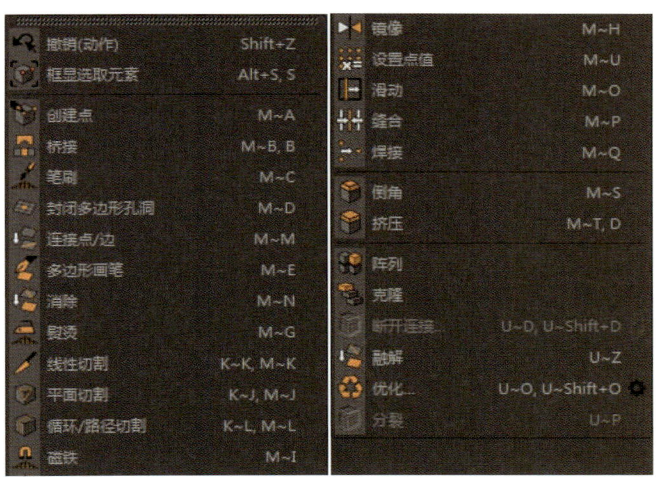

图7-1　常用编辑命令

【转为可编辑对象】是单向命令。原始对象可以转化为可编辑对象，但用户不能编辑完点、线、面后，再转换回原始对象。

（一）【创建点】

此工具允许用户向对象添加新点，可以在【点】【边】【多边形】3种模式下工作。不需要选择就可以在多边形表面或边缘上添加点（见图7-2）。

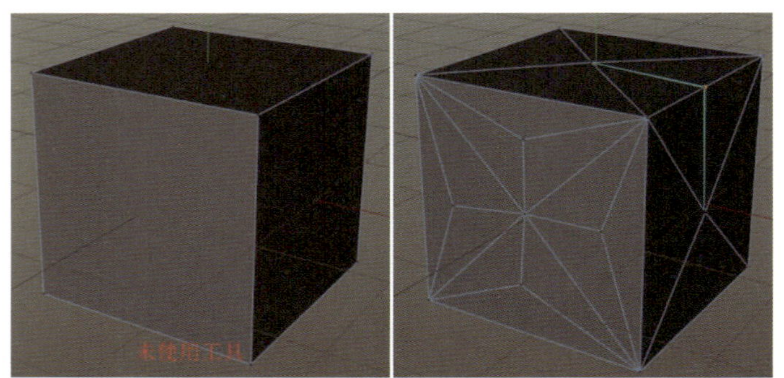

图7-2 【创建点】效果

（二）【桥接】

【桥接】使用户能够在未连接的表面之间创建连接。【桥接】工具可以在【点】【边】【多边形】3种模式下工作，在【多边形】模式下需要进行选择。

在【点】模式下，用户可以通过定义新的多边形边来创建多边形。要在两点之间定义一个新的多边形边，需从一点拖动到另一点。高亮显示的预览将显示新多边形的创建位置。

在【边】模式下，通过从一条边拖动到另一条边，可以在两条边之间创建一个新的多边形。与【点】模式一样，高亮显示的预览会显示新多边形的创建位置。

在【多边形】模式下，在使用【桥接】工具之前，必须先选择要连接的多边形，然后使用【桥接】工具，从一边拖动到另一边（见图7-3）。

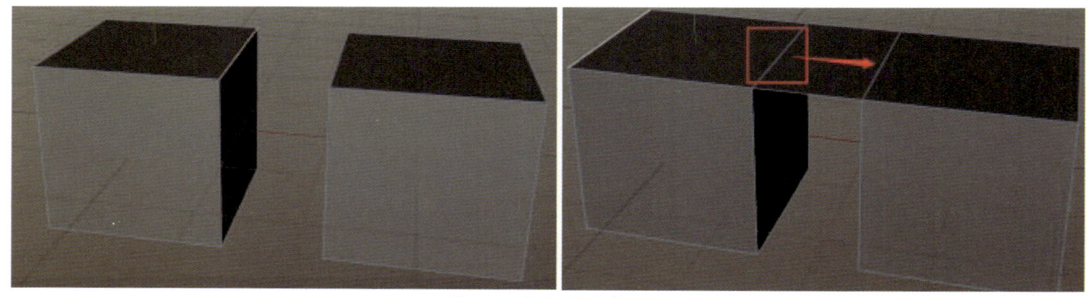

图7-3 【桥接】效果

（三）【笔刷】

笔刷工具可以在【点】【边】【多边形】3种模式下工作。当选择【画笔】工具时，用户将看到一个圆形笔刷出现在视图中。这个球体内的所有对象点都会受到工具的影响。拖动鼠标中键可以调整笔刷大小（见图7-4）。

（四）【封闭多边形孔洞】

【封闭多边形孔洞】工具可以在【点】【边】【多边形】3种模式下工作。使用该工具，将光标移动到孔上方，一个黄色的多边形预览就会出现，单击即可创建多边形（见图7-5）。如有必要，将创建一个N-gons。

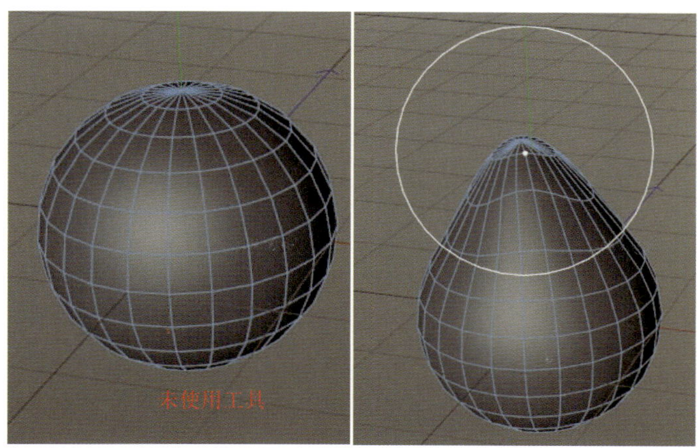

图7-4 【笔刷】效果

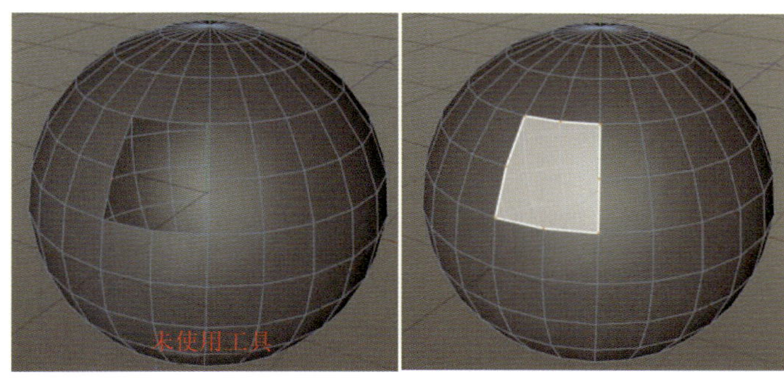

图7-5 【封闭多边形孔洞】效果

（五）【连接点/边】

【点】模式　在一个多边形上选择一个面上的两个点进行连接，如图7-6所示。

【边】模式　选择相邻的边进行连接，如图7-7所示。

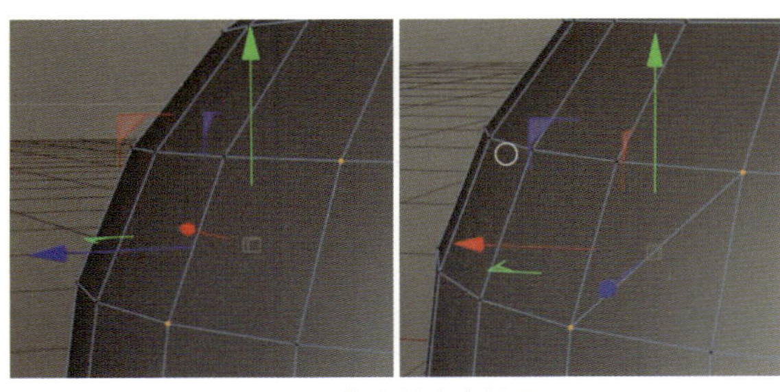

图7-6 【连接点】效果

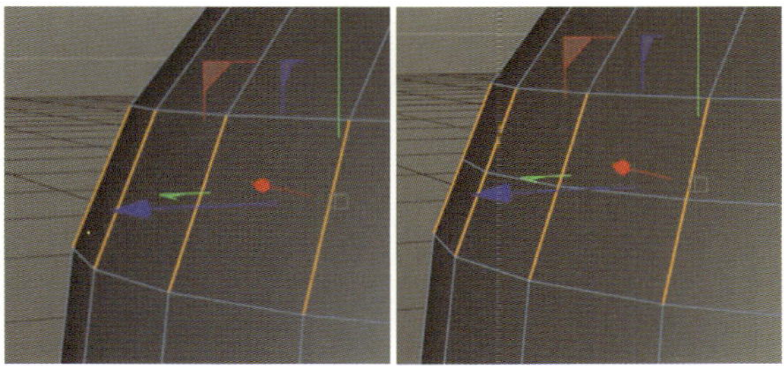

图7-7 【连接边】效果

（六）【多边形画笔】

【多边形画笔】取代了之前的【多边形创建】工具，并提供了广泛的新功能，可能需要对多个建模工作流进行修改，如图7-8所示。

【多边形画笔】不仅仅是一个多边形绘画工具，它几乎包括了所有常用编辑工具的功能，如移动、焊接、复制、切刀、挤压、调整等。【多边形画笔】还可以创建点、边和现有几何多边形。

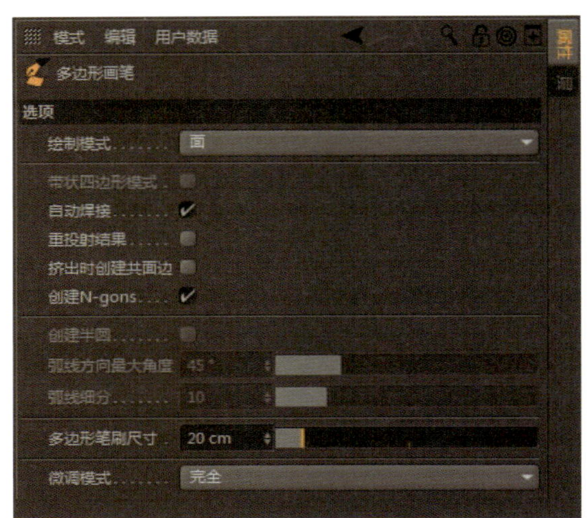

图7-8 【多边形画笔】属性

【多边形画笔】工具可以在【点】【边】【多边形】3种模式下工作，不需要选择之前的任何元素，只需将光标放在相应的元素上，然后高亮显示，单击并绘制。

（七）【消除】

使用此工具可删除选中的边。这个工具与【融解】工具类似，不同之处在于，不必要的点也会被自动删除。此工具也可删除使用【连接点/边】工具创建的边，如图7-9所示。

删除点时，考虑到平滑角度，即在硬边或检测到阴影的地方不会删除点。如果在应用时按下【Shift】键，所有不需要的点，无论角度如何，都将被删除。

在【点】或【多边形】模式下，【消除】工具完全类似于【融解】工具。

（八）【熨烫】

如果模型表面看起来很不平整，可以用这个虚拟的熨斗把它“烫”平（见图7-10）。该工具可以在【点】【边】【多边形】3种模式下工作。

拖动视窗以改变百分比值，即平滑的强度。在视图中按住【Shift】键并拖动鼠标来改变角度值，即阈值角度。

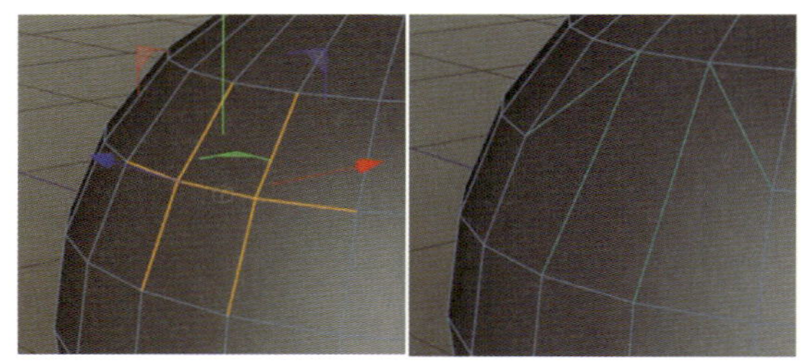

图7-9 【消除】效果

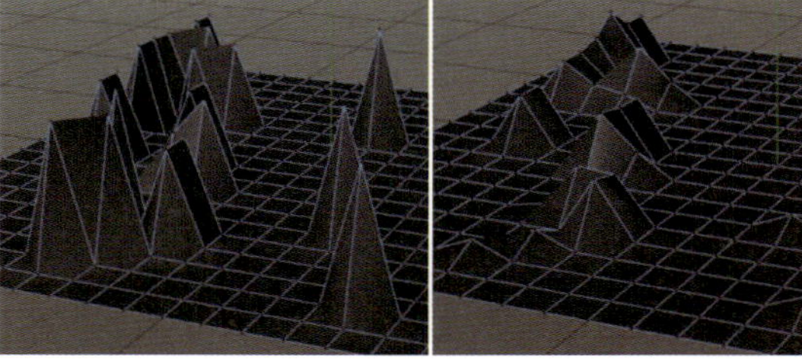

图7-10 【熨烫】效果

（九）【线性切割】

【线性切割】工具取代了之前的【切刀】工具，并且提供了更多功能。

在使用点、使用边、使用多边形3种组件模式下，线条裁剪也会同时裁剪多边形对象和样条。

单击并拖动切边或多次单击鼠标创建切边。切割线既可以有任意数量的控制点，也可以在任何时候添加额外的控制点。只需单击切割线，就会创建一个新点，如图7-11所示。

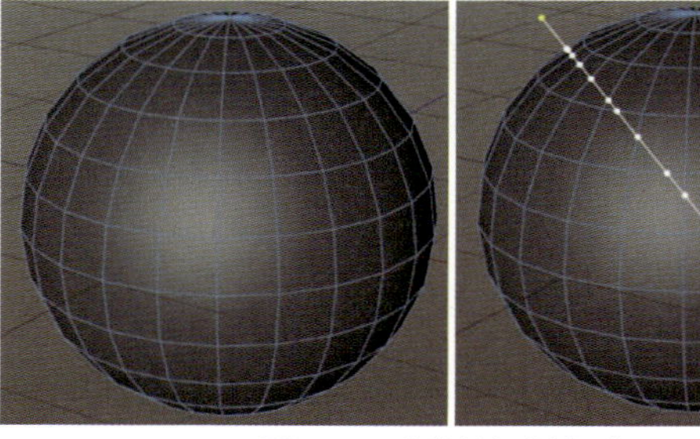

图7-11 【线性切割】效果

切割线将投射到要从视口角度切割的对象上。它可以吸附在多边形、边或点上，也可以自由地存在于空间里。

在切换到另一个工具或按下【Esc】键之前，切割线将保持可见，并且在所有视图中都是可编辑的。它将完成切割过程。

（十）【平面切割】

【平面切割】工具沿着平面的表面切割（也包括多个选定对象）。该工具可以交互使用，在视图中切割平面后，可以自由移动和旋转（属性管理器中的交互式工具设置只能部分修改），如图7-12所示。

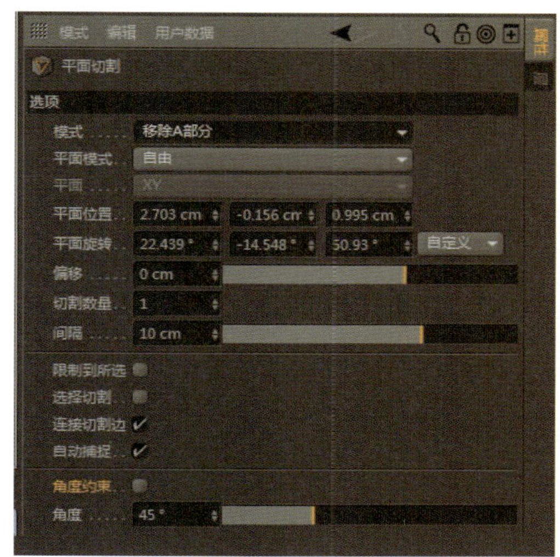

图7-12 【平面切割】属性

【模式】分为4种，默认为【切割全部】模式，可以在模型上划出一条直线，并添加点，但不能使模型分开，如图7-13所示。

【分割】模式可以在模型上划出一条直线，使模型分开，如图7-14所示。

【移除A部分】模式可以在模型上划出一条直线，删除模型A部分；【移除B部分】模式可以在模型上划出一条直线，删除模型B部分，如图7-15所示。

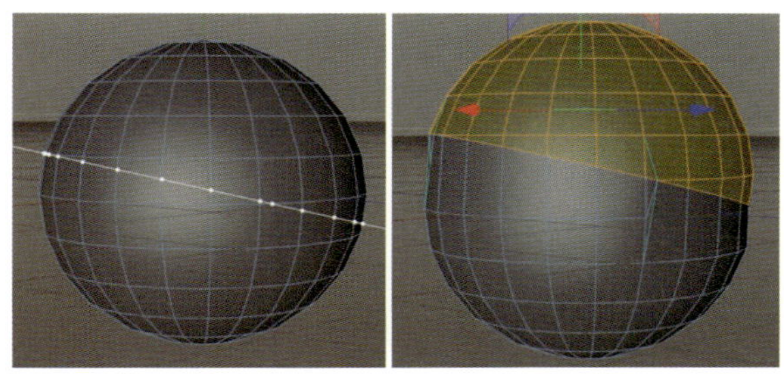
图7-13 【切割全部】模式效果

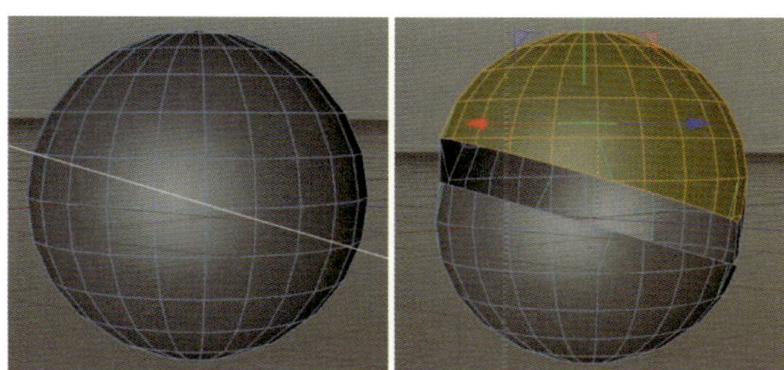
图7-14 【分割】模式效果

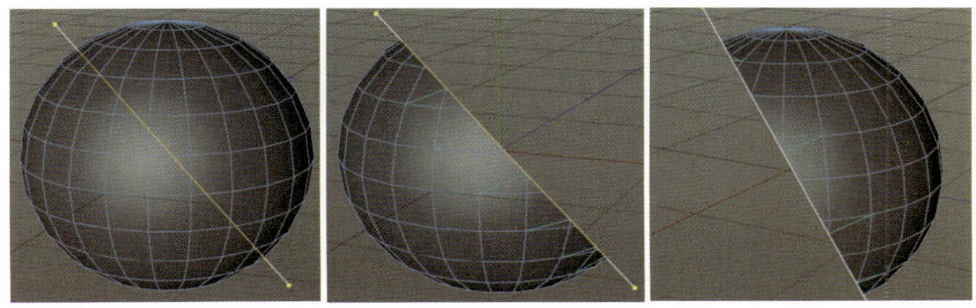
图7-15 【移除A部分】模式效果与【移除B部分】模式效果

（十一）【循环/路径切割】

此工具主要用于交互式地、更精细地细分边缘循环，可以使用自动循环识别（Mode-loop）或手动创建循环选择（Mode-path）。

【循环/路径切割】工具可以在使用点、使用边、使用多边形3种组件模式下切割多边形对象，如图7-16所示。

（十二）【磁铁】

使用【磁铁】工具可以从多边形物体或样条中提取出一部分。在对象上单击任意位置并拖动鼠标，点离鼠标指针越远，磁铁对它们的吸引力就越弱。如果在拖动时按住【Shift】键，这些点将与突出显示点的法线平行移动，如图7-17所示。

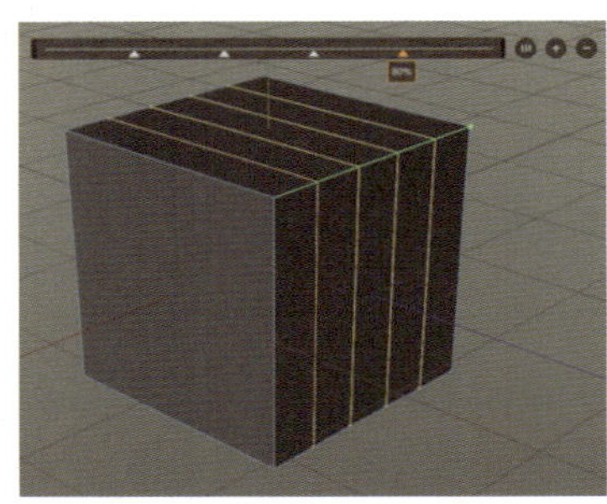

图7-16 【循环/路径切割】效果

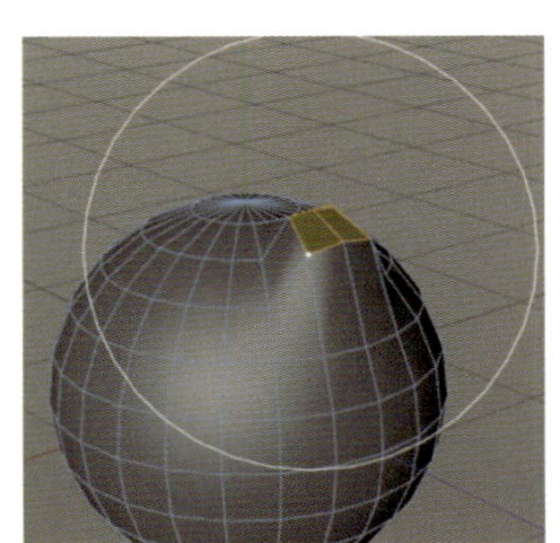

图7-17 【磁铁】效果

（十三）【镜像】

此工具在【点】或【多边形】模式下工作。在【点】模式下，只有选中的点会生成镜像（没有表面）；如果没有选中任何点，则所有点都将生成镜像。在【多边形】模式下，选中的表面会生成镜像；如果没有选中任何表面，则所有表面都将生成镜像，如图7-18所示。

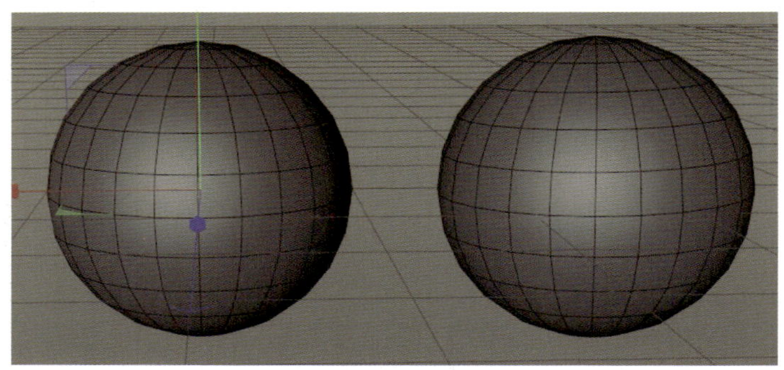

图7-18 【镜像】效果

（十四）【设置点值】

这个工具提供了各种方法来设置所选点的值。例如，用户可以使用此工具来设置中心点、量子化点或折皱点。此工具可应用于多边形点、样条点和FFD点。

（十五）【滑动】

使用【滑动】工具，单个或多个选中的边缘或整个边缘循环都可以移动，或沿着它们的垂直端点边缘移动，或垂直向外或向内移动，如图7-19所示。

按【Ctrl】键 让用户轻松复制和粘贴整个边缘循环，如图7-20所示。

按【Shift】键 边缘将向内或向外推（边缘点将向法线方向移动），如图7-21所示。

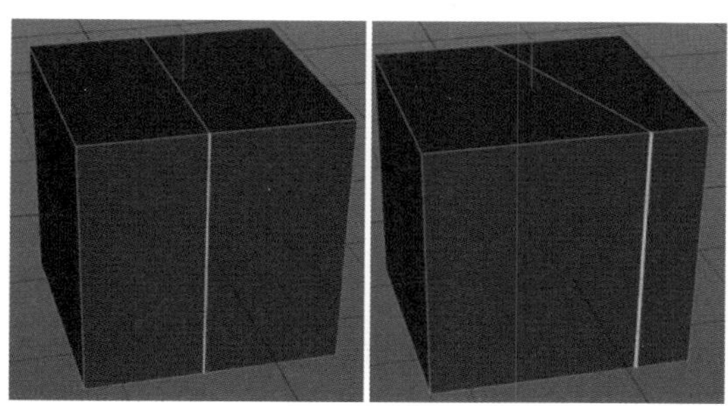

图7-19 【滑动】效果

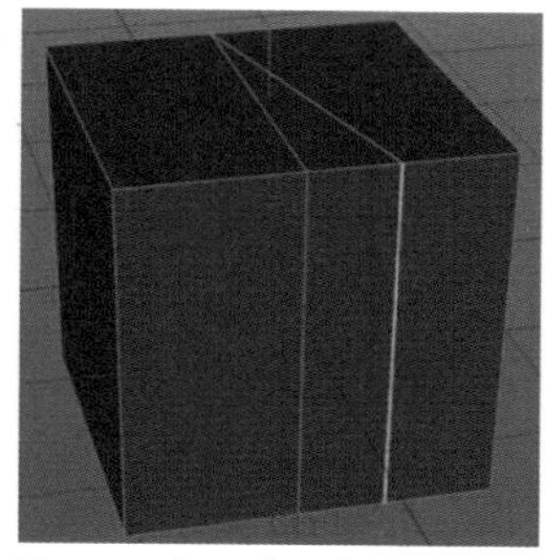
图7-20 【Ctrl】+【滑动】效果

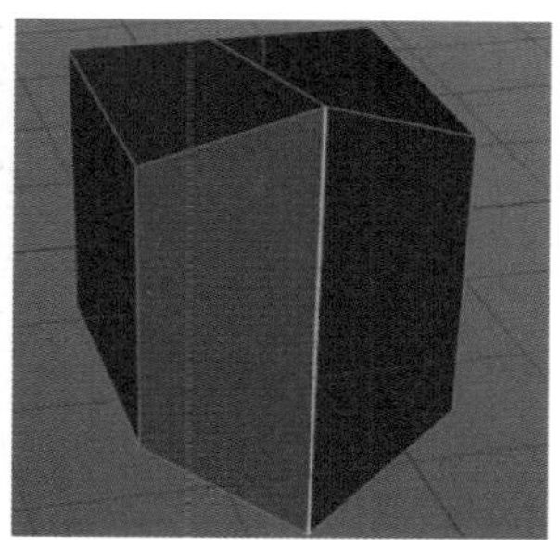
图7-21 【Shift】+【滑动】效果

（十六）【缝合】

【缝合】工具的主要目的是连接具有相同数量点的物体边缘。该工具在【点】【边】【多边形】3种模式下都可工作。然而，它在【多边形】模式下的功能有限，在大多数情况下需要进行选择，如图7-22所示。

【缝合】工具应用于选定的边缘，需结合【Ctrl】和【Shift】键。在【点】或【边】模式下选择想要连接的边缘，单击并从第一条边拖动到另一条边，当用户拖动时，将出现一条突出显示的连接这两条边的线，释放鼠标即可应用更改。

（十七）【焊接】

【焊接】工具可以将多个对象点或样条点焊接成一个点。先选择要焊接在一起的点，然后使用【焊接】工具并单击一个点来选择焊接点的位置。如果单击其他位置而不是其中一个点，焊接点将被放置在选点所在边的中心，如图7-23所示。

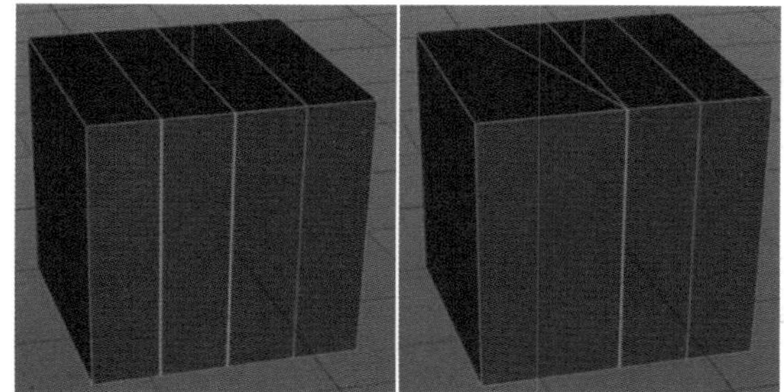
图7-22 【缝合】效果

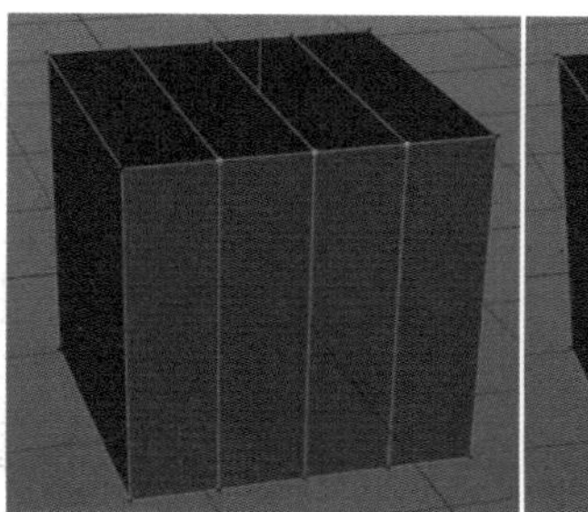

图7-23 【焊接】效昊

用户可以对单个选定对象或多个选定对象应用【焊接】工具。但是，不同对象的点不能真正地结合在一起。【焊接】工具可以在【点】【边】【多边形】3种模式下工作；在【边】和【多边形】模式下，所选边或多边形的所有点将被焊接在一起。

（十八）【倒角】

全新的【倒角】工具更加优化，可以把粗糙的边缘和棱角变成扁平的、圆形的、柔软的元素，可以在【点】【边】【多边形】模式下使用，如图7-24至图7-26所示。

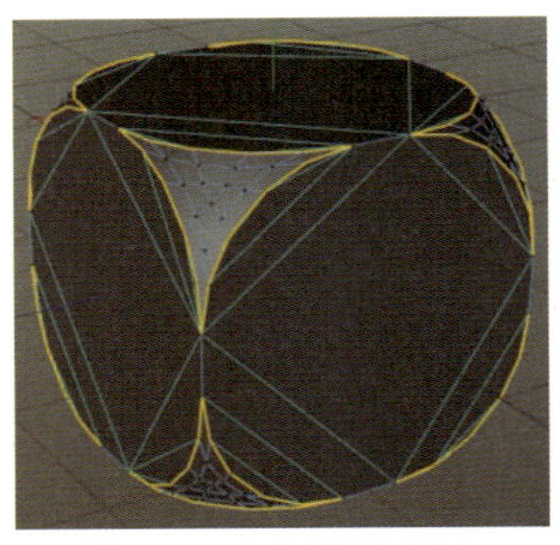

图7-24　点【倒角】效果

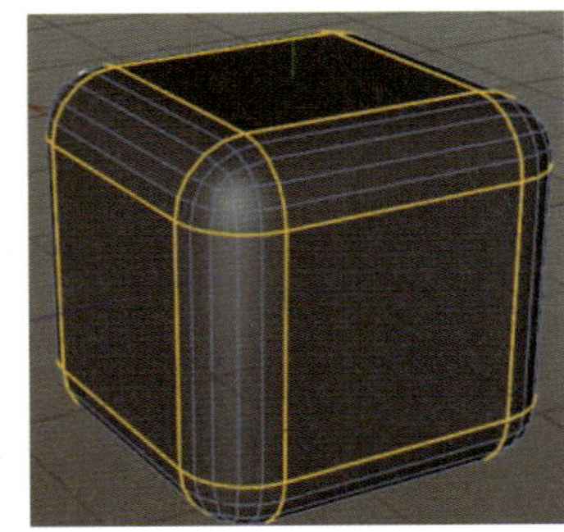

图7-25　边【倒角】效果

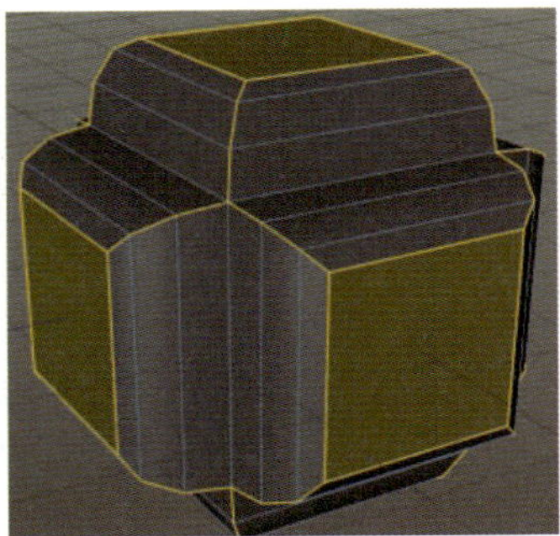

图7-26　多边形【倒角】效果

（十九）【挤压】

此工具可以挤压选定的点、边或多边形。如果没有选择任何元素，那么对象的所有元素都将被挤出，如图7-27所示。

要交互式地在视图中挤压，需在视图中向左或向右拖动。挤压沿所选表面的法线进行，根据所有要挤压的法线计算平均值。

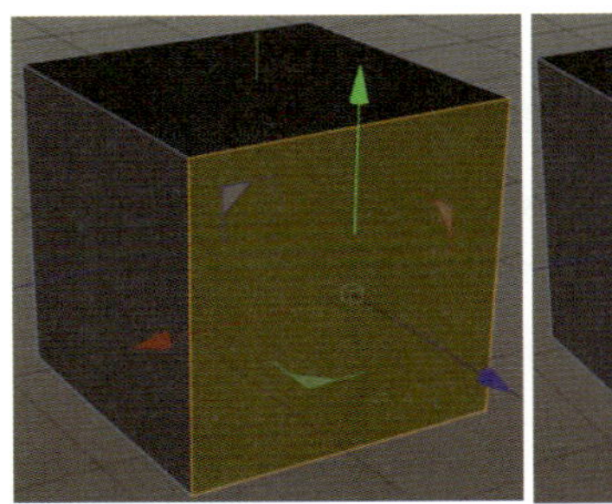

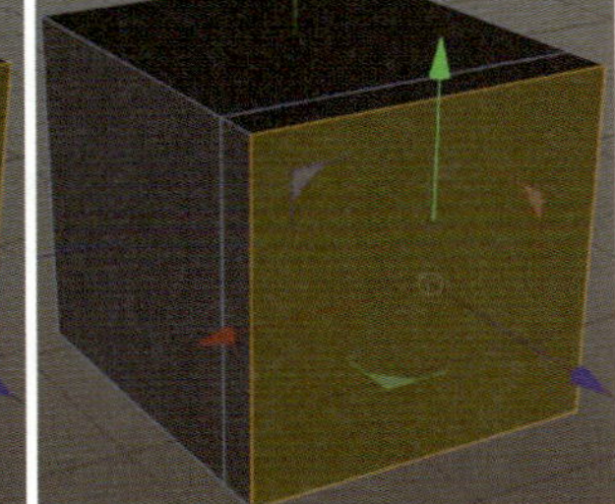

图7-27　【挤压】效果

（二十）【阵列】

此工具与第五章“造型器”中的【阵列】类似。造型器中的【阵列】针对对象本身，而此工具可以复制对象中的选定点或多边形，并在*X*、*Y*和*Z*轴方向上或多或少地均匀分布。用户可以改变复制元素的大小和轴的旋转。

有了【阵列】工具，用户可以以完全均匀的方式复制数组元素，或者生成随机、更分散的表面或点顺序。

阵列总是沿着所选对象的对象轴复制的。连接的表面被连贯地复制。如果没有选择任何元素，则复制所选对象的所有表面和点。如果只选择点，那么它们就会在没有相邻面的情况下复制。要为这些点创建表面，可使用【桥接】工具或【创建多边形】工具。

（二十一）【克隆】

此工具允许用户复制对象的表面或点，并可选择围绕对象轴旋转重复的项。用户还可以指定一个偏移量，用于沿着对象轴移动重复的元素。此工具与【阵列】工具类似。

（二十二）【断开连接】

此工具可用于从选定样条点之间的多边形对象表面或段中断开选定的多边形。这些断开的表面或部分将保持原位，但不在物理上连接到原始元素上。原始对象仍然包含这些分离的表面或段的点，所以几何形状没有被破坏。这个工具通常需要选择一个多边形并启用【多边形】模式。使用此工具的一个很好的例子就是在一个物体上开个洞，将断开的表面用作盖子，如图7-28所示。

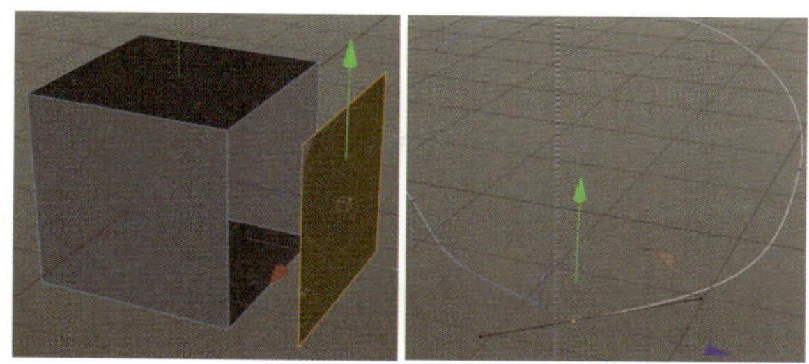
图7-28　面【断开连接】效果与点【断开连接】效果

这个工具也可以应用于样条。与【中断段】工具不同的是，断开段的起点和终点是重复的（与多边形对象一样），并且没有从原始样条中删除。因此，样条的顺序在断开之前和之后都保持不变。在样条上应用【断开连接】工具时，需要选择点并启用【点】模式。

（二十三）【融解】

这个工具会融解所选的点、边或多边形。

【点】模式　删除选中的点，涉及点的多边形将被转换成一个N-gons，如图7-29所示。

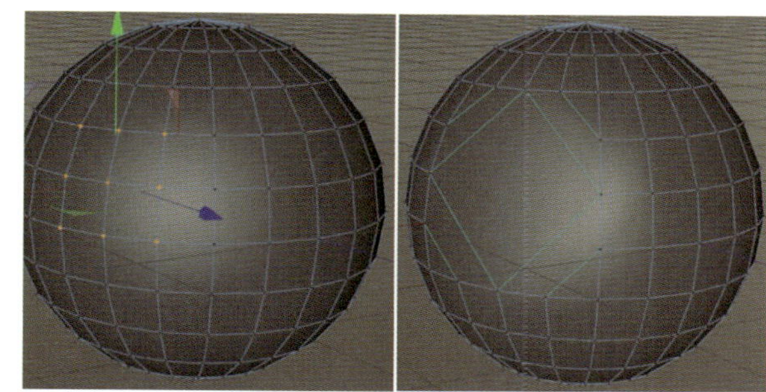
图7-29　点【融解】效果

【边】模式　删除选中的边，因此边的多余的点（即不再是边的一部分的点）也将被删除，如图7-30所示。

【多边形】模式　移除选中多边形组的内边缘，如图7-31所示。

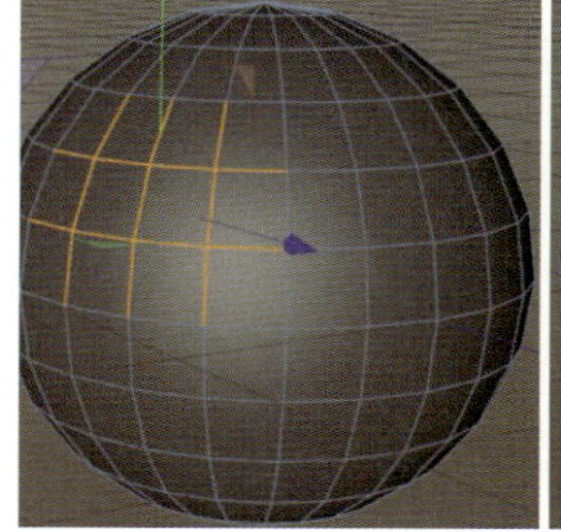
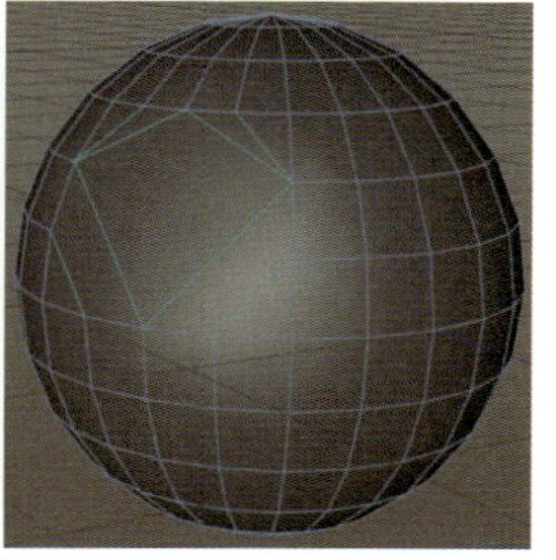
图7-30　边【融解】效果

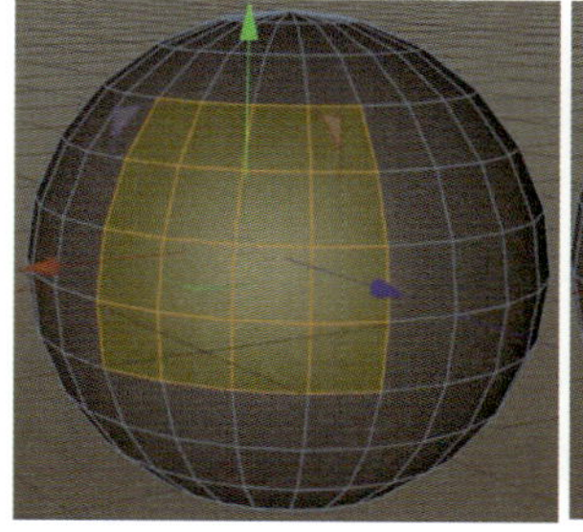

图7-31　多边形【融解】效果

（二十四）【优化】

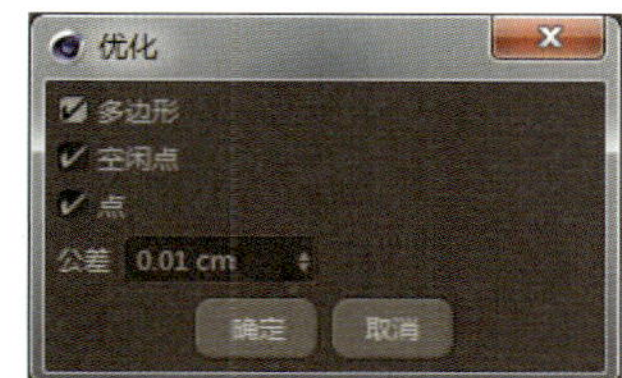

图7-32　【优化】效果

【优化】的选定元素可以是点、边或多边形。如果用户选择多边形或边，那么相关的点也将被优化。如果只选择点，那么只优化点，如图7-32所示。

【多边形】　选择此选项后，将消除一个或两个表面点。

【空闲点】　如果用户想要删除未使用的点，可选择此选项。

【点】　指定是否要消除重复的点。

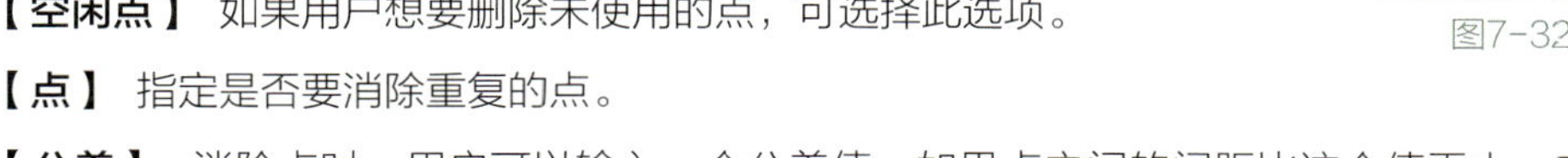

【公差】　消除点时，用户可以输入一个公差值。如果点之间的间距比这个值更小，它们就合并成一个点；如果这些点的间距比这个值大，它们就不会合并。如果多边形变得冗余（如多边形的3个角点都占据同一个点），C4D将自动删除它们。

（二十五）【分裂】

【分裂】与【断开连接】的区别在于，当使用【分裂】时，断开的表面会创建一个单独的对象，但原始对象没有改变，如图7-33所示。

如果要从原始对象中删除分离的部分，可以在分割后直接按【Delete】键。

图7-33 【分裂】效果

这个工具也可以应用于样条，可以从分离的段中创建一个单独的样条（与多边形对象一样）。当分割样条时，需要在【点】模式下选择点。

（二十六）沿法线移动/缩放/旋转

此工具只适用于【多边形】层级。选择的面将在面法线方向移动、缩放或旋转，如图7-34所示。

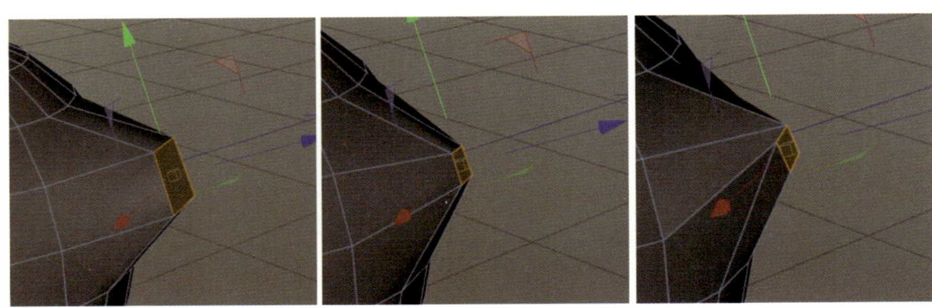

图7-34 沿法线移动/缩放/旋转效果

（二十七）【对齐法线】、【反转法线】

法线 与面垂直的线，入射角和反射角分居法线两侧。法线与渲染有关，方向反转后，物体无法被渲染出来。

【对齐法线】 用来统一选中面的法线（见图7-35）。

【反转法线】 用来反转选中面的法线（见图7-35）。

（二十八）【三角化】、【反三角化】

【三角化】可以让选择的面变成三角面。【反三角化】可以让选中的三角面还原为四边形，如图7-36所示。

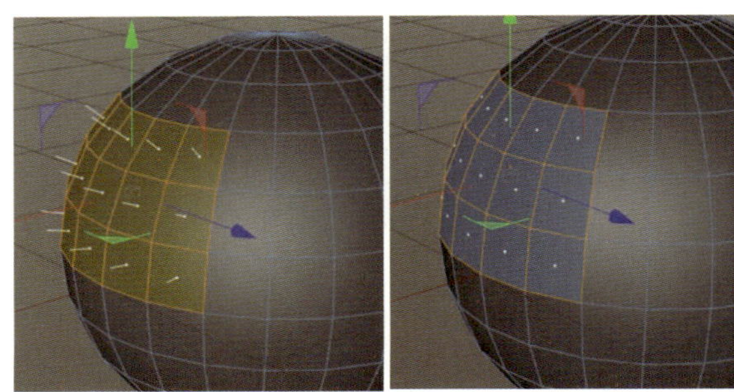

图7-35 【对齐法线】【反转法线】效果

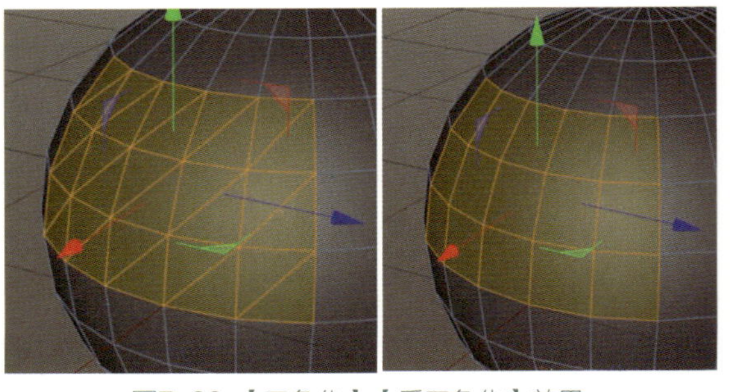

图7-36 【三角化】【反三角化】效果

（二十九）【重建N-gon三角分布】、【移除N-gons】

当多边形为N-gons时，使用【重建N-gon三角分布】工具可以让多边形变成三角面。

使用【移除N-gons】工具可以让三角面的模型还原为N-gons，如图7-37所示。

（三十）【细分】

用户可以使用此工具对多边形对象或样条进行分区。如果在细分一个特定的多边形对象时没有选择多边形，那么所有的多边形都会被分割；反之，则只对选中的多边形进行细分，如图7-38所示。

图7-37 【重建N-gon三角分布】效果

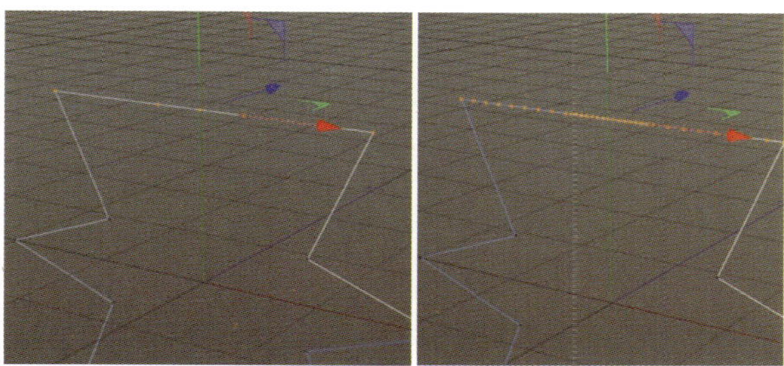

图7-38 【细分】效果

二、编辑样条

将样条转化为可编辑对象后，可以进入模型的【点】、【边】（线）层级，然后右击即可找到这些常用编辑命令（见图7-39）。

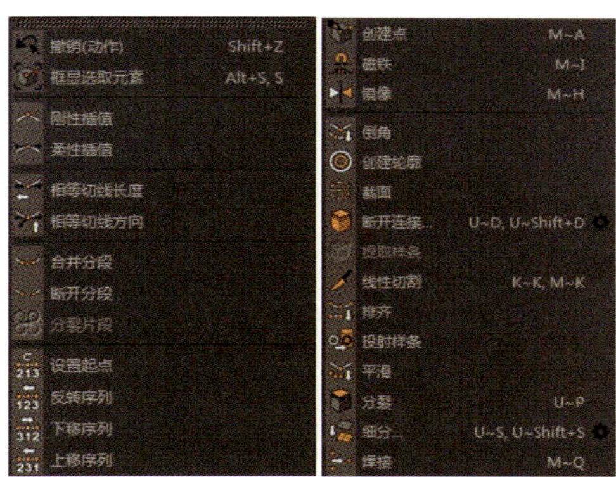

图7-39 常用编辑命令

（一）【刚性插值】

这个命令将所有选中的点切换到硬插值。如果没有选中任何点，那么样条线的所有点都会自动变为硬插值。硬插值意味着适当点的切线的长度为0（见图7-40）。

（二）【柔性插值】

这个命令将所有选中的点切换到软插值（贝塞尔点）。如果没有选中任何点，那么所有样条曲线的点都会自动变为软插值。可以通过调整点的手柄的长度和方向来控制线的弯曲度（见图7-41）。

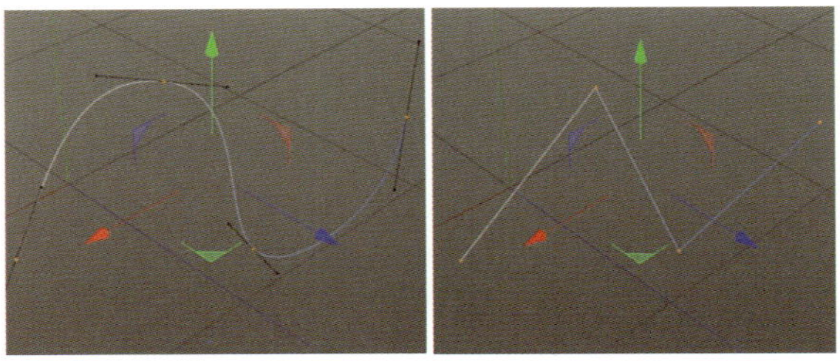

图7-40 【刚性插值】效果

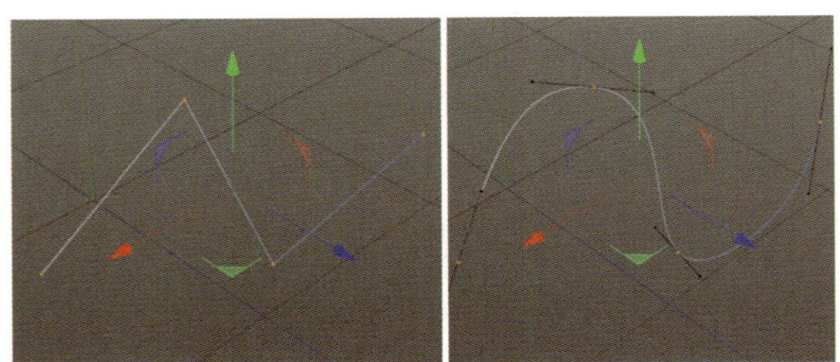
图7-41 【柔性插值】效果

（三）【相等切线长度】

这个命令可使选中的点的两侧的贝塞尔手柄（切线）长度一样（见图7-42）。如果没有选中任何点，则样条线的所有点都会自动包含在动作中。

（四）【相等切线方向】

在编辑样条时，通过按住【Shift】键拖动贝塞尔手柄可以独立移动贝塞尔手柄的一侧，在该点形成一个沿样条曲线的尖锐角。如果用户稍后改变主意并希望恢复平滑，可以使用此命令。

这个命令可使选中的点的两侧的贝塞尔手柄（切线）平直（见图7-43）。如果没有选中任何点，则所有点都会自动包含在动作中。

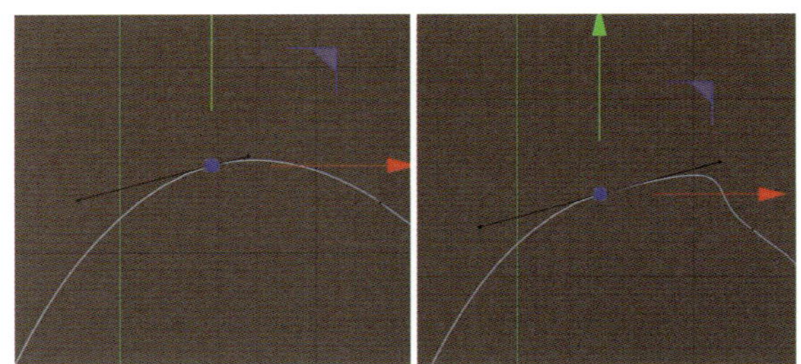
图7-42 【相等切线长度】效果

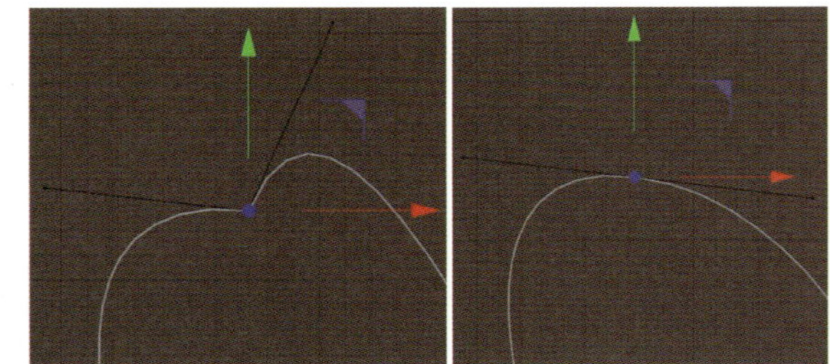
图7-43 【相等切线方向】效果

（五）【合并分段】、【断开分段】

选中同一样条内的两端（非闭合样条中的首点、尾点），执行【合并分段】命令，可以合并成一整段样条，如图7-44所示。

选择非闭合样条除了首尾外的任意一点，执行【断开分段】命令，则样条被断开，这个点会变成孤立的点，如图7-45所示。

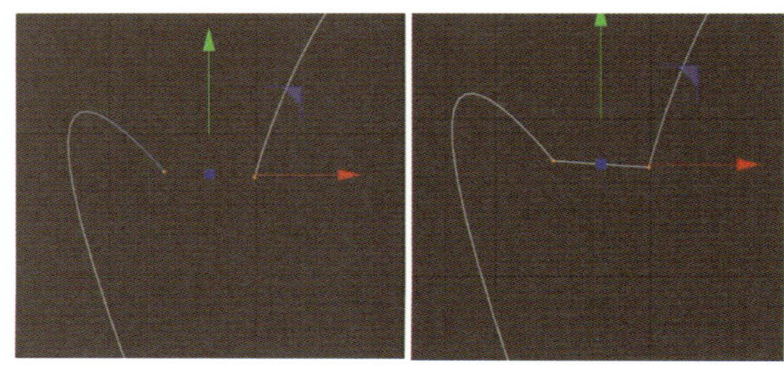
图7-44 【合并分段】效果

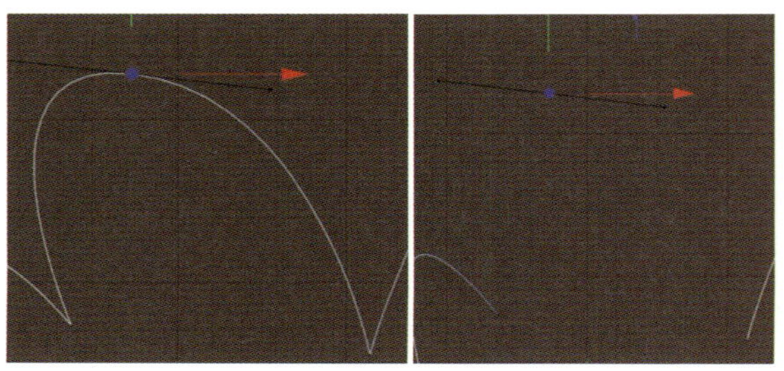
图7-45 【断开分段】效果

（六）【分裂片段】

执行【分裂片段】命令后，由多段样条组成的样条会分成多段独立的样条（见图7-46）。

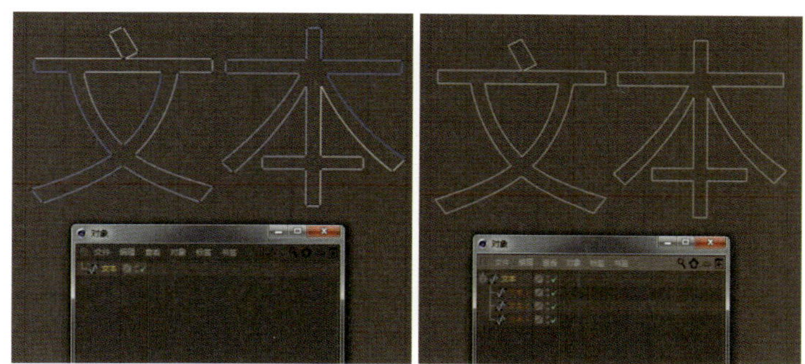

图7-46 【分裂片段】效果

（七）【设置起点】

样条在开始位置是白色的，在结束位置是蓝色的。执行此命令后，样条的选定点将被定义为样条的新起点，其余点将相应地重新排序（见图7-47）。

（八）【反转序列】

这个命令用来反转样条线的顺序，即把第一个点变成最后一个点，把最后一个点变成第一个点，再把中间的所有点重新排序。

选择段中的一个或多个点，然后执行【反转序列】命令，如果没有选中任何点，则完整样条（及其所有段）的序列将被颠倒。

用户还可以通过【Shift】键选择这些分段的点，同时将此命令应用到多个分段（见图7-48）。

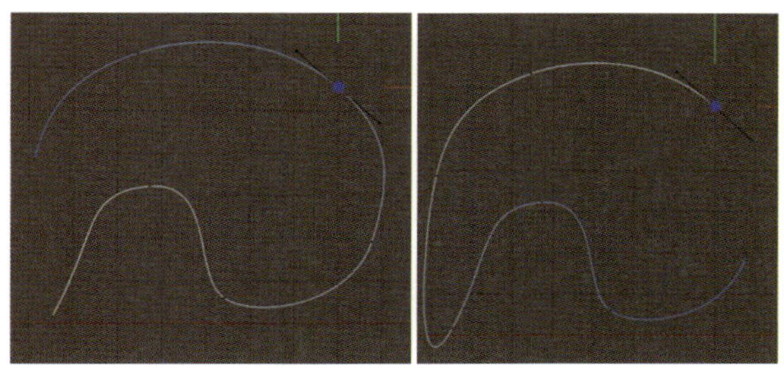

图7-47 【设置起点】效果

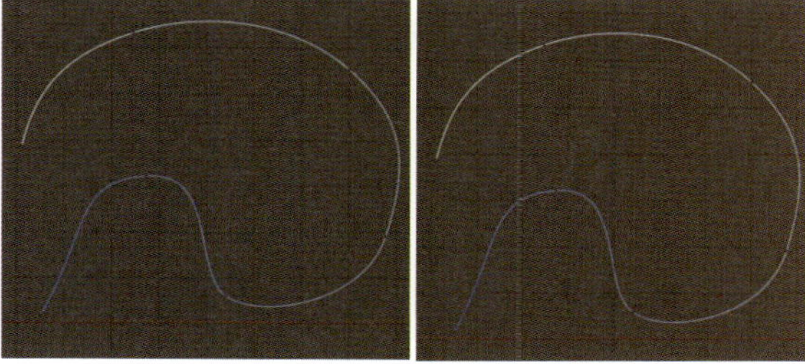

图7-48 【反转序列】效果

（九）【下移序列】、【上移序列】

【下移序列】 在闭合样条上执行此命令，可以将样条的起始点变成样条的第二个点。

【上移序列】 在闭合样条上执行此命令，可以将起始点变成倒数第二个点。

（十）【创建轮廓】

执行此命令后，选择样条并拖动可以创建一个围绕原始样条的轮廓（见图7-49）。

（十一）【截面】

它可以为一组样条创建横截面，即铁路样条。样条必须在对象管理器中选择。截面总是以与当前视图成直角的方式创建的（见图7-50）。

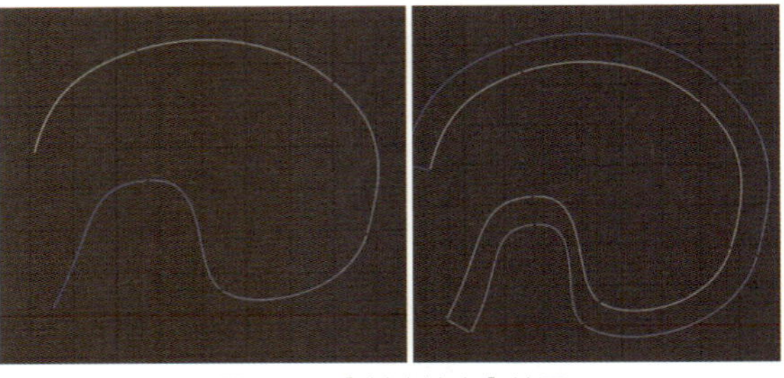
图7-49 【创建轮廓】效果

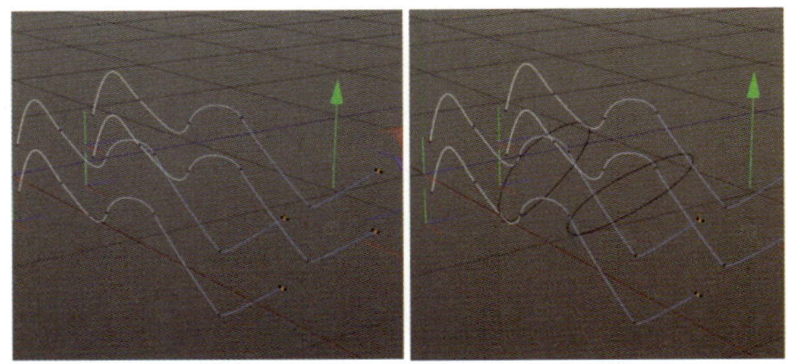
图7-50 【截面】效果

（十二）【排齐】

它可以将按顺序选定的点对齐到一条直线上（见图7-51）。这些点在选择的两个外部点之间对齐（基于样条点顺序）。如果没有任何点被选中，则整个样条是对齐的。

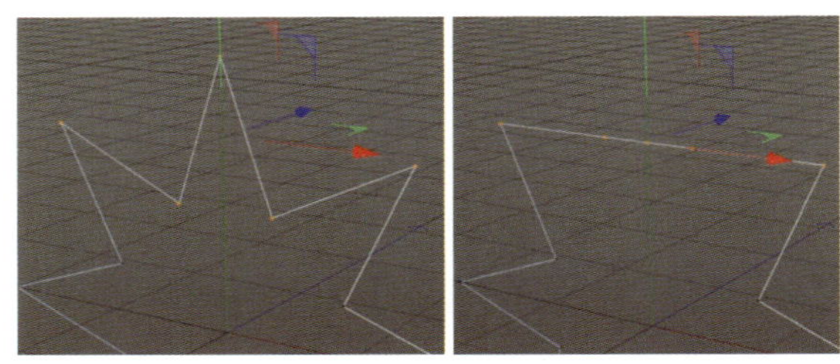
图7-51 【排齐】效果

【创建点】【断开连接】【平滑】【磁铁】【分裂】【焊接】【线性切割】【镜像】【倒角】【投射样条】【细分】等命令和编辑多边形命令相同，在此不作赘述。

三、低面数建模——汉堡套餐

本实例的汉堡套餐最终效果如图7-52所示。

图7-52 汉堡套餐最终效果

（一）制作思路分析

（1）“汉堡”中的“面包”与“蔬菜”以偏扁的圆柱体为主，“芝士”与“洋葱”分别为扁长方体和管状体，所以在制作过程中先创建参数化几何体，调整好比例关系后，再逐个编辑。

（2）“薯条”以长方体为主，可以先创建长方体，再通过可编辑模式制作出3～5根不一样形状的“薯条”基本模型，最后通过旋转、缩放、弯曲、挤压等方式制作更多的“薯条”，再进行摆放。

（3）“番茄”以拉长的球体为主，“番茄蒂”为星形，可以通过曲线建模完成。

（二）“汉堡”的制作

（1）打开C4D，使用【圆柱】工具创建圆柱体，如图7-53所示。

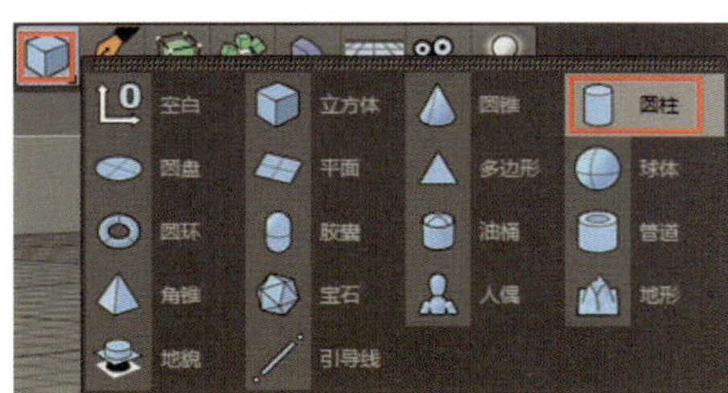

图7-53　创建圆柱体

（2）调整圆柱体参数（见图7-54），让圆柱体变扁。

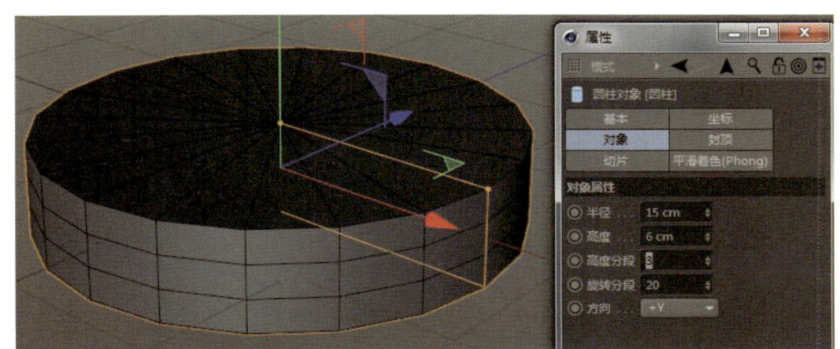

图7-54　调整圆柱体参数

（3）为了方便之后的操作，可以在【封顶】选项卡中取消选择【封顶】选项，如图7-55所示。

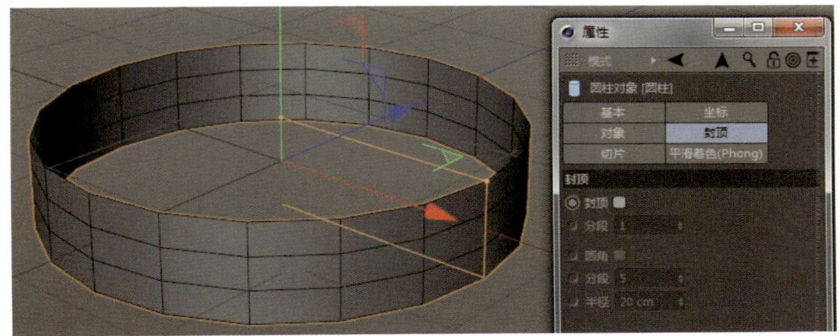

图7-55　取消选择【封顶】选项

（4）选择圆柱体，单击【转为可编辑对象】按钮 或者按快捷键【C】，将圆柱体转化为可编辑多边形。

（5）单击【边】层级按钮 ，进入【边】层级，右击执行【封闭多边形孔洞】命令（快捷键为【M～D】），封闭圆柱体的顶端和底端，如图7-56、图7-57所示。

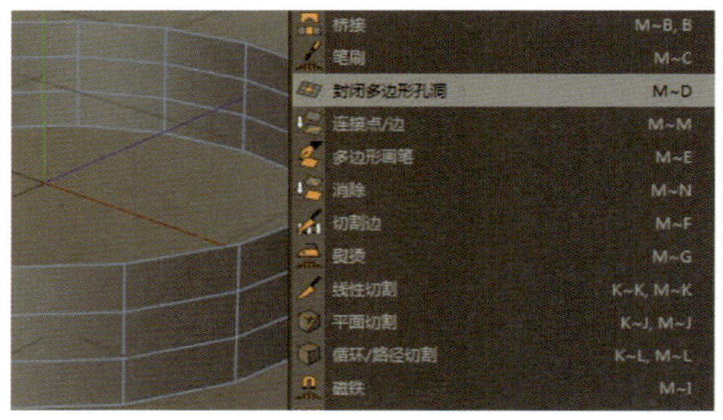

图7-56 执行【封闭多边形孔洞】命令

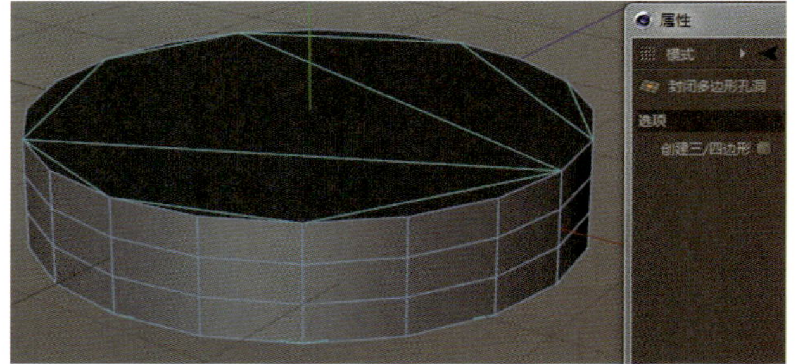

图7-57 封闭后的效果

（6）创建【减面】变形器，如图7-58所示。

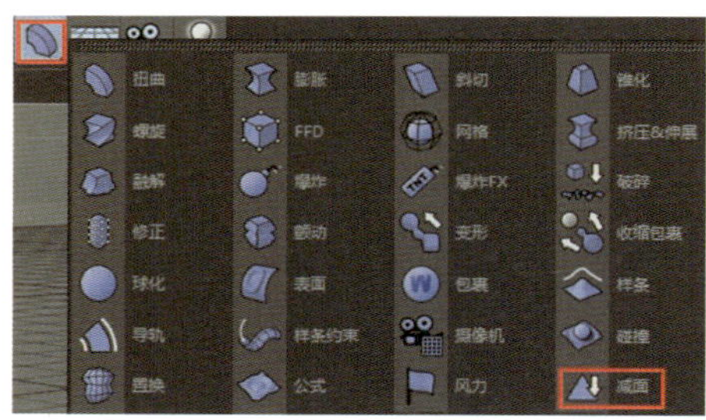

图7-58 创建【减面】变形器

（7）使【减面】变形器变成【圆柱】的子层级，效果如图7-59、图7-60所示。

图7-59 调整层级

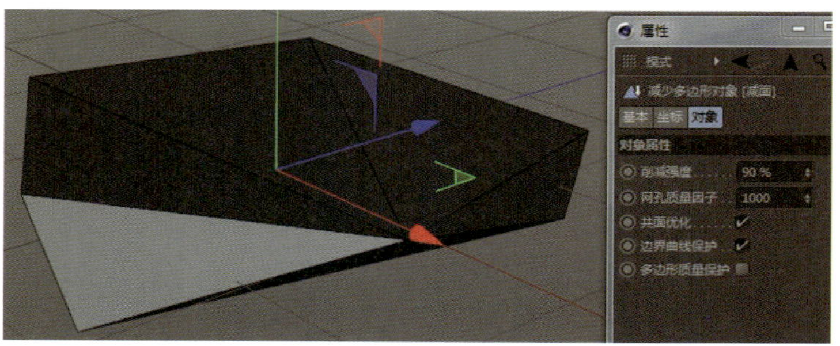

图7-60 调整【减面】参数①

（8）选择【减面】，在属性管理器的【对象】选项卡中调整【削减强度】的参数。圆柱体效果如图7-61所示，“底层面包”制作完成。（如果不取消选择【封顶】选项，则在进行【减面】或者【置换】时，圆柱体的顶面和底面会开裂。）

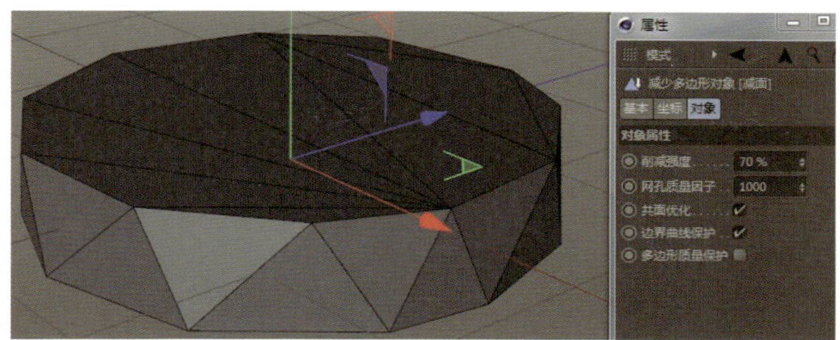

图7-61 调整【减面】参数②

（9）复制圆柱体，通过缩放和位移来制作“番茄”，如图7-62所示。

（10）可以复制两个或三个，放在“底层面包”上，如图7-63所示。

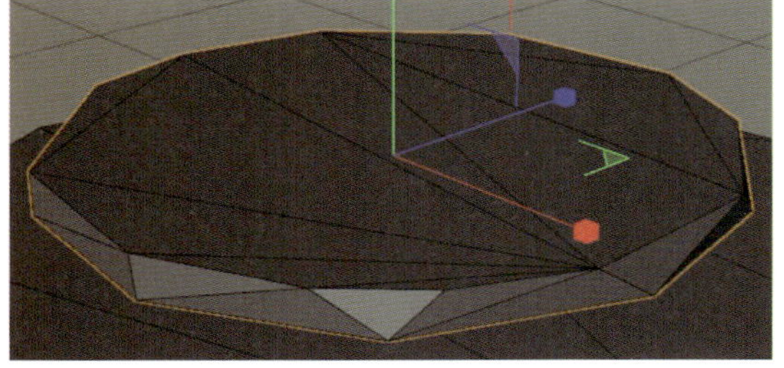

图7-62 番茄模型制作

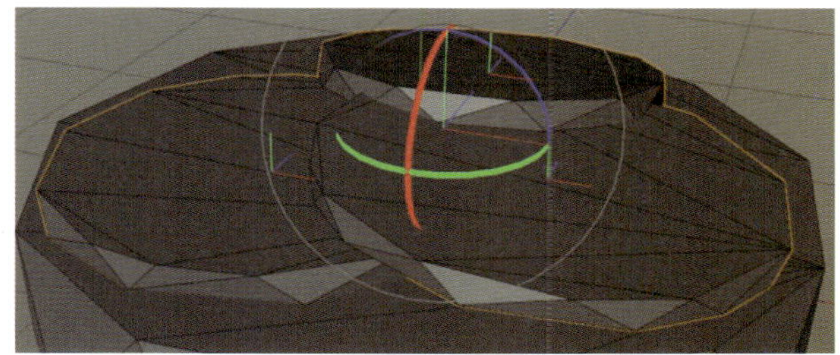

图7-63 复制、调整

（11）重复步骤（1）—（5），制作“汉堡”中的“肉饼”。在初步创建圆柱体时，圆柱体的分段数可以适当多一些，如图7-64、图7-65所示。

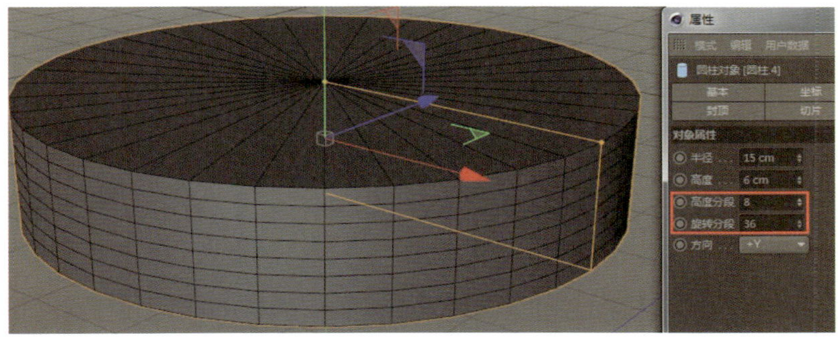

图7-64 创建圆柱体

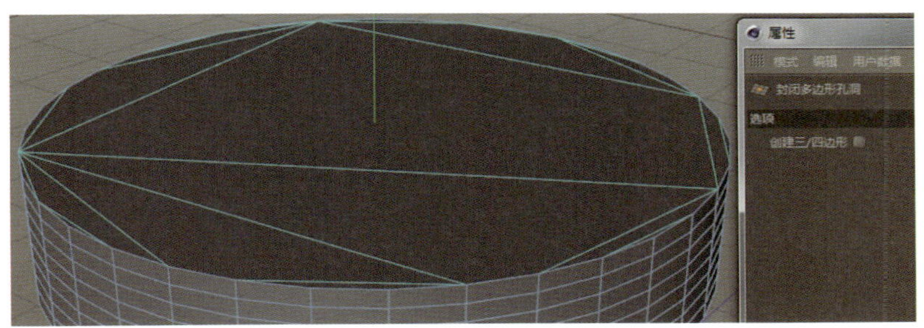

图7-65 封顶

（12）为圆柱体添加【减面】变形器后，发现现在的圆柱体分段过少，没有“肉饼”需要的起伏，如图7-66所示。

（13）创建一个【置换】变形器，作为【圆柱】的子层级，如图7-67所示。

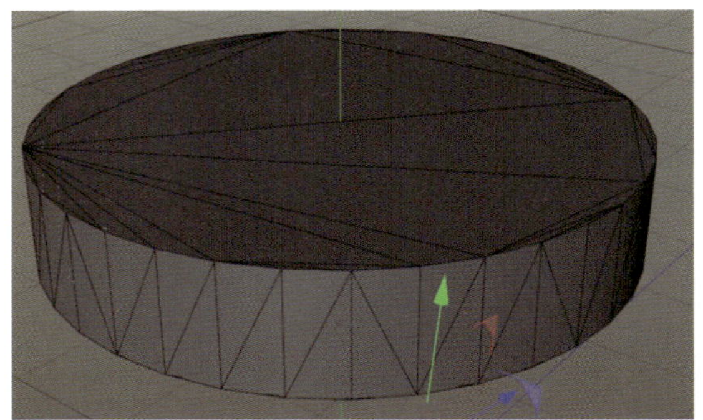

图7-66 【减面】后的效果

图7-67 创建【置换】变形器

（14）在对象管理器中选择【置换】，在属性管理器的【着色】选项卡中为【置换】添加纹理贴图【噪波】，如图7-68所示。

（15）单击【噪波】按钮，进入【噪波着色器】调整参数，如图7-69、图7-70所示。

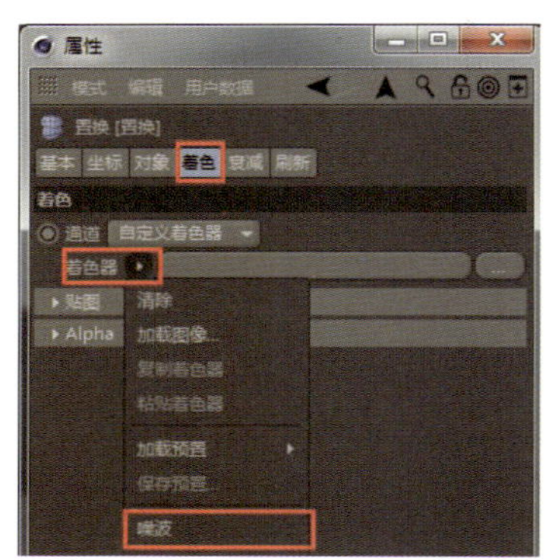

图7-68 添加【噪波】贴图

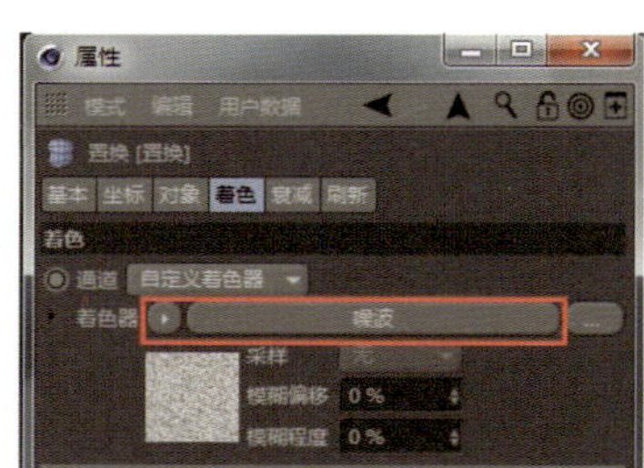

图7-69 单击【噪波】按钮

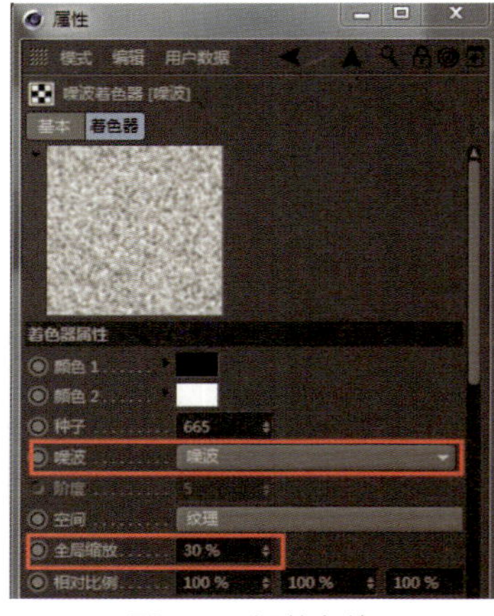

图7-70 调整参数

（16）如果圆柱体形状发生畸变，可在属性管理器中调整【置换】的【对象】选项卡中的【强度】参数，最终圆柱体效果如图7-71所示。

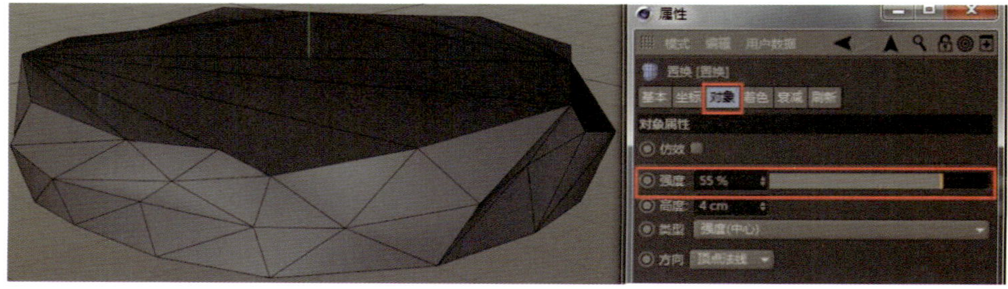

图7-71 调整【强度】参数

（17）将几个圆柱体进行摆放，效果如图7-72所示。“肉饼”制作完成。

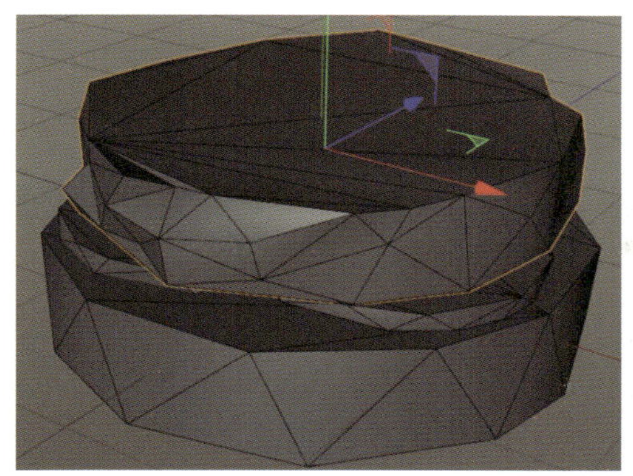

图7-72　制作完成

（三）“芝士片”的制作

（1）创建【平面】，如图7-73所示。

（2）【平面】的边长和“肉饼”圆柱体的直径相同。分段数如图7-74所示。

图7-73　创建【平面】

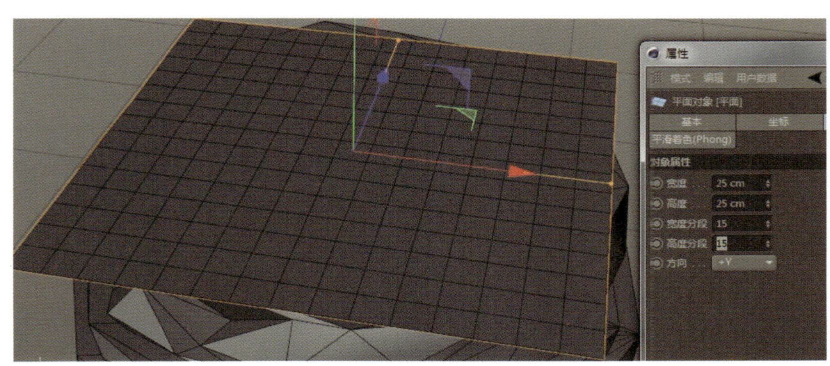

图7-74　调整【平面】参数

（3）选择平面，单击【转为可编辑对象】按钮或者按快捷键【C】，将平面转化为可编辑多边形。

（4）单击【点】层级按钮，进入【点】层级，选择平面4个角的点进行旋转和移动，让平面的4个角下垂，如图7-75所示。

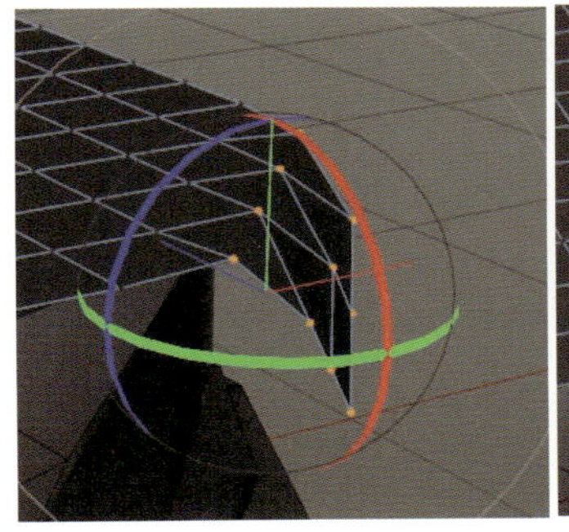

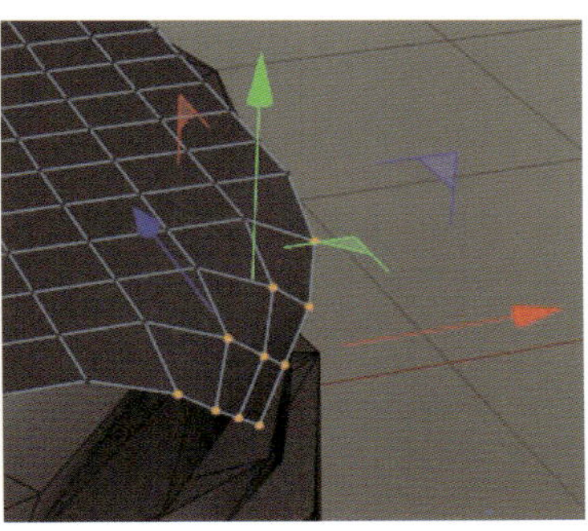

图7-75　调整点

（5）单击【多边形】层级按钮，进入【多边形】层级，选择平面的所有面，右击执行【挤压】命令（快捷键为【M～T】），如图7-76所示。

（6）通过鼠标左右拖动，或者在属性管理器中输入偏移值，为面挤出厚度，并选择【创建封顶】选项，如图7-77所示。

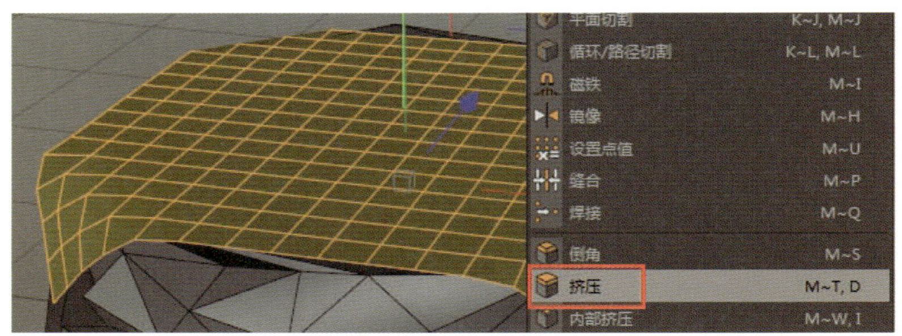

图7-76 执行【挤压】命令

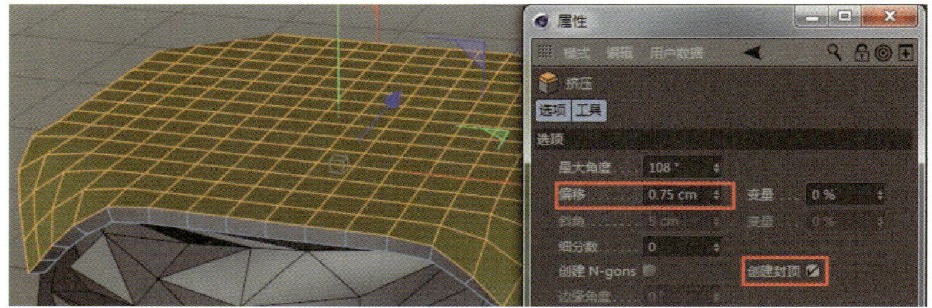

图7-77 选择【创建封顶】选项

（7）与（二）“汉堡”的制作中的步骤（6）—（8）一样，创建并为“芝士”添加【减面】变形器。调整【削减强度】的参数，得到的最终模型如图7-78所示。

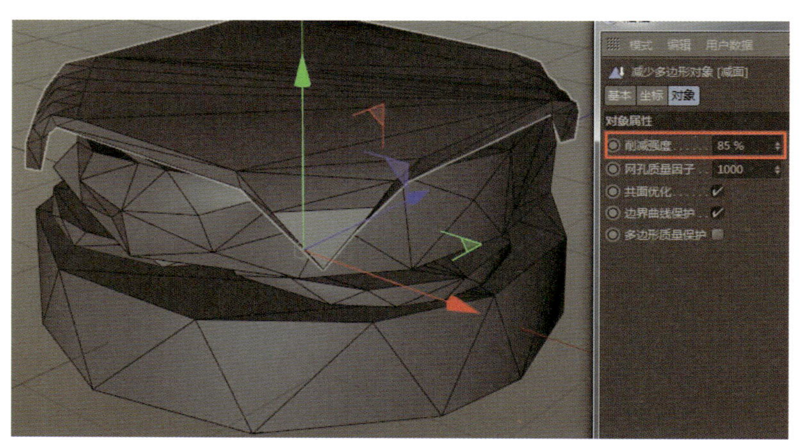

图7-78 调整参数后的效果

（四）“洋葱圈”与“顶层面包”的制作

（1）“洋葱圈”的基本模型为扁的管状体，可以先创建【管道】，如图7-79所示。

图7-79 创建【管道】

（2）调整【管道】的半径及【内部半径】【外部半径】【高度】【圆角】等参数，如图7-80所示。

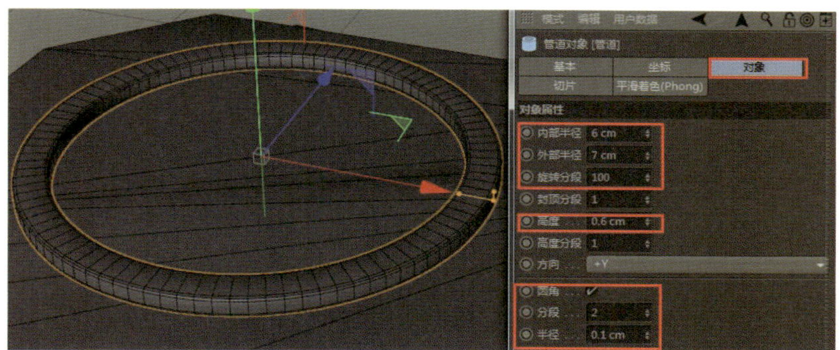

图7-80 调整【管道】参数

（3）为【管道】添加【减面】变形器，如图7-81所示。

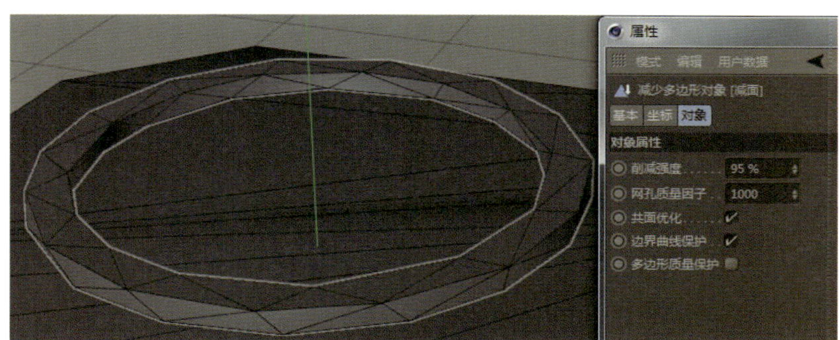

图7-81 添加【减面】变形器

（4）可以复制几个“洋葱圈”进行摆放，如图7-82所示。

（5）“顶层面包”类似半球体，可以用球体来作为基础模型。创建【球体】，如图7-83所示。

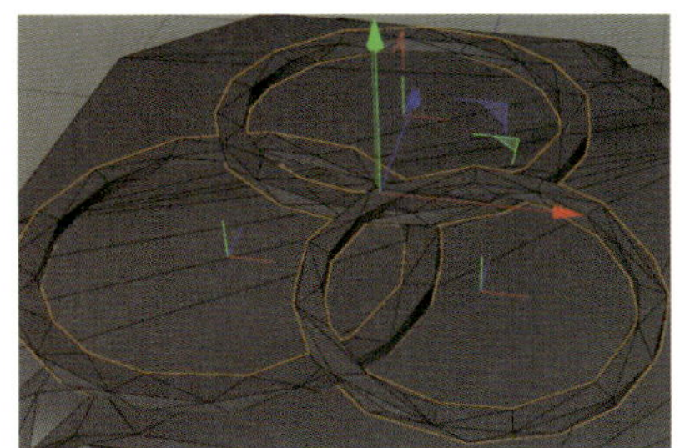

图7-82 调整“洋葱圈”位置

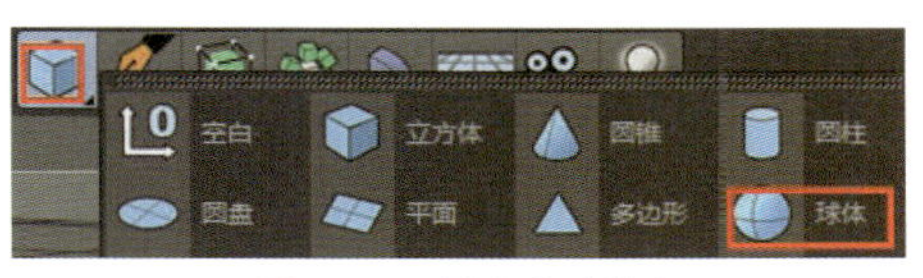

图7-83 创建【球体】

（6）调整球体半径，使其与“汉堡”大小相匹配，如图7-84所示。

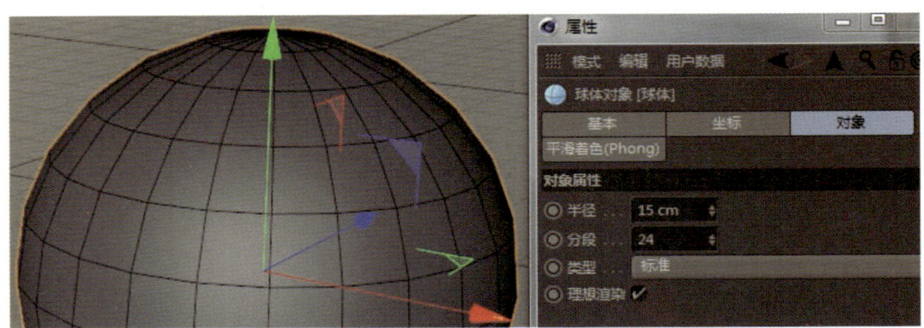

图7-84　调整球体半径

（7）选择球体，单击【转为可编辑对象】按钮或者按快捷键【C】，将球体转化为可编辑多边形。单击【多边形】层级按钮，进入【多边形】层级，选择平面的所有面，按【Delete】键进行删除，如图7-85所示。

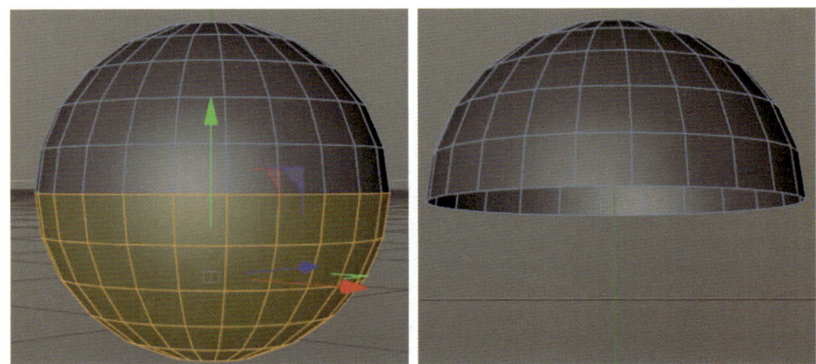

图7-85　删除面

（8）单击【多边形】层级按钮，进入【多边形】层级，右击执行【封闭多边形孔洞】命令，封闭半球体的底端，如图7-86所示。

（9）单击【模型】按钮，进入【模型】层级，使用【缩放】工具把半球体压扁一些，如图7-87所示。

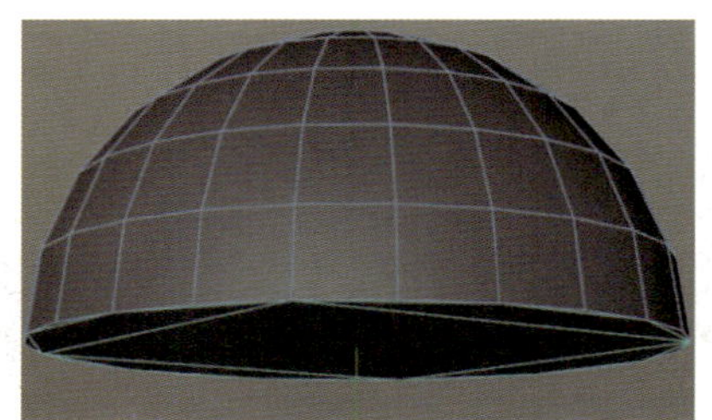

图7-86　封闭后的效果

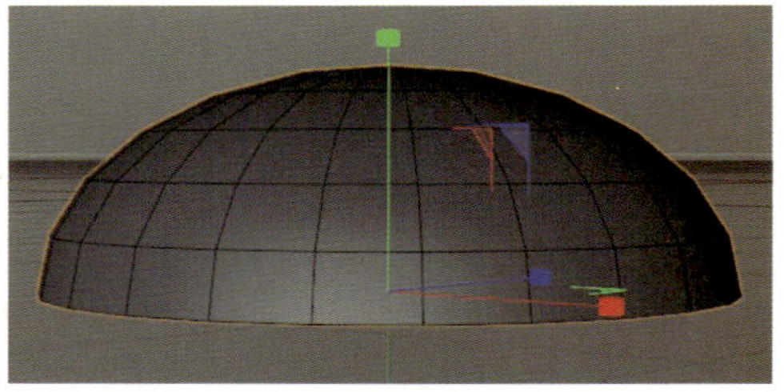

图7-87　使用【缩放】工具

（10）为半球体添加【减面】变形器，调整【削减强度】参数，效果如图7-88所示。

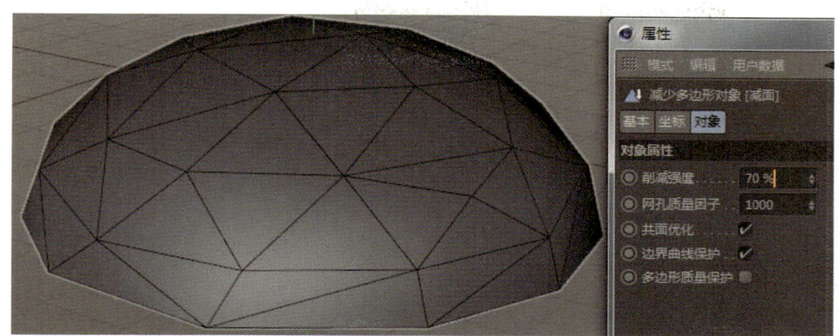

图7-88　添加【减面】变形器并调整【削减强度】参数

（11）调整顶层面包模型的位置，最终效果如图7-89所示。

（12）选择所有模型，按【Alt】+【G】组合键使模型成组，以方便调整模型的位置，如图7-90所示。

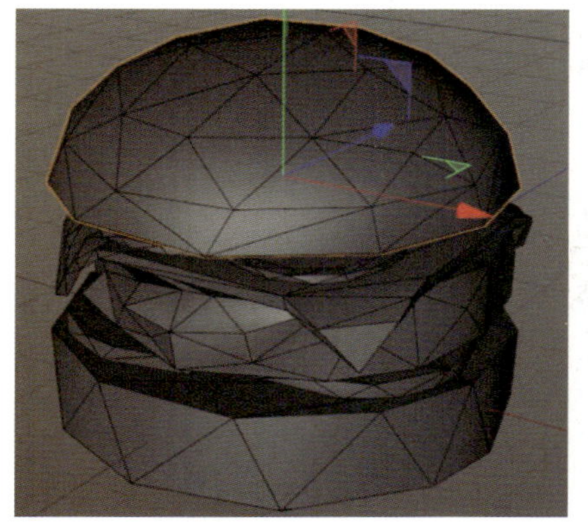

图7-89　调整顶层面包模型的位置

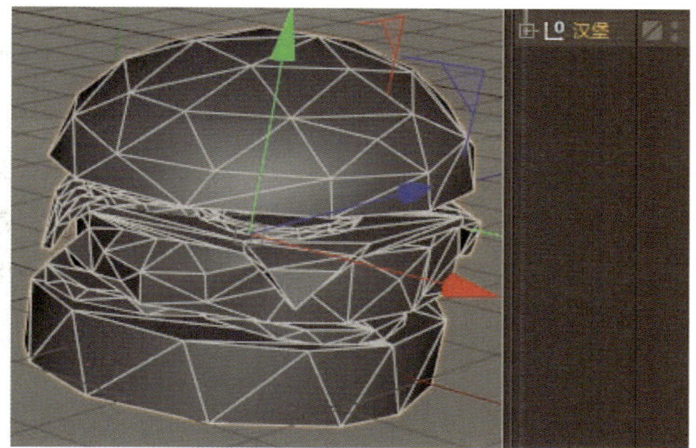

图7-90　成组

（五）“餐盘”的制作

（1）“餐盘”也可以看作一个圆柱体，所以使用【圆柱】工具创建圆柱体作为基本模型，如图7-91所示。

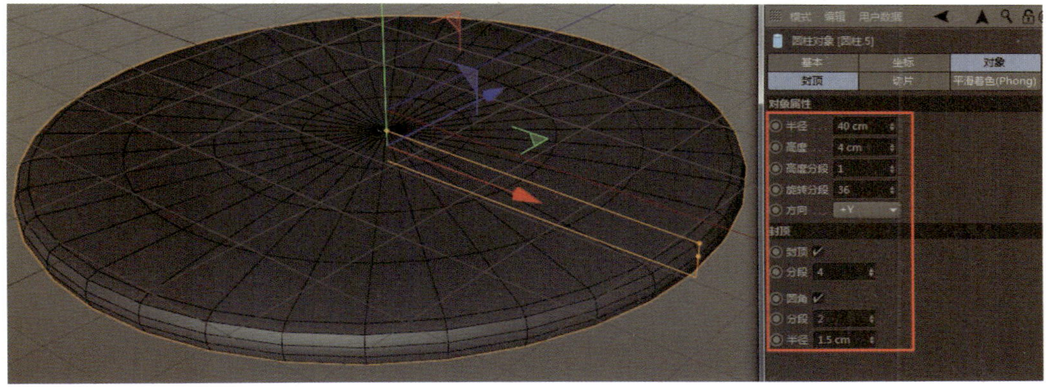

图7-91　创建圆柱体并调整参数

（2）选择圆柱体，单击【转为可编辑对象】按钮 或者按快捷键【C】，将圆柱体转化为可编辑多边形。单击【多边形】层级按钮 ，进入【多边形】层级，选择顶面中间的面，如图7-92所示。

（3）用【移动】工具向下移动这些面，形成“餐盘”的凹槽，如图7-93所示。

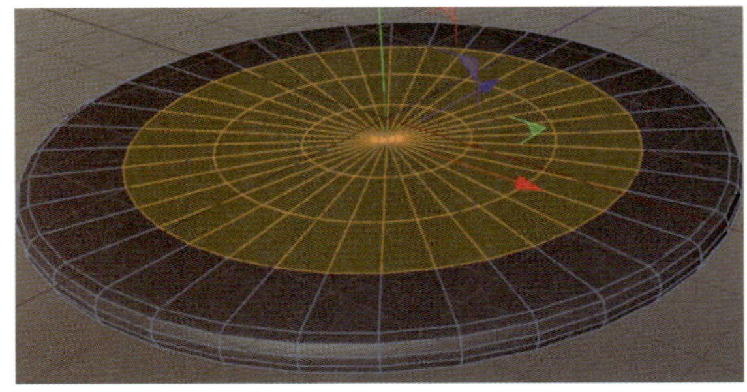

图7-92 选择顶面

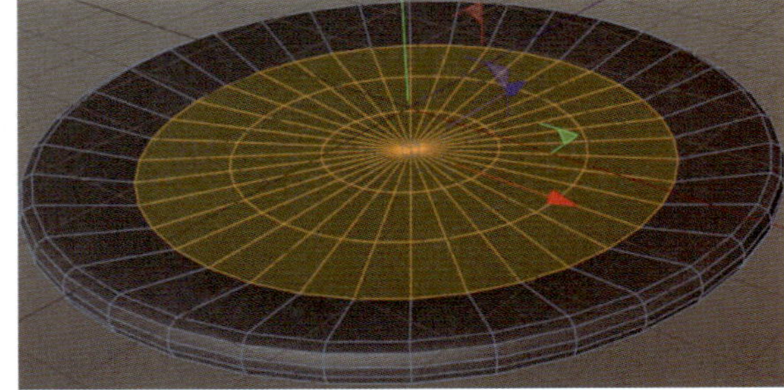

图7-93 移动

（4）为“餐盘”添加【减面】变形器，效果如图7-94所示。

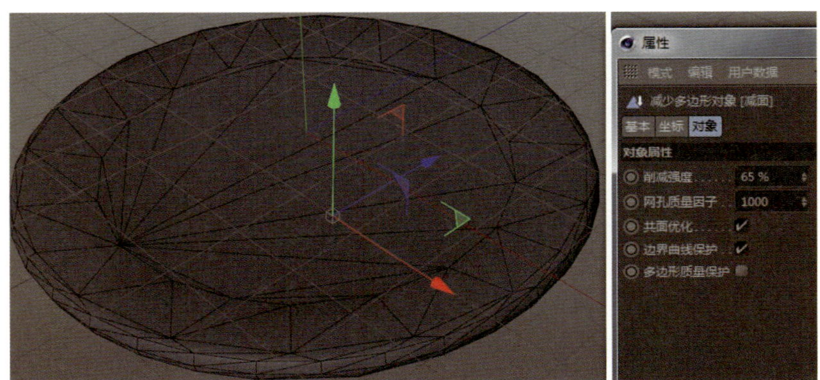

图7-94 添加【减面】变形器

（5）摆放位置如图7-95所示。

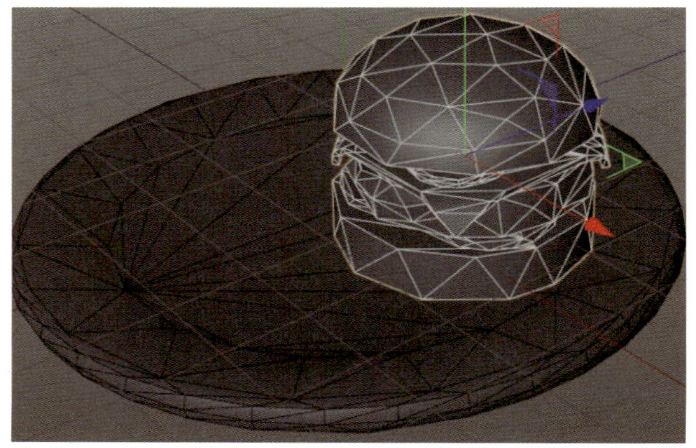

图7-95 调整“餐盘”的位置

（六）“番茄”的制作

（1）“番茄”以偏长的球体为主，所以先创建【球体】，如图7-96所示。

图7-96 创建【球体】

（2）选择球体，单击【转为可编辑对象】按钮或者按快捷键【C】，将球体转化为可编辑多边形。单击【点】层级按钮，进入【点】层级，通过【移动】工具来调整点，如图7-97所示。

（3）为球体添加【减面】变形器，参数及效果如图7-98所示。

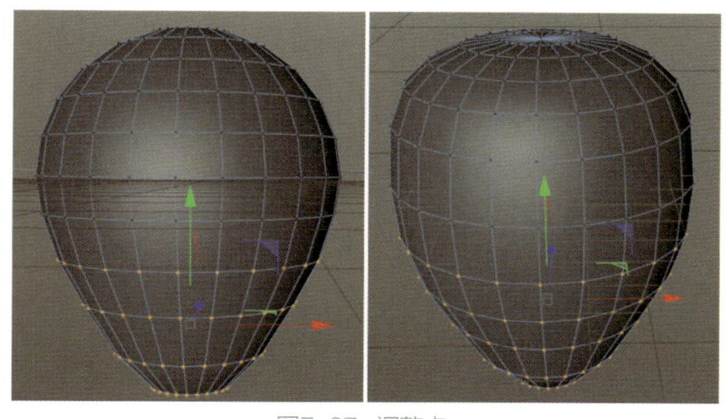

图7-97 调整点

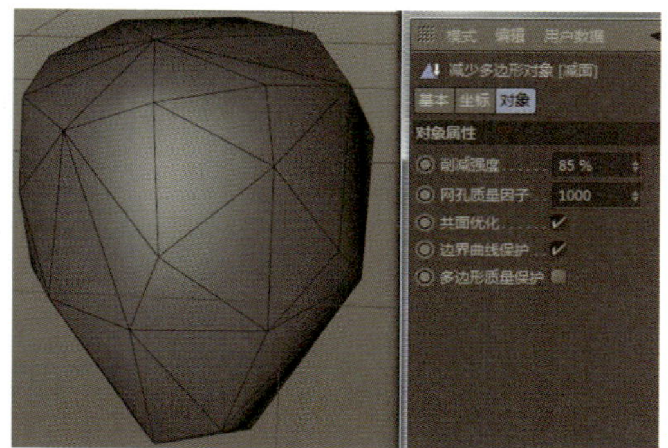

图7-98 添加【减面】变形器

（4）“番茄蒂”可以用样条制作，所以先创建【星形】样条，如图7-99所示。

（5）调整【点】【内部半径】【外部半径】的参数，如图7-100所示。

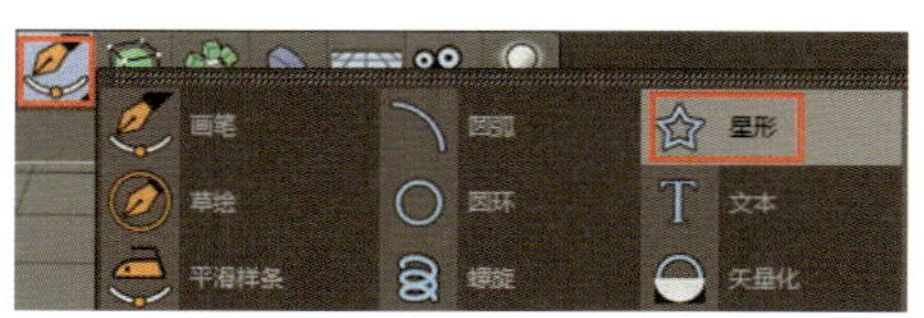

图7-99 创建【星形】样条

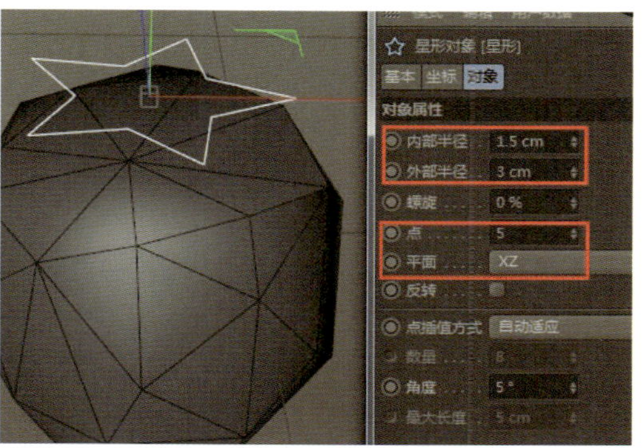

图7-100 调整参数

（6）选择星形样条，单击【转为可编辑对象】按钮或者按快捷键【C】，将其转化为可编辑样条线。单击【点】层级按钮，进入【点】层级，选择点，如图7-101所示。

（7）右击执行【倒角】命令，将点进行倒角，如图7-102所示。

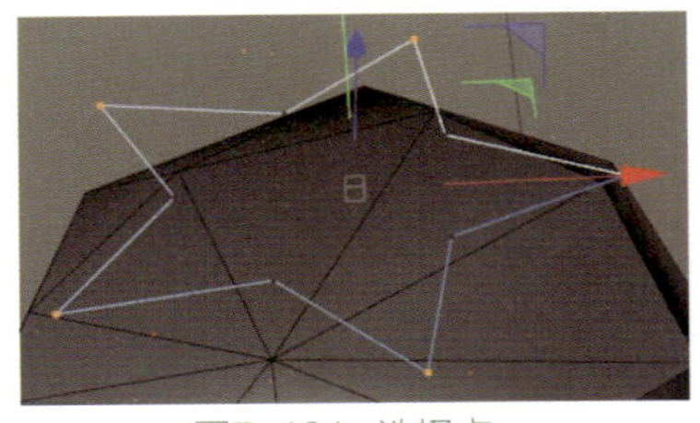

图7-101　选择点

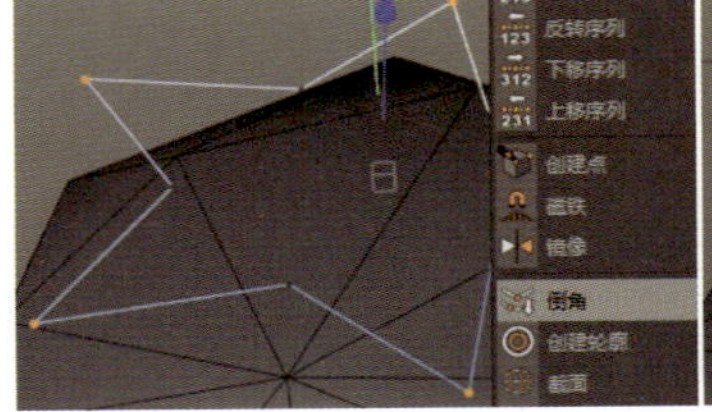

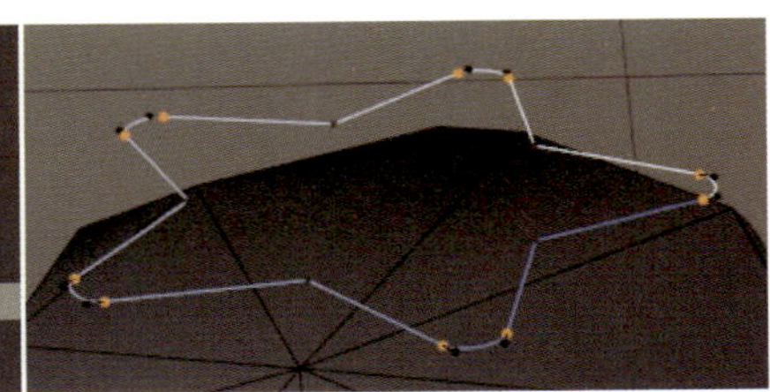

图7-102　执行【倒角】命令

（8）右击执行【刚性插值】命令，将倒角过的点转化为刚性插值，如图7-103所示。

（9）创建【挤压】生成器，使之成为【星形】的父层级，如图7-104所示。

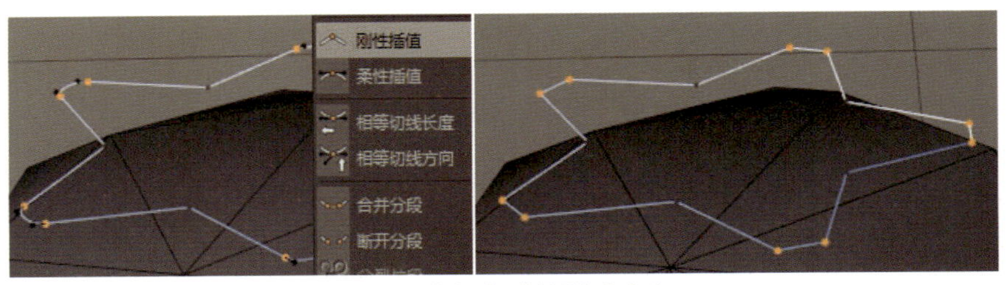

图7-103　执行【刚性插值】命令

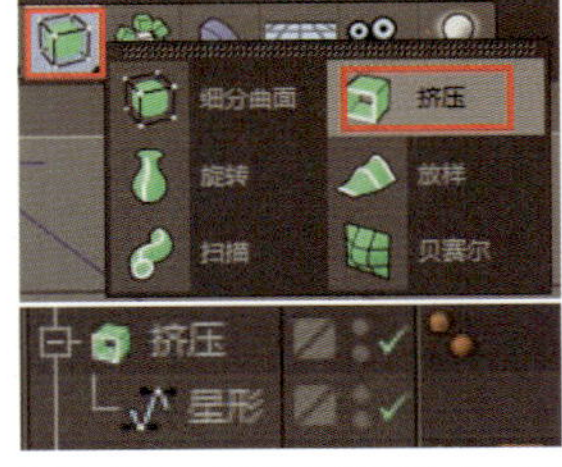

图7-104　创建【挤压】生成器

（10）调整【挤压】参数，如图7-105所示。

（11）选择“番茄”和“番茄蒂”，按【Alt】+【G】组合键使模型成组并重命名，如图7-106所示。

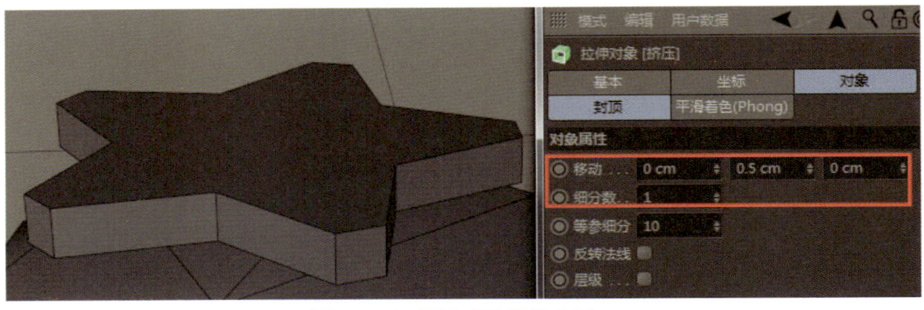

图7-105　调整【挤压】参数

图7-106　成组

（七）“生菜”的制作

（1）创建【平面】并调整参数，如图7-107所示。

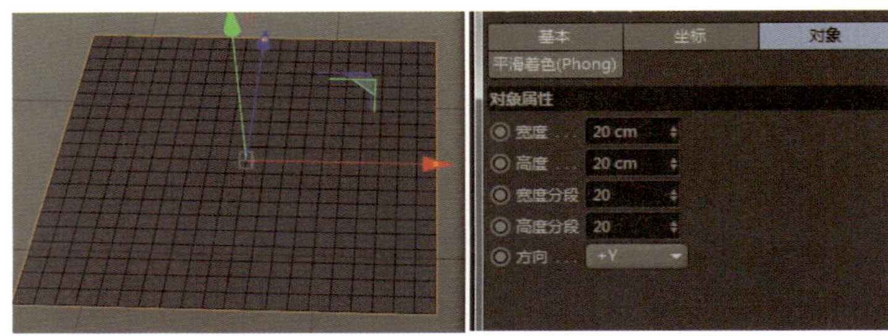

图7-107　调整分段

（2）将其转化为可编辑多边形，然后进入【点】层级，使用【软选择】工具调整点的位置，让平面轮廓变得不规则一些，如图7-108所示。

（3）调整边缘，让平面的左右两边翘起一些，如图7-109所示。

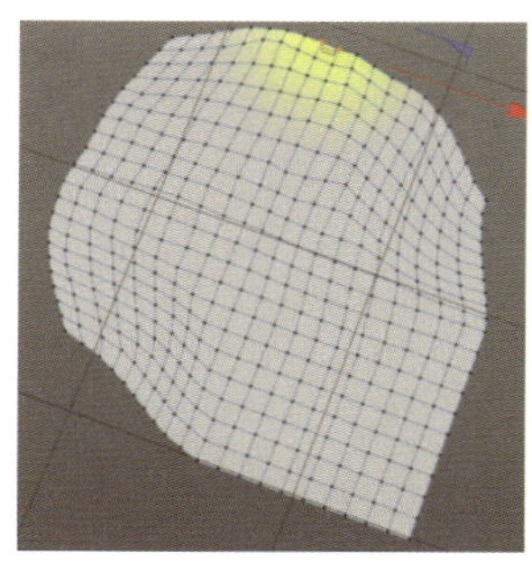

图7-108　调整轮廓

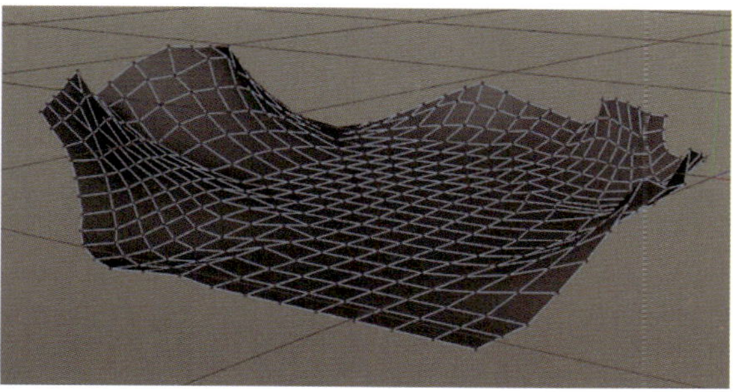

图7-109　调整边缘

（4）创建一个【置换】变形器，作为【平面】的子层级，如图7-110所示。

（5）在对象管理器中选择【置换】，在属性管理器的【着色】选项卡中为【置换】添加纹理贴图【噪波】，如图7-111所示。

（6）单击【噪波】按钮，进入【噪波着色器】调整参数，如图7-112所示。

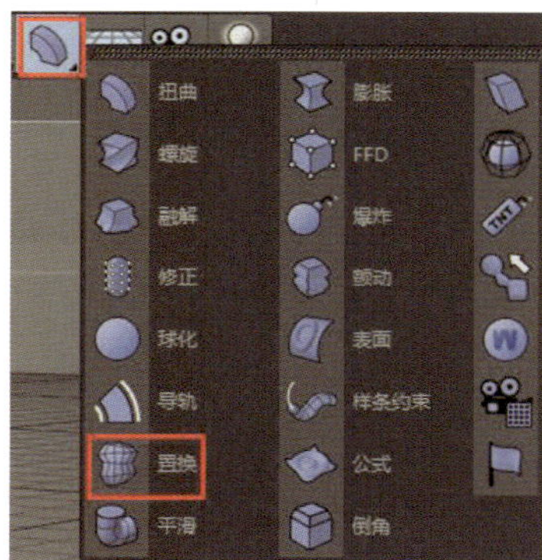

图7-110　创建【置换】变形器

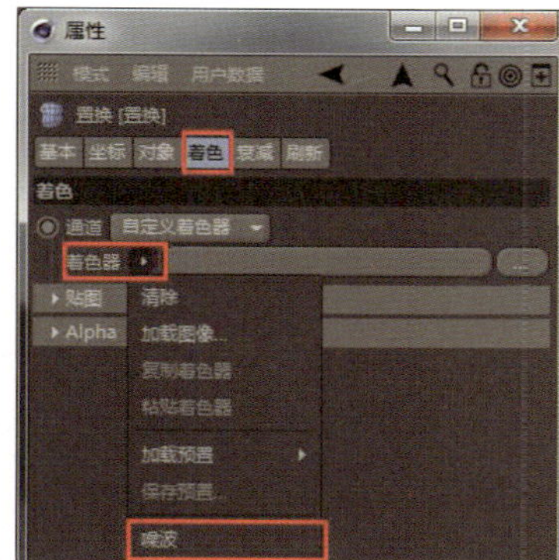

图7-111　添加【噪波】贴图

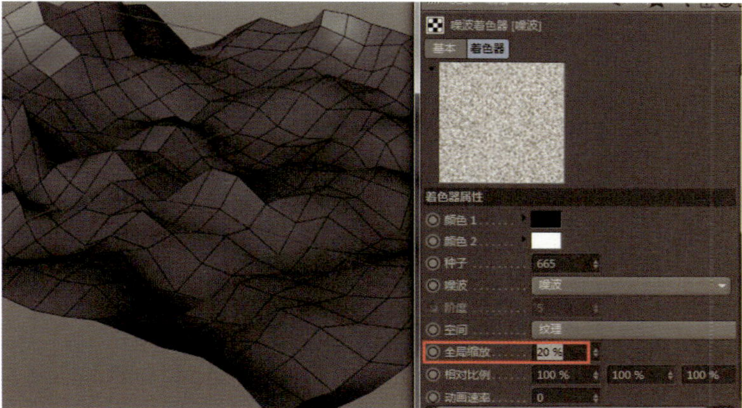

图7-112　调整【噪波着色器】中的参数

（7）如果平面形状发生畸变，可在属性管理器中调整【置换】的【对象】选项卡中的【强度】参数，最终效果如图7-113所示。

（8）可以复制几个，摆到盘子模型中，再把“番茄”放置在上面，如图7-114所示。

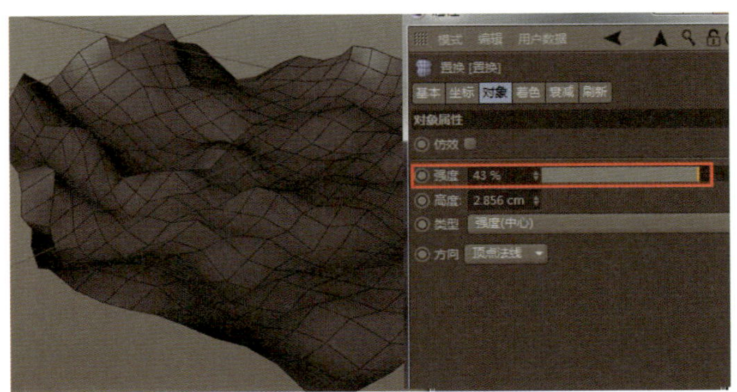

图7-113 调整【强度】参数

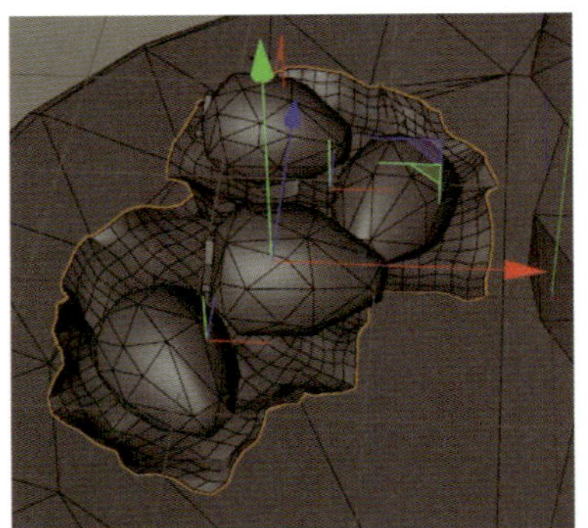

图7-114 调整“番茄”位置

（八）“薯条”的制作

（1）创建立方体，调整长、宽、高及分段数，如图7-115所示。

（2）创建【置换】变形器，使【置换】成为【立方体】的子层级，如图7-116所示。

（3）调整【置换】的【强度】和【贴图】，效果如图7-117所示。

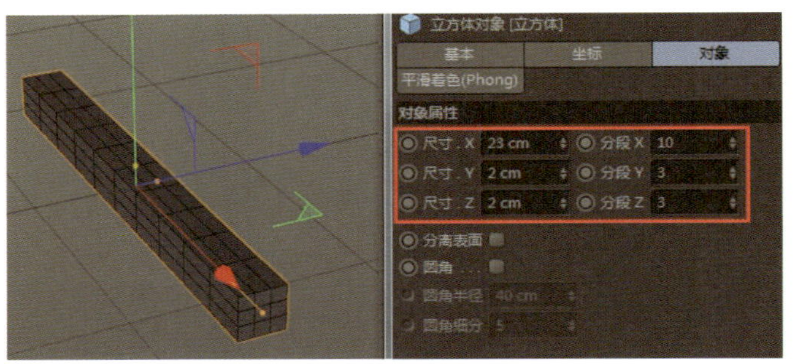

图7-115 调整分段数

图7-116 创建【置换】变形器

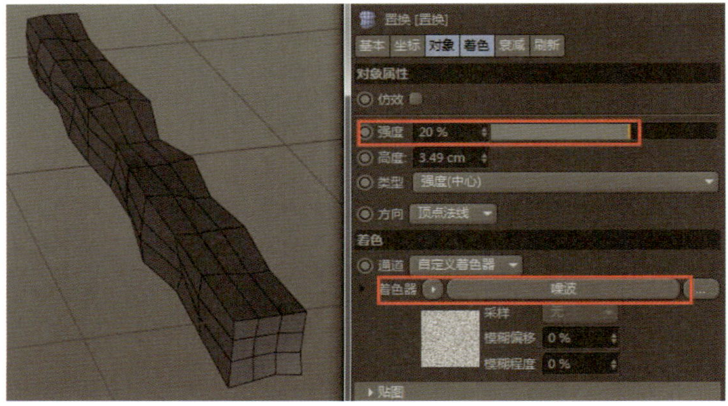

图7-117 添加【噪波】贴图、调整【强度】参数

（4）可以复制一个【立方体】及【置换】，得到【立方体.1】，如图7-118所示。

（5）选择【立方体.1】，执行【当前状态转对象】命令，将立方体转化为可编辑对象，如图7-119所示。

图7-118 复制

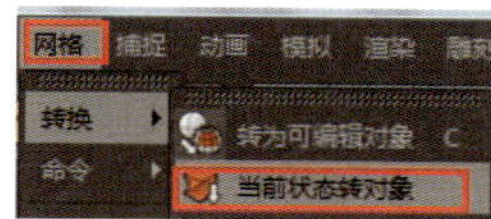

图7-119 执行【当前状态转对象】命令

（6）通过【点】层级可以调整【立方体.1】的形状，得到另一种形状的“薯条”，如图7-120所示。

（7）可以通过复制和调整点，得到一些其他形状的“薯条”，如图7-121所示。

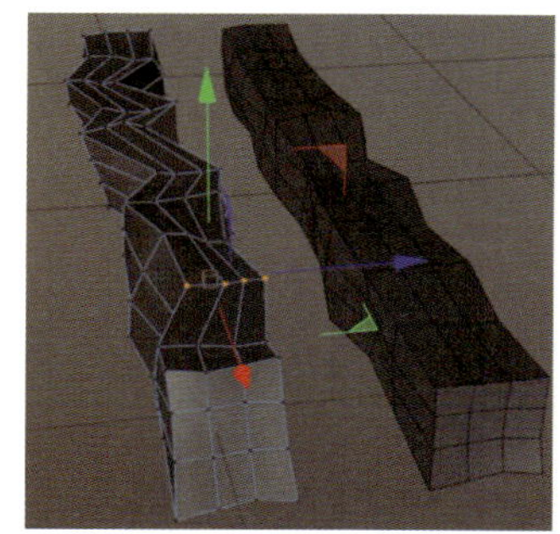

图7-120 调整点

图7-121 不规则的“薯条”形状

（8）通过复制、旋转、位移，得到一组“薯条”，摆放好后将其组合，如图7-122所示。

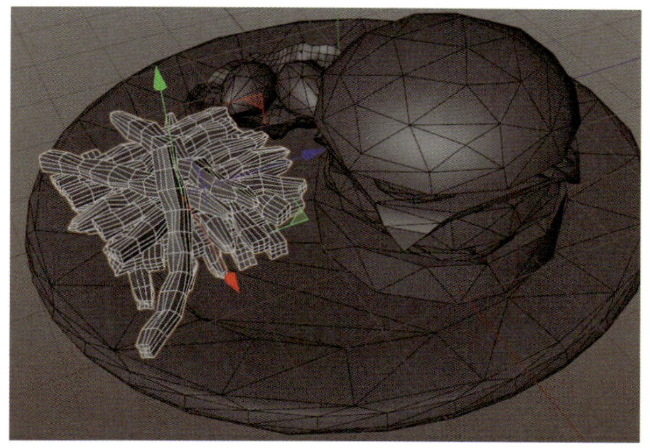

图7-122 调整“薯条”位置

（九）删除平滑节点

（1）低面数模型通常是棱角分明的，但是在C4D中，默认的模型都会带有平滑标签，作用是让模型平滑显示、渲染。以番茄模型为例，其效果如图7-123所示。

（2）在制作、整理完模型后，可以逐个模型去删除平滑标签。在对象管理器中选择模型后面的平滑标签，按【Delete】键删除，如图7-124所示。

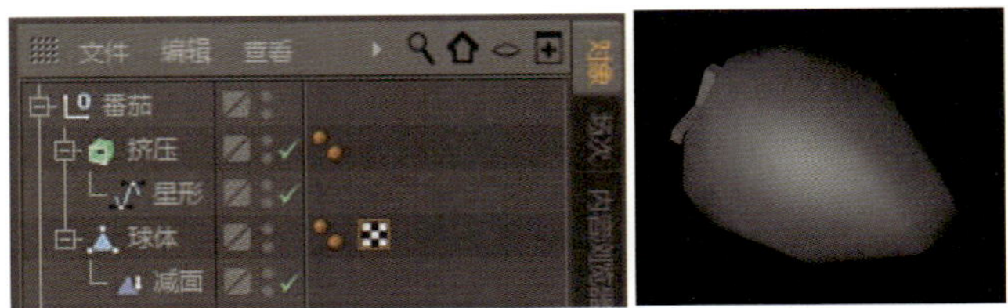

图7-123 平滑标签

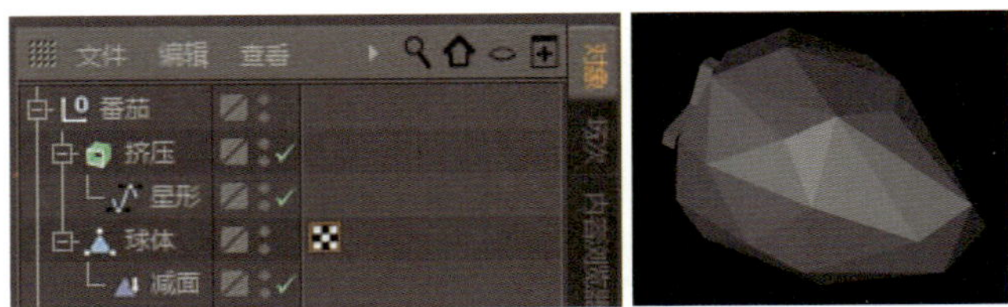

图7-124 删除平滑标签

（3）最终效果如图7-125所示。

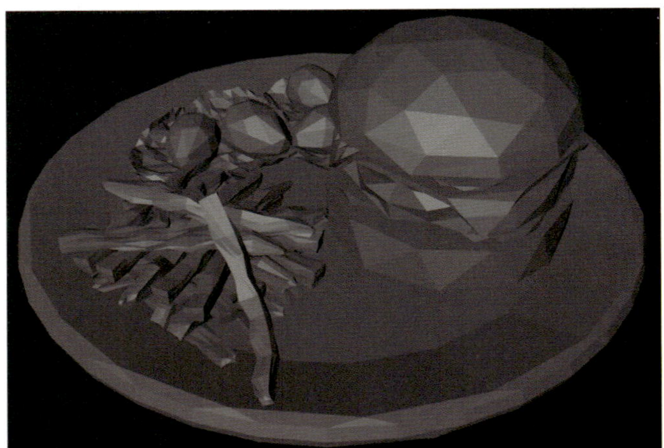

图7-125 最终效果

第八章　灯光与摄像机

一、光的定义与用途

光具有电磁波和粒子两重属性（波粒两相性）。有光的照明，才会出现漫反射、反射、折射等现象，才有物体的颜色和质感。光是我们能够看见物体的主要因素，因为有光，物体、物体的颜色和质感才能被看到。

光的用途非常广泛，摄影、电影行业，CG行业，工业（激光武器、通信、工业切割），医疗，日常生活等都会运用到光。

二、C4D灯光的分类

C4D为用户提供了多种灯光，分为泛光灯、聚光灯、远光灯、区域光四大类（见图8-1）。灯光可以通过单击工具栏的按钮来创建，也可以在菜单栏执行【创建】→【灯光】命令，然后选择相应的灯光并单击其按钮来创建。

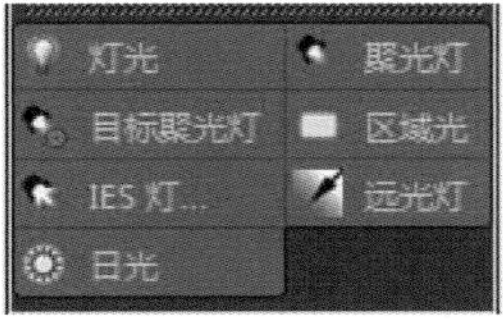

图8-1　灯光种类

只要新建C4D文件，系统就会生成一个默认灯光。通过默认灯光，可以很好地观察物体的结构。默认灯光和默认摄像机是绑定在一起的，无论摄像机视角怎么转动，默认灯光的照射角度都不会改变，如图8-2所示。

新建一个灯光对象后，默认灯光会自动关闭。

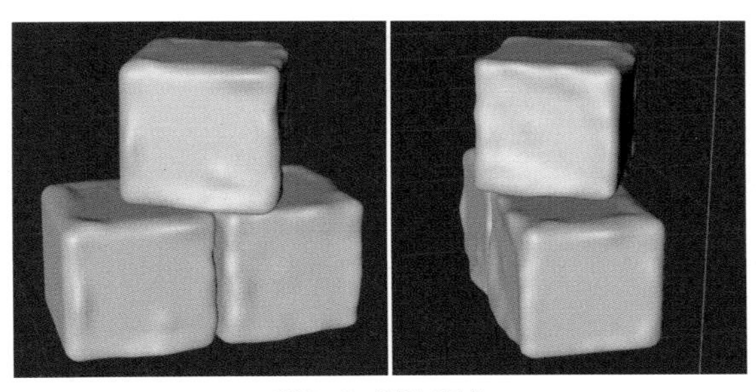

图8-2　默认灯光

（一）泛光灯

泛光灯是最常见的灯光类型，光线由一个点向四周360°发散（见图8-3）。

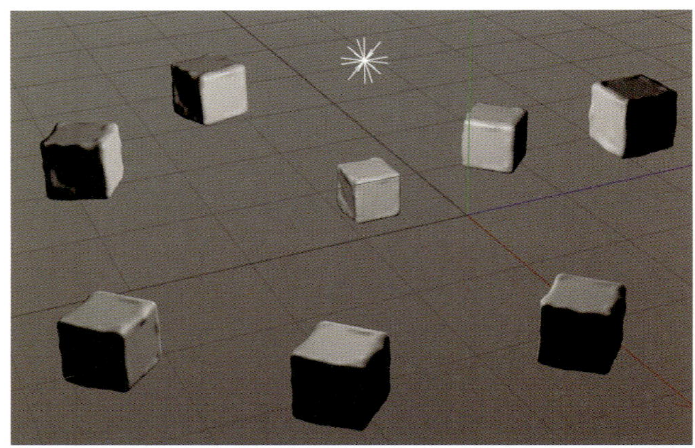

图8-3 泛光灯

（二）聚光灯

聚光灯又分为【聚光灯】、【目标聚光灯】、【IES灯】、【四方聚光灯】【四方平行聚光灯】【圆形平行聚光灯】。后3种灯光需要先创建好灯光，然后在灯光属性管理器的【常规】选项卡中的【类型】下选择，如图8-4所示。

聚光灯和现实世界中的舞台聚光灯一样，是用来进行局部照明的，可以营造戏剧效果，突出重点。它在C4D中用来模拟车灯、手电筒、投影仪等光照效果，如图8-5所示。

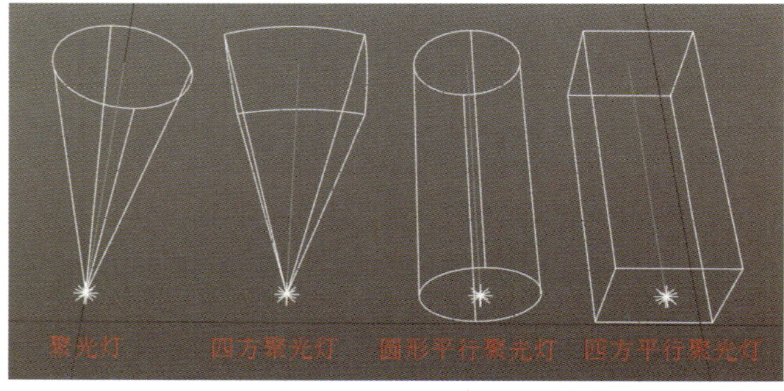

图8-4 聚光灯

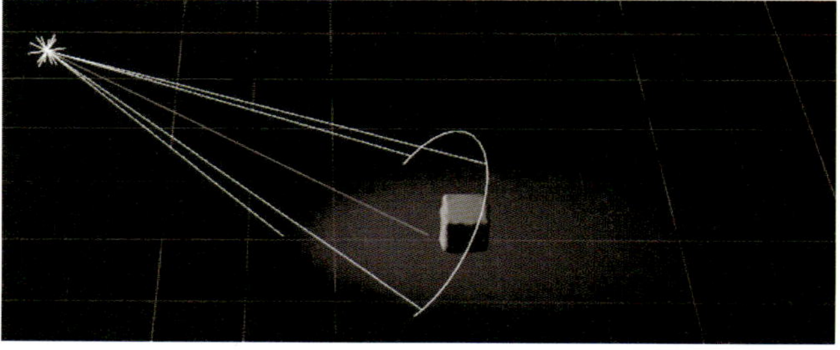

图8-5 聚光灯效果

（三）远光灯

远光灯一般用来模拟太阳光线，其光线沿着某一方向平行传播，没有起点，也没有衰减和距离限制，如图8-6所示。

平行光是远光灯类型中的一种。先创建好灯光，然后在灯光属性管理器的【常规】选项卡中的【类型】下选择。平行光与远光灯的区别在于，平行光有起点。如果把平行光放在某个物体后，则这个物体不会被照亮，如图8-7所示。

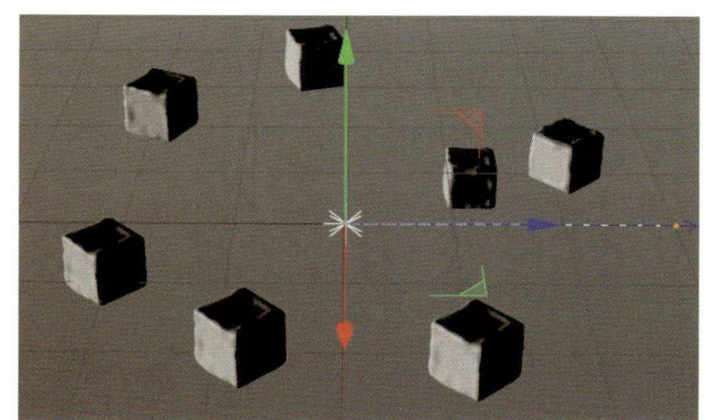

图8-6　远光灯

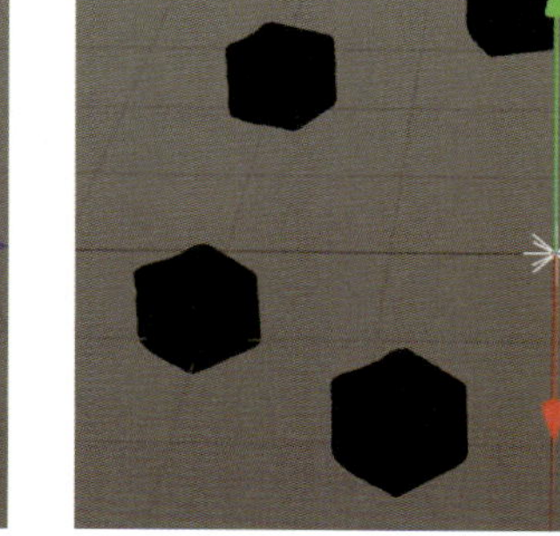

图8-7　平行光

（四）区域光

区域光又称面光源，以一个区域范围向周围方向发射光线，形成一个照明平面（见图8-8）。区域光光线柔和，主要用来模拟摄影中的柔光灯效果或者从窗户照射进来的自然光。

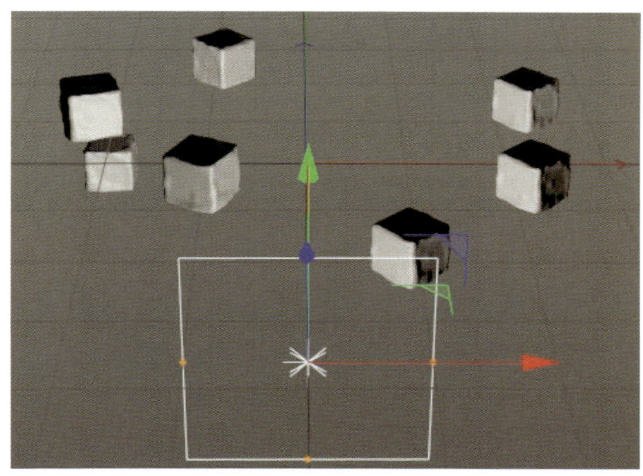

图8-8　区域光

三、灯光基本参数

灯光的基本参数显示在灯光属性管理器中，包含11个选项卡。当然，这些参数会根据灯光类型的不同而略有不同。

（一）【基本】选项卡

此选项卡主要用于编辑灯光的名称、可见性、开关，可以调整灯光的分层，如图8-9所示。

（二）【坐标】选项卡

此选项卡用来控制灯光的位置、大小以及旋转角度，如图8-10所示。

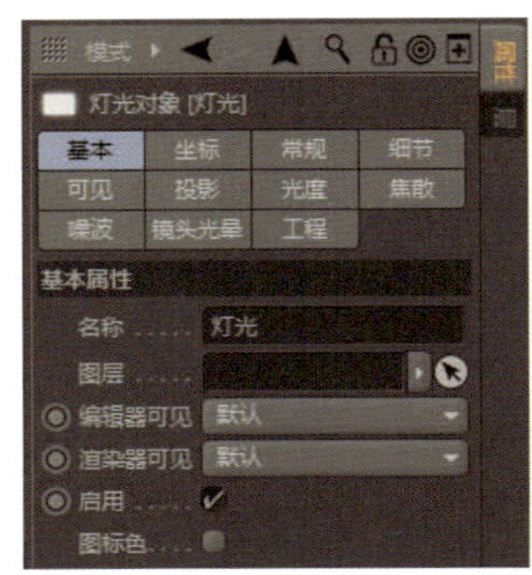

图8-9 【基本】选项卡

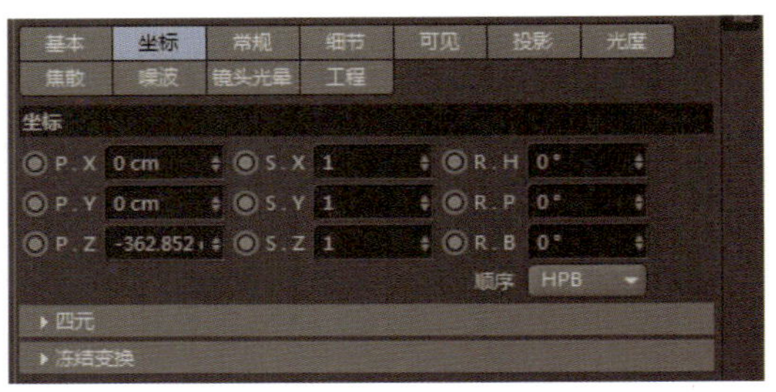

图8-10 【坐标】选项卡

（三）【常规】选项卡

【常规】选项卡如图8-11所示。

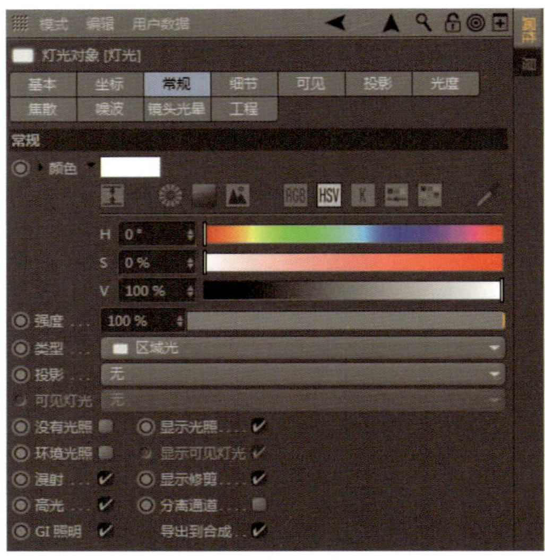

图8-11 【常规】选项卡

【颜色】 用来调整光的颜色（色温）（见图8-12）。

【强度】 用来调整灯光的亮度，数值没有上限，可以超过100%（见图8-13）。数值为“0%”则代表没有亮度。

【类型】 用来更改灯光类型。

【投影】 用来改变灯光的阴影类型。默认为【无】，灯光不会产生阴影；选择【阴影贴图（软阴影）】类型，光线会产生柔和的阴影，阴影边缘模糊；选择【光线跟踪（强烈）】类型，灯光照射到物体上，会产生形状清晰、边缘清晰的强烈阴影；选择【区域】类型，会根据灯光和物体的距离远近产生不同的阴影，距离越近，阴影越清晰，相反则越模糊（见图8-14）。

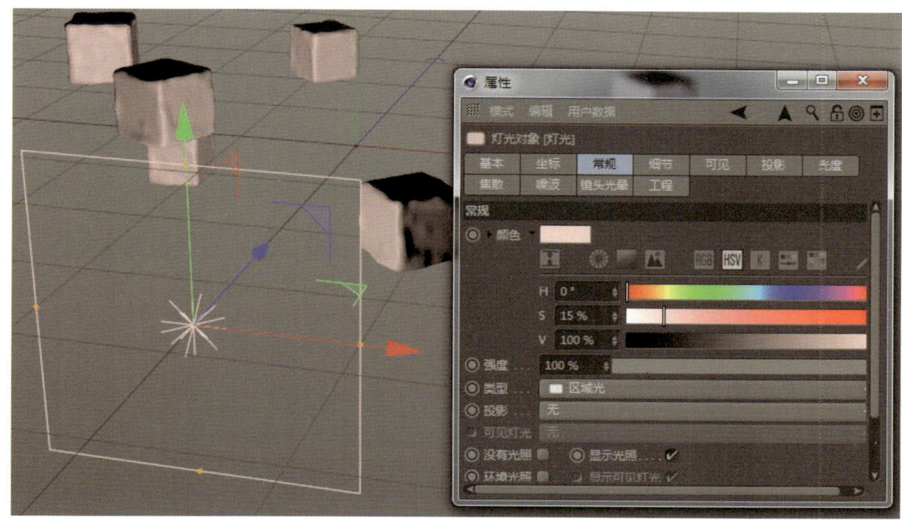

图8-12 【颜色】

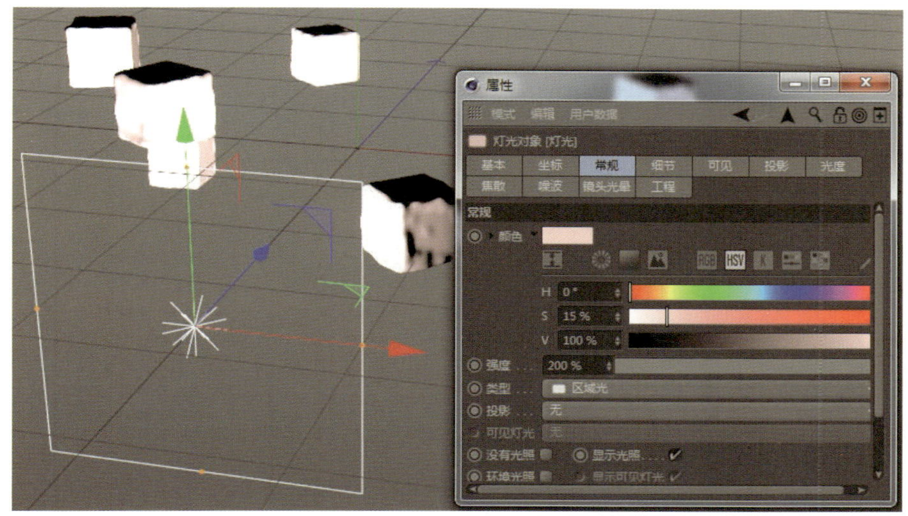

图8-13 【强度】

图8-14 投影类型

【可见灯光】 用来改变灯光的可见性。默认为【无】，灯光不会在场景中显示；选择【可见】类型，场景中会显示灯光，灯光的形状由灯光类型决定；选择【正向测定体积】类型，会产生体积光，阴影也会发生衰减；选择【反向测定体积】类型，会在产生阴影的地方产生光线，用来制作发散特效（见图8-15）。

图8-15 【可见灯光】

【没有光照】 选择此选项后，场景中不显示光照效果，如果灯光设置为【可见】【正向测定体积】或【反向测定体积】，光源仍然可见。

【显示光照】 选择此选项后，场景中显示灯光控制器的线框，默认是选择状态。

【环境光照】 选择此选项后，物体表面没有明暗变化，表面亮度相同。

【显示可见灯光】 选择此选项后，场景中显示灯光控制器的线框，通过调节橙色手柄可以调整灯光范围（见图8-16）。

【漫射】 取消选择此选项后，灯光不产生照明效果，物体不被照亮，只显示高光部分，如图8-17所示。

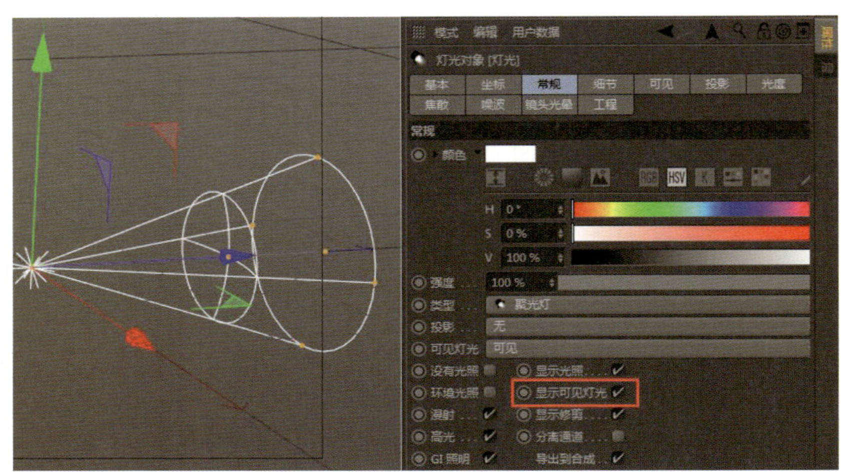

图8-16 【显示可见灯光】

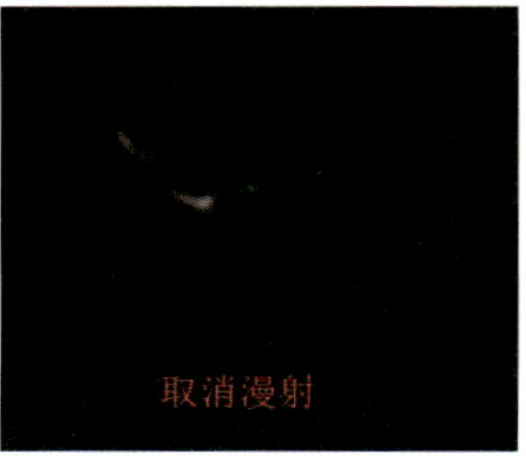

图8-17 【漫射】

【高光】 取消选择此选项后，灯光在照射时不产生高光，如图8-18所示。

图8-18 【高光】

【GI照明】 为全局光照明，取消选择此选项后，物体不会被其他物体反射的光线影响，如图8-19所示。（【GI照明】需要在【渲染设置】中的【效果】中选择【全局光照】。）

图8-19 【GI照明】

【显示修剪】 选择此选项后，还需要在【细节】选项卡中选择【近处修剪】和【远处修剪】选项，才能通过绿色控制器对灯光进行修剪，控制灯光范围（见图8-20）。

【分离通道】 选择此选项后，还需要在【渲染设置】中设置相应的【多通道】参数（见图8-21）。通道分离可以使场景中的漫射、高光和阴影分成单独的图层进行渲染。

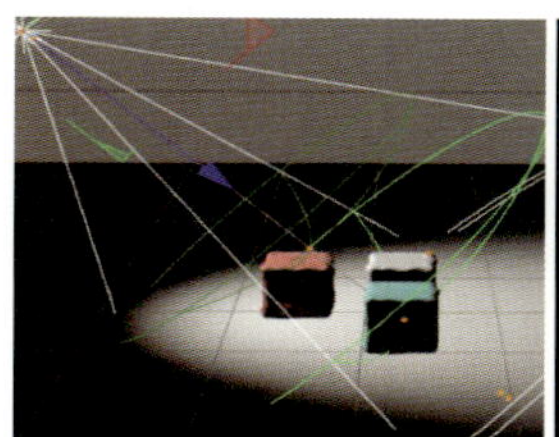

图8-20 【显示修剪】

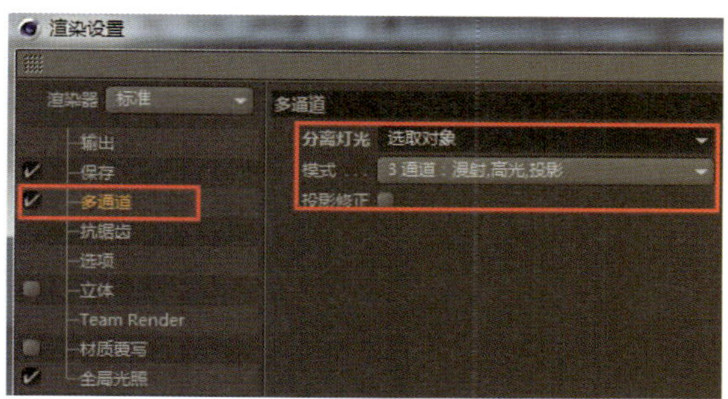

图8-21 【分离通道】

（四）【细节】选项卡

【细节】选项卡如图8-22所示。

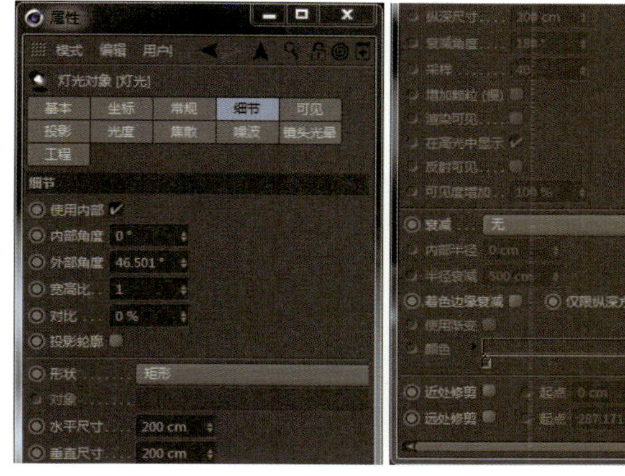

图8-22 【细节】选项卡

【使用内部】 只针对聚光灯才有的参数。选择此选项后，可以通过属性控制灯光边缘的衰减。内部数值越大，边缘越硬。根据灯光类型的不同，参数名称会显示为内部（外部）半径或内部（外部）角度（见图8-23）。

【宽高比】 标准聚光灯的形状为圆锥体，通过【宽高比】可以调整灯光的高度和半径值。

【对比】 通过调整对比值来调整物体明暗之间的过渡（见图8-24）。

【投影轮廓】 如果灯光的强度为负值，选择此选项后，渲染时可以看到投影会变亮；灯光强度正常时，选择此选项后，渲染为黑色（见图8-25）。默认不选择。

【衰减】 用来模拟真实世界中的灯光衰减，灯光离物体越远，光线就越弱。C4D中的衰减类型有5种：【无】【平方倒数（物理精度）】【线性】【步幅】【倒数立方限制】（见图8-26）。

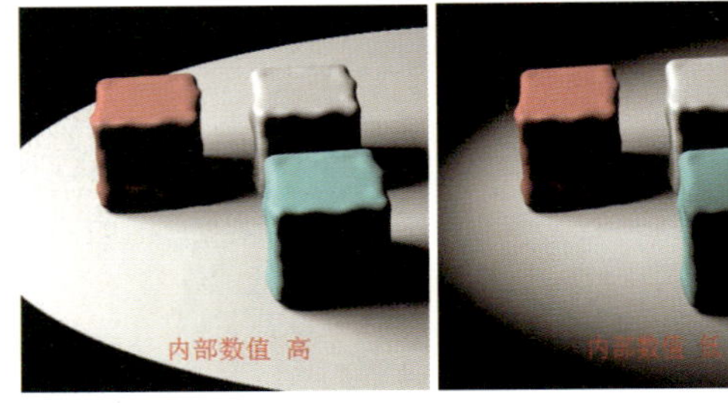

图8-23 【使用内部】

图8-24 【对比】

图8-25 【投影轮廓】

图8-26 【衰减】

【半径衰减】【内部半径】 【半径衰减】用来调整衰减的范围，这个区域内的光线由亮到暗产生过渡；【内部半径】用来确定一个不衰减的区域（见图8-27）。

【着色边缘衰减】【使用渐变】【颜色】 【着色边缘衰减】只对聚光灯有效果，选择此选项后可以通过【使用渐变】【颜色】两个属性来设置边缘的颜色过渡（见图8-28）。

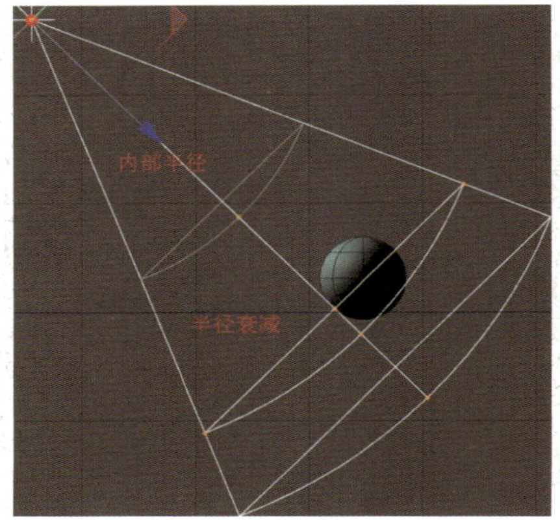

图8-27 衰减半径

图8-28 【着色边缘衰减】

【仅限纵深方向】 选择此选项后，光线只沿着Z轴发射（见图8-29）。

【近处修剪】【远处修建】 与【常规】选项卡中的【显示修剪】配合使用，调整灯光的照射范围。

【形状】 这个属性值针对区域光，调整区域光的灯光形状，包括9种类型（见图8-30）。

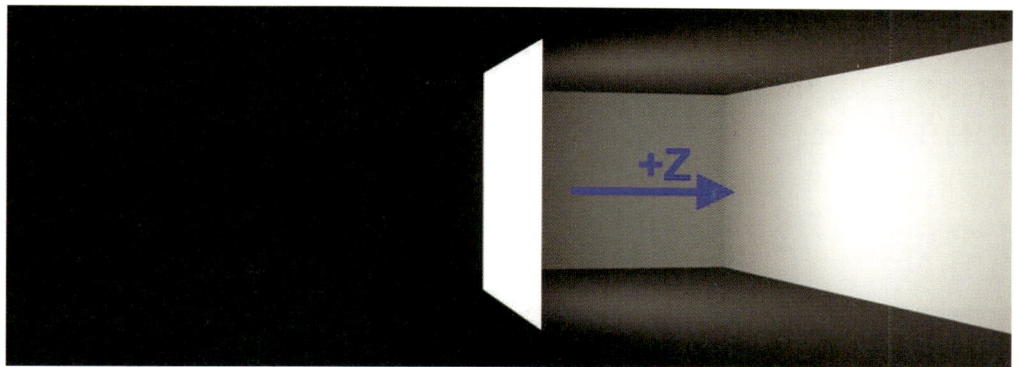

图8-29 【仅限纵深方向】

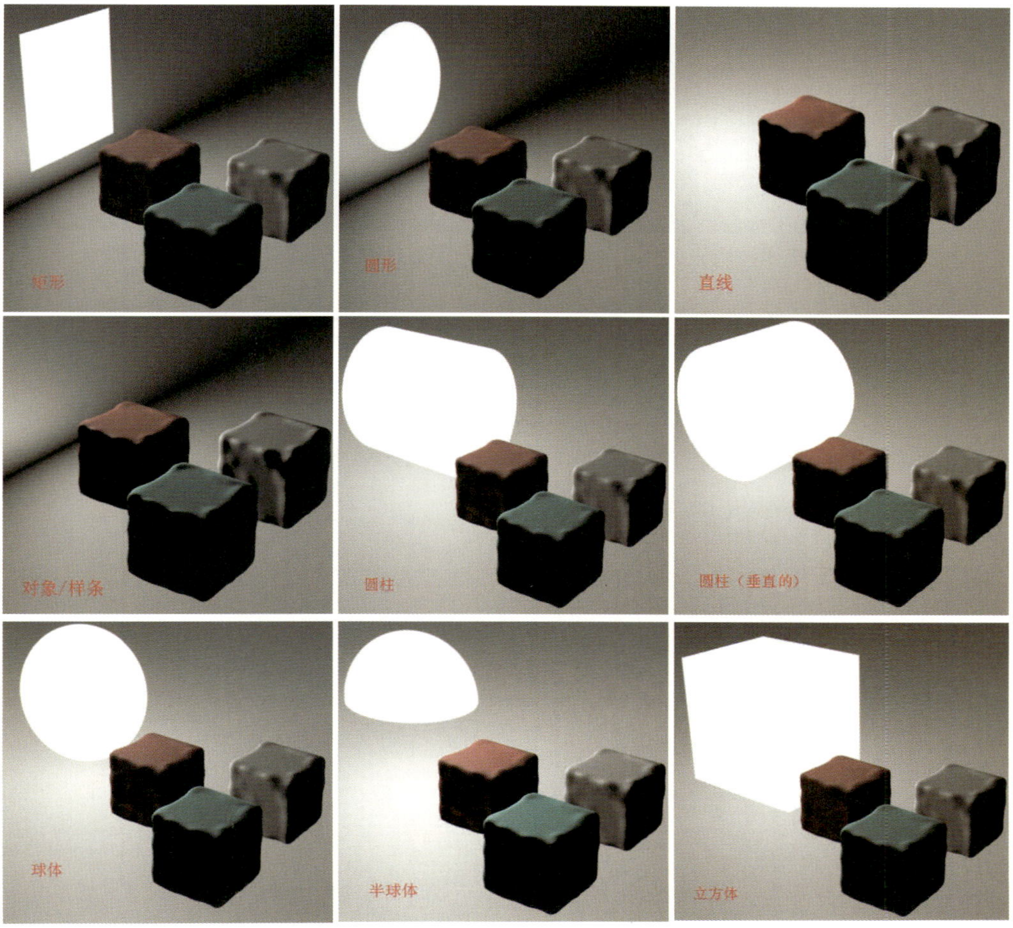

图8-30 灯光形状

【对象】 当【形状】设置为【对象/样条】时，该参数可以使用，可以把多边形或样条拖入此选项，使灯光变为用户需要的形状。

【水平尺寸】【垂直尺寸】【纵深尺寸】 可以设置区域光在二维或三维视图中的大小。

【衰减角度】 用来设置光线的衰减角度（见图8-31）。

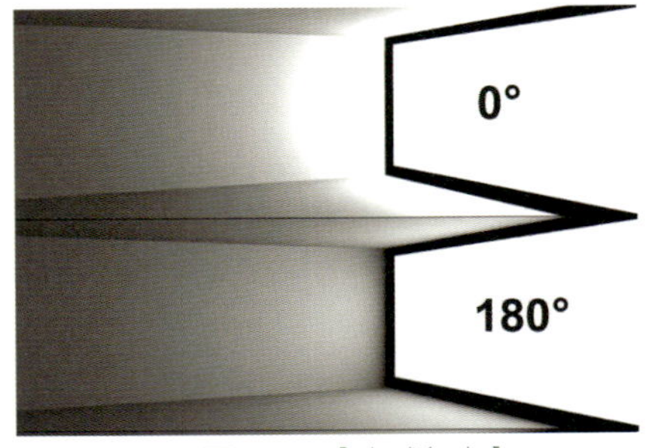

图8-31 【衰减角度】

【采样】【增加颗粒】 光在物体表面散布不均匀或产生噪点时，可以调整采样值，如图8-32所示。采样值足够高时，可以避免噪点（颗粒）的产生。如果需要增加噪点，可以选择【增加颗粒】选项，如图8-33所示。

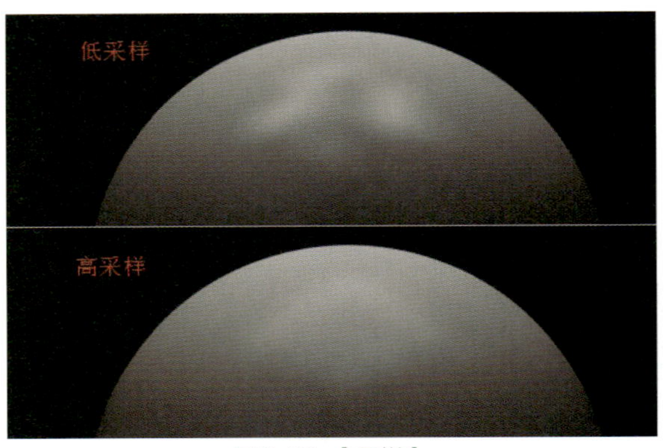

图8-32 【采样】

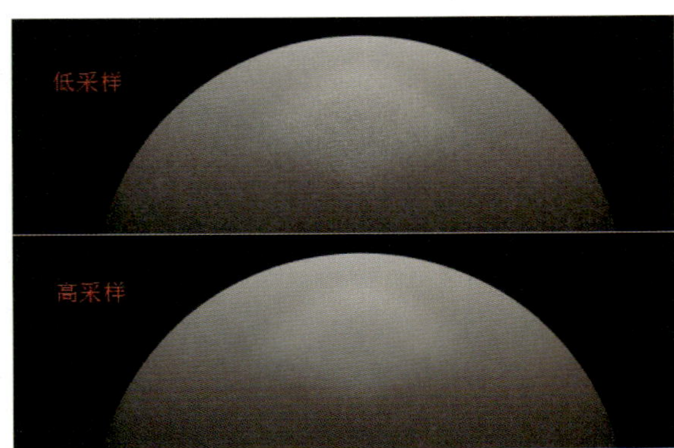

图8-33 【增加颗粒】

【渲染可见】【在高光中显示】【反射可见】 用来控制灯光是否在模型中被显示、反射出来，如图8-34所示。

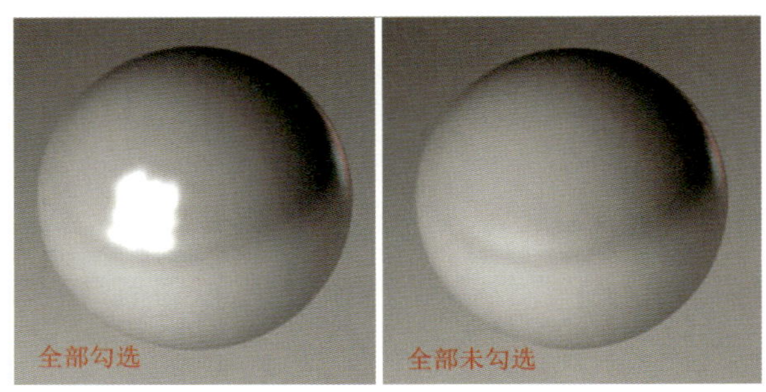

图8-34 【渲染可见】【在高光中显示】【反射可见】

（五）【可见】选项卡

【可见】选项卡如图8-35所示。

【使用衰减】 选择此选项后，会按照比例衰减灯光的密度。距离灯光中心越远，密度就越低，如图8-36所示。

【使用边缘衰减】【散开边缘】 这两个参数只针对聚光灯。选择【使用边缘衰减】选项后，可调整聚光的边缘衰减，如图8-37所示。

【着色边缘衰减】 只有在选择【使用边缘衰减】选项后才能被激活，用来调整颜色的衰减，如图8-38所示。

【内部距离】【外部距离】 在内部距离中，光的密度总是恒定的100%，只有在这个距离之外才会开始衰减。在内部距离和外部距离之间，可见光的密度从100%到0%之间变化。

【相对比例】 控制光线在*X*、*Y*、*Z*轴的范围。

【采样属性】 用来控制体积光的体积阴影。值越大，渲染越粗糙，但计算迅速；值越小，渲染越精细，但更耗时。

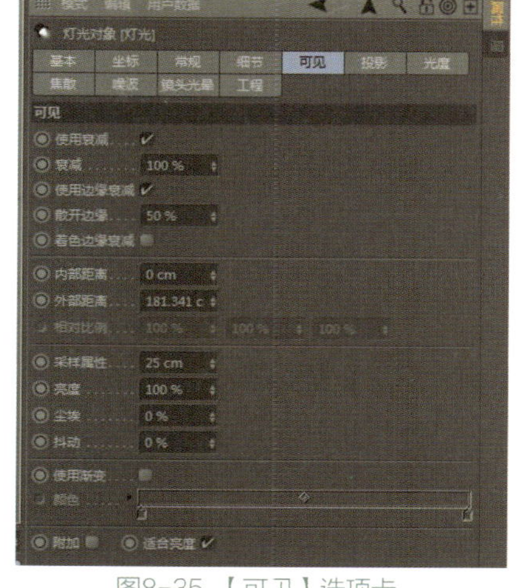

图8-35 【可见】选项卡

【亮度】 用来控制可见光源的亮度。

【尘埃】 用来控制亮度的模糊。

【抖动】 用来控制灯光中不规则的条带和轮廓，这种问题主要存在于灯光相互重叠的情况下。

【附加】 如果想将光束与其他光源混合，可选择此选项（见图8-39）。

【适合亮度】 此选项用来防止光束过度曝光，会使亮度降低，直到过度曝光状态消失（见图8-40）。

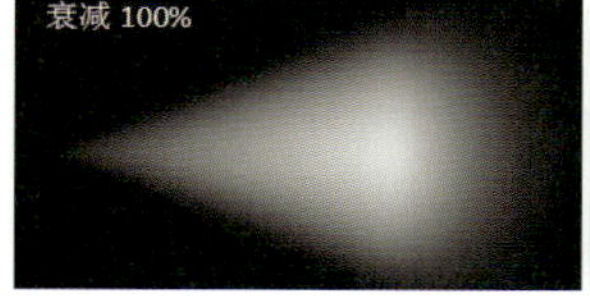

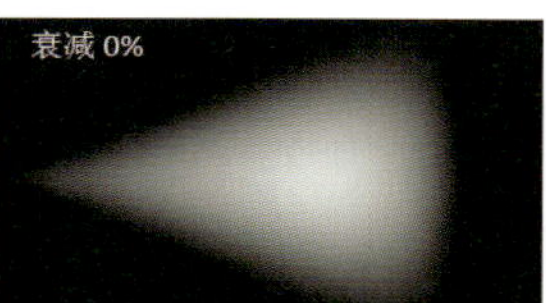

图8-36 【使用衰减】

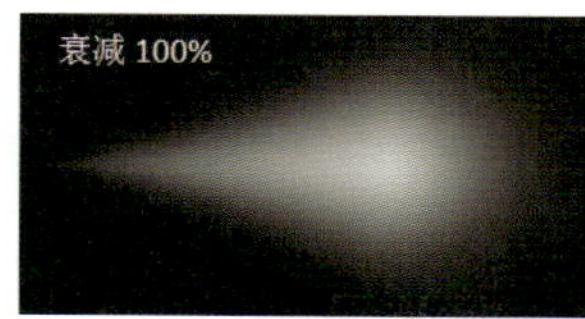

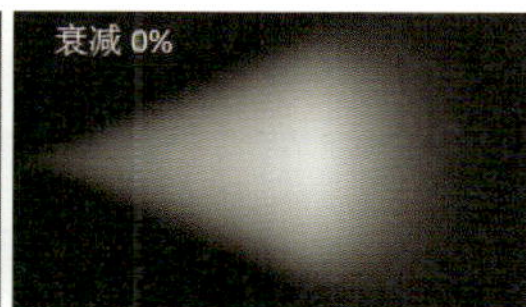

图8-37 【使用边缘衰减】【散开边缘】

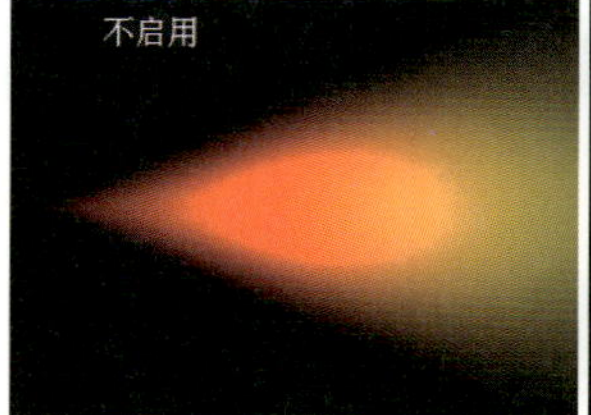

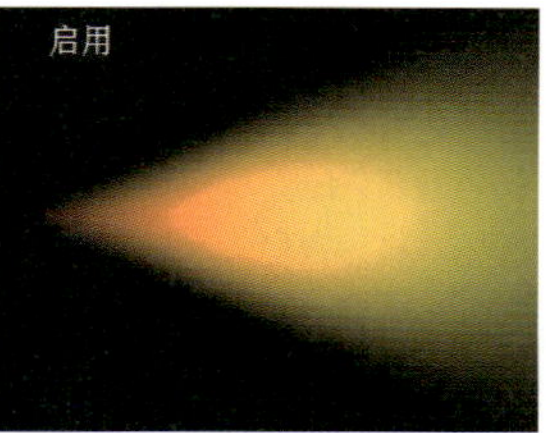

图8-38 【着色边缘衰减】

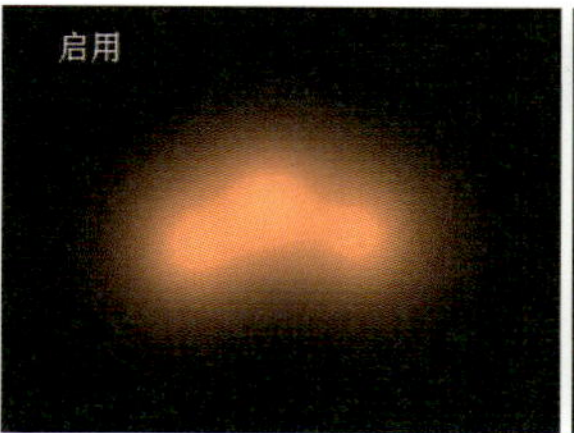

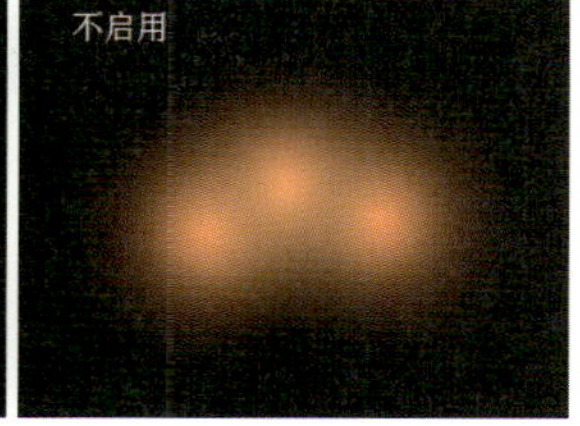

图8-39 【附加】

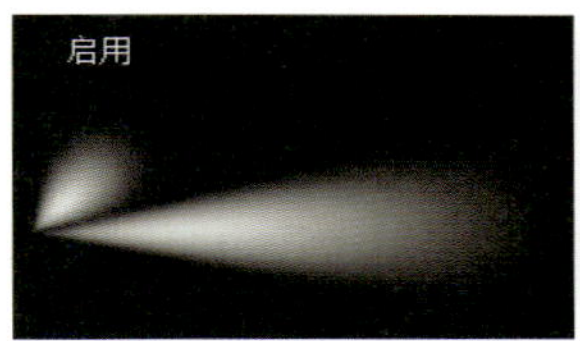

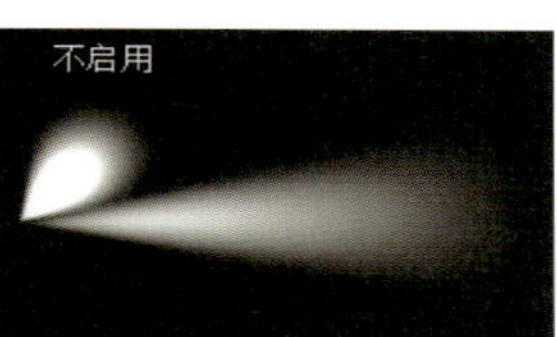

图8-40 【适合亮度】

（六）【投影】选项卡

灯光有4种投影类型：【无】【阴影贴图（软阴影）】【光线跟踪（强烈）】【区域】。默认投影类型为【无】。不同投影方式的选项卡也略有不同（见图8-41）。

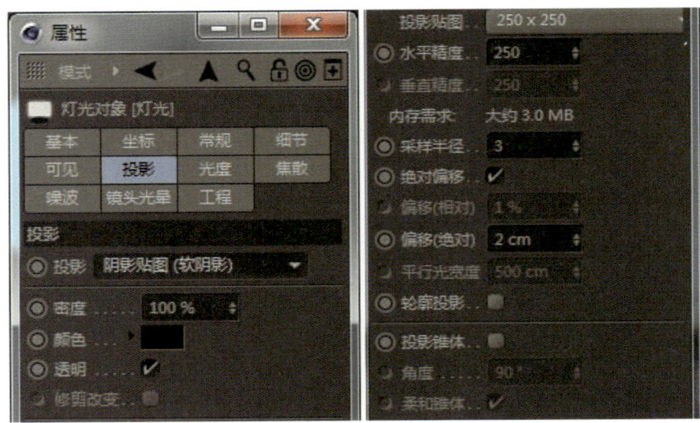

图8-41 【投影】选项卡

【投影】 用来改变投影的类型。

【密度】 用来改变阴影的强度（见图8-42）。

【颜色】 用来改变阴影的颜色（见图8-43）。

【透明】 如果材质设置了透明，则需要选择此选项，让阴影更真实（见图8-44）。

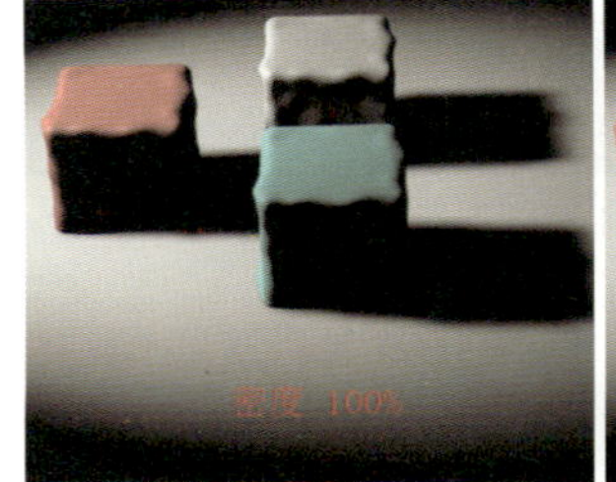

图8-42 【密度】

图8-43 【颜色】

图8-44 【透明】

【修剪改变】 选择此选项后，在【细节】选项卡中可以调整阴影投射以及照明。

【水平精度】【垂直精度】 用于设置【投影贴图】中投影的分辨率。

【内存需求】 设置投影分辨率后，显示投影分辨率需要的内存。

【采样半径】 用来设置投影精度，数值越大就越精细，渲染时间也越长。

【绝对偏移】【偏移（相对）】【偏移（绝对）】 【绝对偏移】选项默认被选择，如果取消选择，【偏移（相对）】就会被激活，阴影与物体之间的距离也将取决于光源与物体之间的距离，称为相对偏移。光源离物体越远，阴影离对象就越远。

【轮廓投影】 选择此选项后，物体的投影只显示物体轮廓，如图8-45所示。

【投影锥体】【角度】 选择【投影锥体】选项后，阴影被限制在一个锥体上，从而产生一个没有伪影的单一阴影图，有加速渲染的优点；【角度】可以用来控制锥体的顶点角度（见图8-46）。

【采样精度】【最小取样值】【最大取样值】 这些参数只针对【区域】类型投影。【采样精度】用来控制投影的精度。取样值的数值越大就越精细，噪点就越少，渲染时间也越长（见图8-47）。

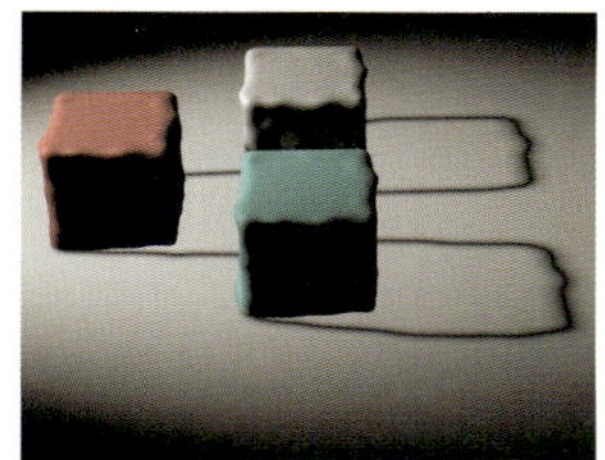
图8-45 【轮廓投影】

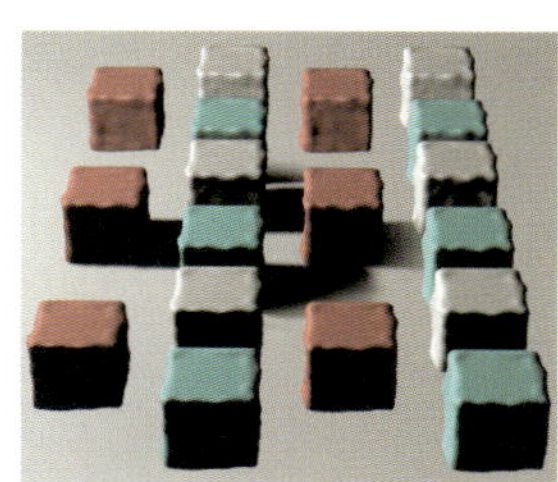
图8-46 【投影椎体】

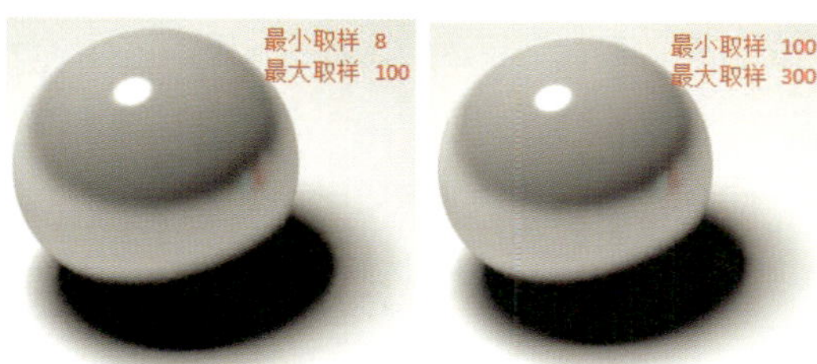

图8-47 【采样精度】【最小取样值】【最大取样值】

（七）【光度】选项卡

【光度】选项卡如图8-48所示。

1.【光度强度】【强度】

这两个参数主要针对IES灯，如果禁用，通常会在光源的起点处具有极端的二次衰减亮度，通常会导致IES灯显得太亮。它的优点是仍然独立于C4D的单位（不管是以毫米还是公里单位建模）。

2.【单位】

【烛光（cd）】 光强度仅依赖于强度值，独立于光的形状（如光斑）或大小。

【流明（lm）】 光强度主要取决于光的形状，即光斑的强度。例如，当聚光灯的锥体变窄时，强度会增加。

【勒克斯（lx）】 此单位只针对区域光，启用后可以在勒克斯中调整光强度。光强度取决于光源的尺寸（如*X*轴的大小）。例如，如果光源的表面加倍，它的强度也会加倍。

图8-48 【光度】选项卡

3.【光度数据】【文件名】

【光度数据】 用来启用或禁用IES数据的评估。如果禁用，光源将恢复为具有可调节属性的流明（lm）或烛光（cd）强度的泛光光源。

【文件名】 用户可以将IES文件拖动到该字段中，显示其名称和完整路径（位置）。

4.【光度尺寸】

IES灯光文件经常包含关于实际光的大小的信息。启用此选项，可将IES灯光转换为区域光（在【细节】选项卡中的【类型】中设置）。否则，IES光将充当全局光。

（八）【焦散】选项卡

焦散是指光穿过透明物体时，由于对象表面的不平整，使光线折射并不是平行发生，而是出现了漫折射，投影表面出现光子分散。在三维软件中，它主要用于后期渲染，主要作用就是产生水波纹的光影效果。为了达到真实的效果，它可以计算很精致、准确的光影，但渲染很费时间。

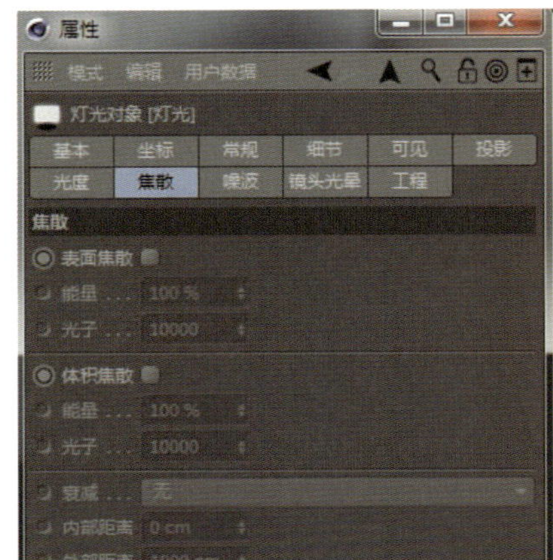

图8-49 【焦散】选项卡

C4D中若想渲染焦散效果，需要在【渲染设置】中的【效果】中选择【焦散】，添加【焦散】效果。【焦散】选项卡如图8-49所示。

1.【表面焦散】【能量】【光子】

【表面焦散】 启用此选项可切换光源的表面焦散线。

【能量】 这定义了表面焦散光子的总起始能量。能量值主要控制焦散效应的亮度（见图8-50）。它还影响每个光子的最大反射或折射率。

【光子】 光子值影响焦散效应的精度，值越大，产生的效果就越好，但也意味着需要较长的渲染时间。该值定义了用于计算表面焦散线的光子数，通常在10 000和1 000 000之间，具体取决于特定场景的因素，如光源和焦散生成物体之间的距离。

虽然【能量】和【光子】参数是相互独立的，但焦散效应的亮度取决于这两个参数。

2.【体积焦散】【能量】【光子】

【体积焦散】 启用此选项可打开光源的体积焦散。对于体积焦散，要确保灯光为体积类型，在灯光的【常规】选项卡中，将【可见灯光】设置为【正向测定体积】或【反向测定体积】（见图8-51）。

【能量】 用来设置所有体积焦散光子的总起始能量。它影响光的亮度以及每个光子的最大反射或折射率。

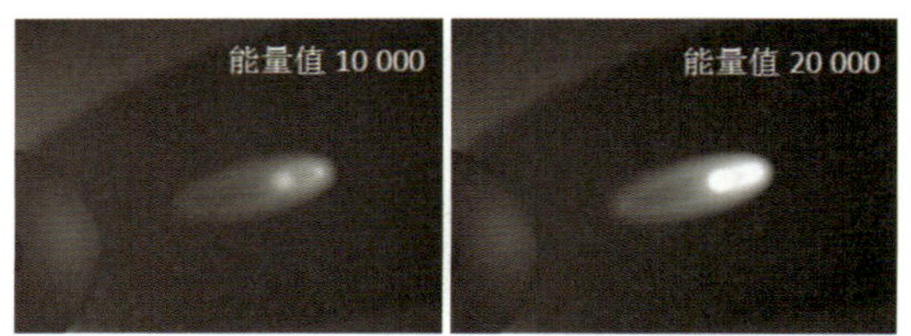

图8-50 不同能量值的效果

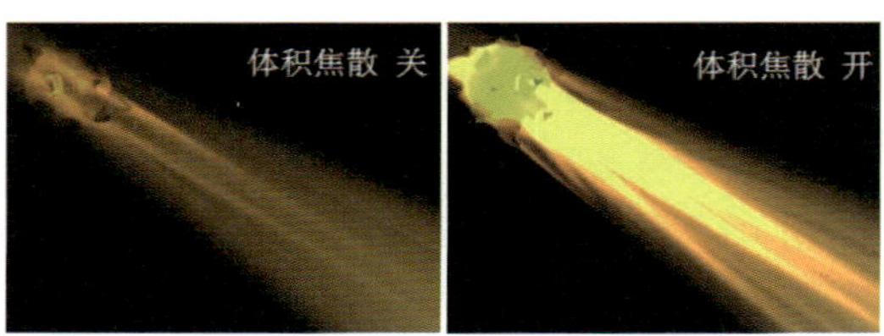

图8-51 【体积焦散】启用与否的效果

【光子】 这个参数控制焦散效应的准确性。值越大，产生的效果就越好，但也意味着需要更长的渲染时间。该值是光对体积焦散线发出的光子数。

3.【衰减】【内部距离】【外部距离】

【衰减】 设置光亮度的衰减。衰减类型有：【无】【线性】【倒数】【平方倒数】【立方倒数】【步幅】。

【内部距离】 内部距离可见。

【外部距离】 外部距离可见。

（九）【噪波】选项卡

【噪波】选项卡用来设置特殊的灯光效果，可以实现诸如雾或太阳耀斑之类的效果，而不必使用默认的耗时的体积着色器（见图8-52）。具有噪波效应的灯光在渲染时较耗时。

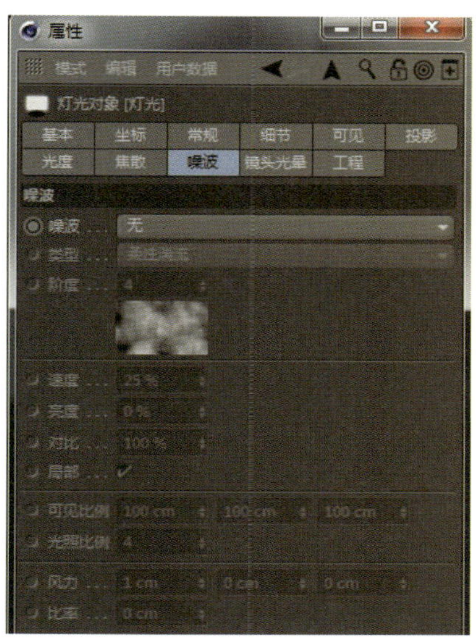

图8-52 【噪波】选项卡

1.【噪波】

【噪波】分为4种：【无】【光照】【可见】【两者】。

【光照】 光源周围出现不规则噪波，会影响物体，但不影响光源（见图8-53）。

【可见】 噪波不会影响物体，只会影响可见的光源（见图8-54）。

【两者】 选择后，【光照】【可见】两种效果同时出现（见图8-55）。

图8-53 【光照】

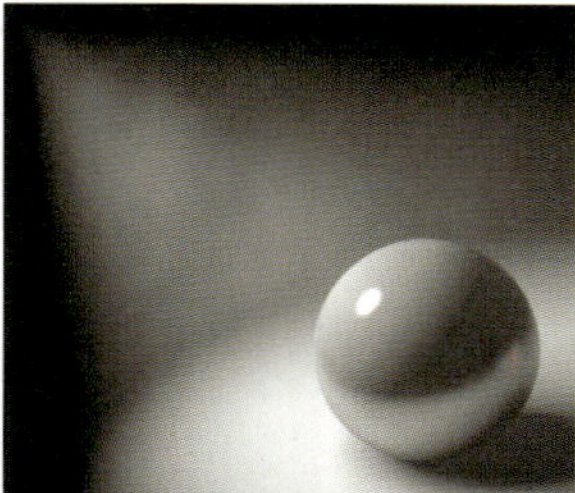
图8-54 【可见】

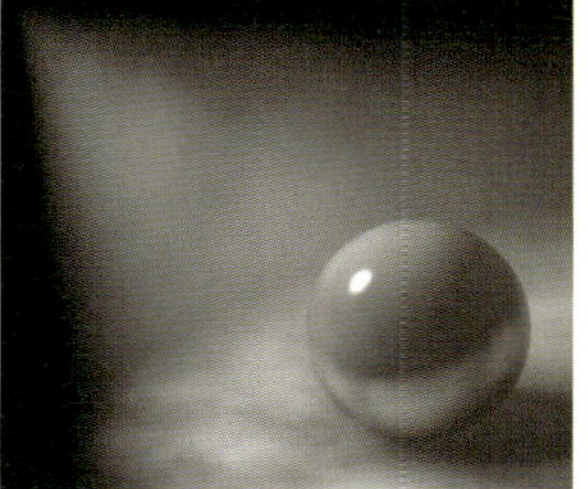
图8-55 【两者】

2.【类型】

噪波类型有4种：【噪波】【柔性湍流】【刚性湍流】【波状湍流】（见图8-56）。

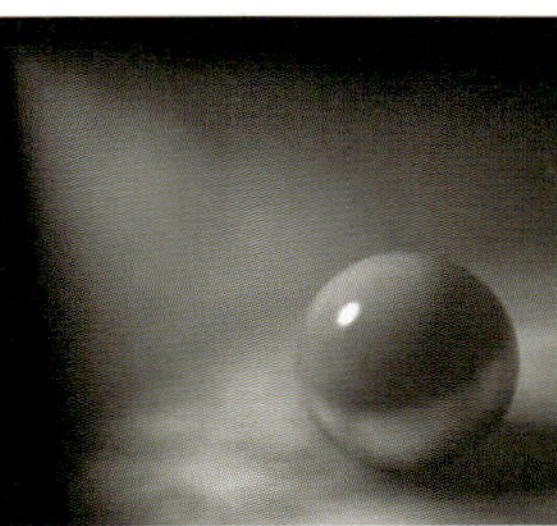

图8-56 噪波类型

3.【阶度】

与湍流类型相关。其数值决定了噪波的颗粒性。数值越高，外观就越粗糙。

4.【速度】【亮度】【对比度】【局部】

【速度】 设置不规则的速度。

【亮度】 可以提高整体亮度的不规则性，输入一个负百分比数值可以降低亮度。

【对比度】 数值的提高会增强噪波的对比度。

【局部】 启用此选项可确保光源的局部坐标被固定。如果光源移动，湍流或噪波也会移动。为了正常使用，可让这个选项失效，因为现实世界中的灰尘和微粒是由于自然的力量而移动的，而不仅仅是因为光本身而移动。

5.【可见比例】【光照比例】

【可见比例】 这些值决定了X、Y和Z轴方向上与场景的绝对坐标有关的不规则的大小。如果噪波效果太严重，可以尝试减小这些值。

【光照比例】 使用此设置可以定义被照亮对象上的噪波大小。值越小，噪波越粗；值越大，噪波越细。

6.【风力】

它用来控制风的噪波属性，将增加动画的真实感，因为风将吹起灰尘。3个轴向用来定义坐标系中的风的方向。通过设置风速值可以改变风的强度。

（十）【镜头光晕】选项卡

真实世界中，摄像机镜头往往是由很多片镜片组成的镜片组。每个镜片虽然通透性很高，但是难免会有一部分的光是反射和散射的，而这些没有与其他入射光保持方向一致的光线就造成了光晕的出现。

C4D可以模拟真实世界相机镜头系统和胶片材料的像差，从而生成镜头光晕。【镜头光晕】选项卡如图8-57所示。

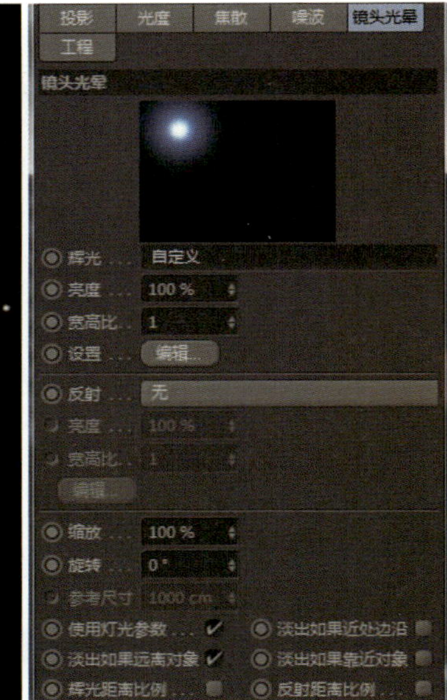

图8-57 【镜头光晕】选项卡

【辉光】 用来设置光晕的类型（见图8-58）。

【亮度】【宽高比】 设置辉光的亮度、宽度、高度。

【设置】 单击【设置】选项的【编辑】按钮，进入【辉光编辑器】，可以设置辉光的细节（见图8-59）。

【反射】 用来创建一个镜头光斑，结合辉光类型可以搭配出不同的效果。

【亮度】【宽高比】 用来控制反射的亮度、宽度、高度。

【编辑】 单击【编辑】按钮，进入【镜头光斑编辑器】，可以设置反射的细节（见图8-60）。

【缩放】【旋转】 控制镜头光晕和镜头光斑的尺寸、旋转角度。

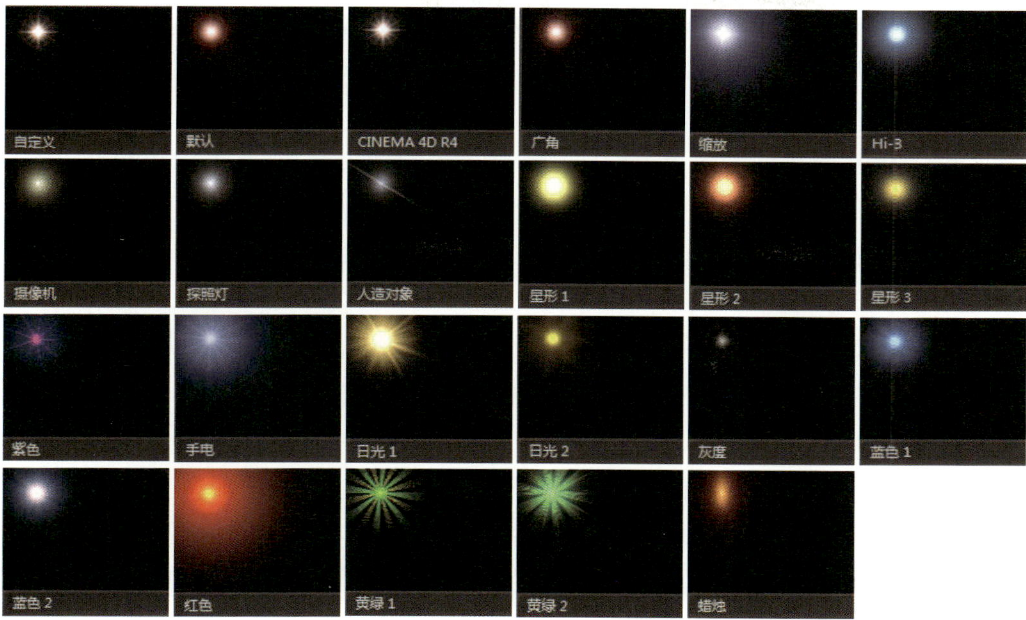

图8-58 辉光类型

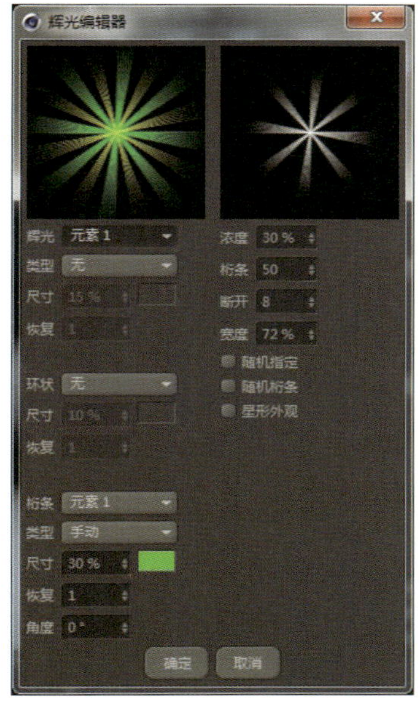

图8-59 【辉光编辑器】

图8-60 【镜头光斑编辑器】

【使用灯光参数】 如果启用此选项，则在一般页面上定义的属性也会影响辉光或反射效果。例如，如果光源颜色是红色，那么辉光或反射效果也会呈现红色。

【淡出如果近处边沿】 启用此选项后，镜头效果将渐趋接近图像边缘。透镜效果在屏幕中心时具有最大的强度，这对应于光在现实世界中的物理现象。

【淡出如果远离对象】 启用此选项，如果光源在物体后面，透镜耀斑就不会发生，但是发光或辐射会产生令人愉悦的效果。

【淡出如果靠近对象】 通常，如果一个具有透镜效应的光源开始在物体后面消失时，效果仍然在最大强度，直到光源原点完全到物体后面为止。启用此选项后，随着光源接近目标，效果的强度会逐渐减弱。这种效应的一个很好的例子是太阳光在行星后面逐渐衰弱。

【辉光距离比例】 如果启用此选项，则根据其距摄像机的距离缩放发光效果。辉光离摄像机越远，辉光就越小。

【反射距离比例】 与【辉光距离比例】相同，仅用于反射。如果启用此选项，则根据它们与摄像机之间的距离来缩放反射。反射离摄像机越远，反射就越小。

（十一）【工程】选项卡

在这里可以选择哪些物体会受到光线的影响，将对象从对象管理器拖动到【对象】框中即可（见图8-61）。

【模式】 如果光只照亮特定对象，则设置【包括】模式，拖动对象的名称，这些对象应该由对象管理器中的光照射到【对象】框中。如果要关闭特定对象的光，则设置【排除】模式，将这些对象的名称从对象管理器中排除并拖动到【对象】框中。

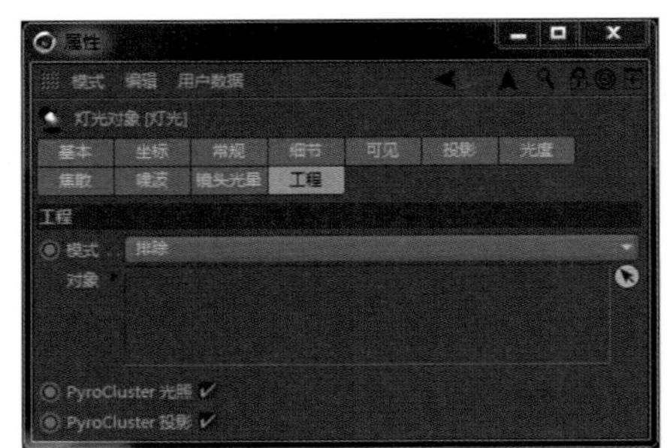

图8-61 【工程】选项卡

四、摄像机

摄像机是任何三维软件中都有的基本元素之一。摄像机定义了立体场景空间在二维视图中如何显示。在C4D的视图面板中，每个视图都有自己的摄像机（透视视图、正视图、顶视图、右视图），这些默认不显示为对象管理器中的单个对象。如果在属性管理器的【模式】菜单中启用了【摄像机】，则其设置保持不变。

除了默认摄像机，还可以创建多个摄像机，而且可以从任何角度查看或渲染场景。

C4D有6种摄像机：【摄像机】【目标摄像机】【立体摄像机】【运动摄像机】【摄像机变换】和【摇臂摄像机】（见图8-62）。可以在工具栏中的摄像机工具组下单击相应按钮来创建，也可以在菜单栏执行【创建】→【摄像机】命令，然后单击相应按钮来创建相应的摄像机。

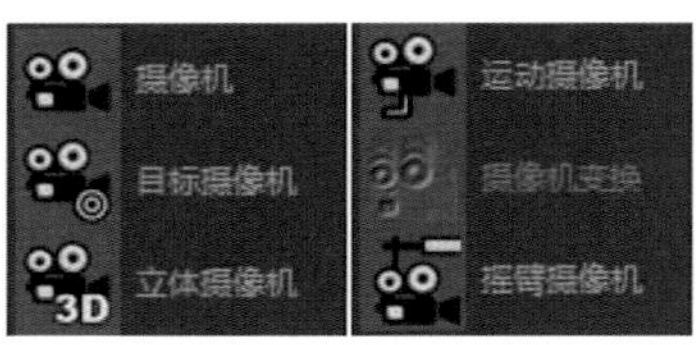

图8-62 摄像机工作组

（一）【基本】选项卡

在【基本】选项卡中，可以更改摄像机的名称，对摄像机的图层进行编辑，还可以编辑摄像机的渲染可见性和颜色（见图8-63）。

（二）【坐标】选项卡

用来调整摄像机的空间位置和旋转，和其他对象的坐标属性是一样的（见图8-64）。

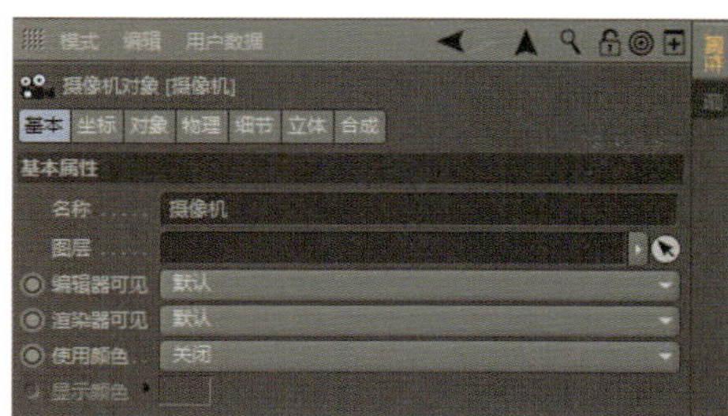

图8-63 【基本】选项卡

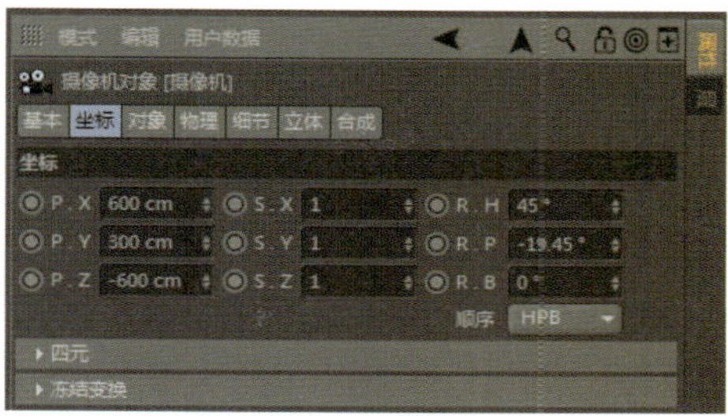

图8-64 【坐标】选项卡

（三）【对象】选项卡

【对象】选项卡如图8-65所示。

【投射方式】 投射方式有14种，用户可以根据需要选择不同的视角，如图8-66至图3-68所示。

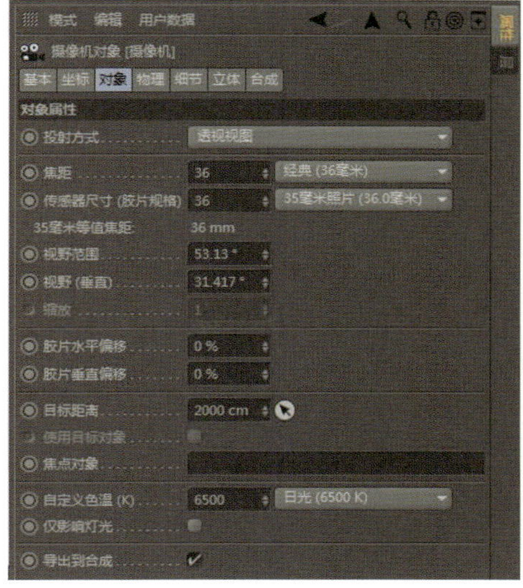

图8-65 【对象】选项卡

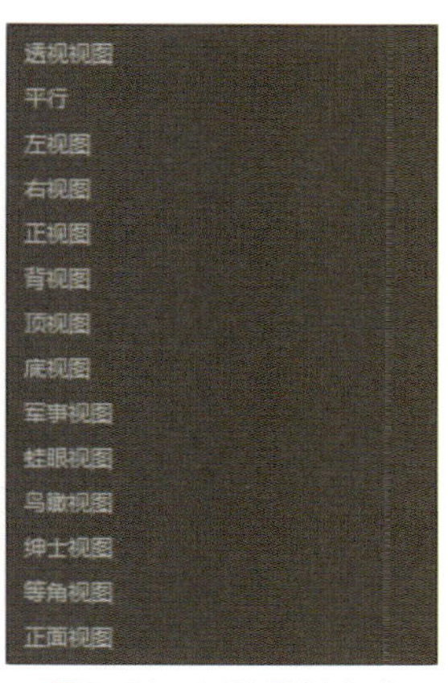

图8-66 14种投射方式

图8-67 【军事视图】视角

图8-68 【绅士视图】视角

【焦距】 增加焦距和减少从左到右的视野。在实际照相机中，焦距代表透镜与胶片之间的距离（见图8-69）。小焦距值用于广角拍摄，可呈现更宽的场景视图，但会扭曲图像（特别是非常短的焦距）；较大的焦距值相应地放大到给定的场景中，数值越大，图像的畸变越小，平行投影效应越大，直到透视效果完全消失（见图8-70、图8-71）。

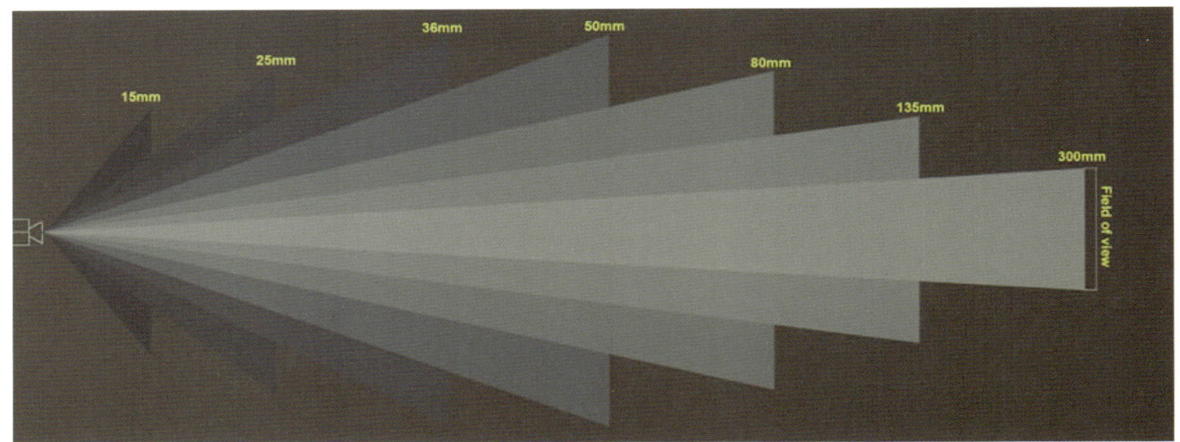

图8-69 焦距

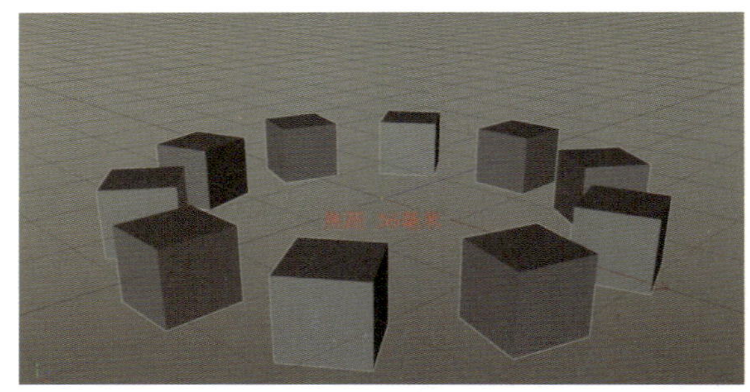

图8-70 36 mm焦距的视野范围

图8-71 80 mm焦距的视野范围

【传感器尺寸】 传感器尺寸越大，感光面积就越大，成像效果也越好。

【视野范围】【视野（垂直）】 设置摄像机的视野范围。

【胶片水平偏移】【胶片垂直偏移】 在固定摄像机的情况下，调整目标物体在画面中的位置。

【目标距离】 调整目标物体与摄像机之间的距离，定义模糊平面。从摄像机的原点测量的目标距离定义了与垂直于视角的平面之间的距离。在这个平面上，所有物体都完美地显示在焦点上。在这个平面的前面和后面，所有物体都呈现逐渐模糊的状态。需要配合【细节】选项卡中的【景深映射】以及【渲染设置】→【效果】中的【景深】效果使用（见图8-72）。

【焦点对象】 定义焦点的目标，可以从对象管理器中将对象拖动到【焦点对象】中，然后定义摄像机焦点。

【自定义色温】 调节色温，控制画面的冷暖。色温的计量单位为K（开尔文），如图8-73所示。

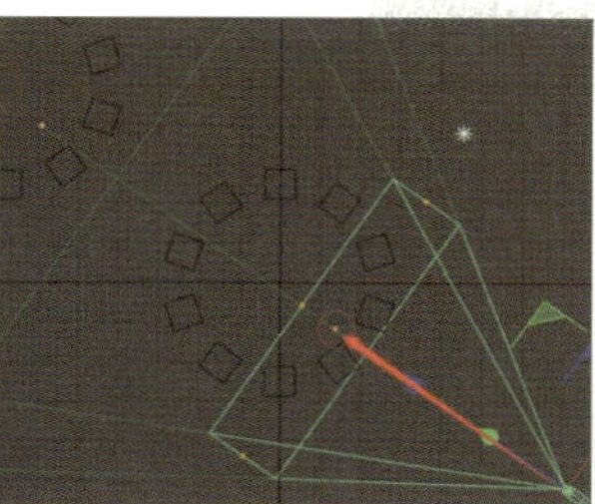

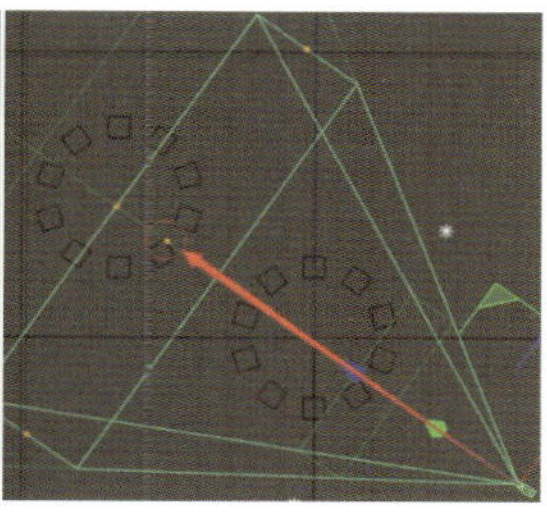

图8-72 【景深】效果

色温6 500K

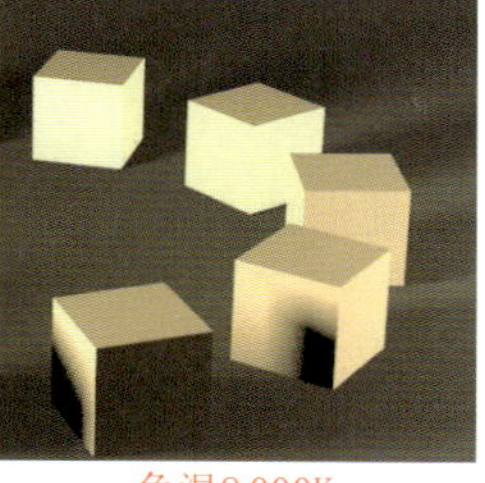
色温9 000K

图8-73 色温

（四）【物理】选项卡

【物理】选项卡如图8-74所示。

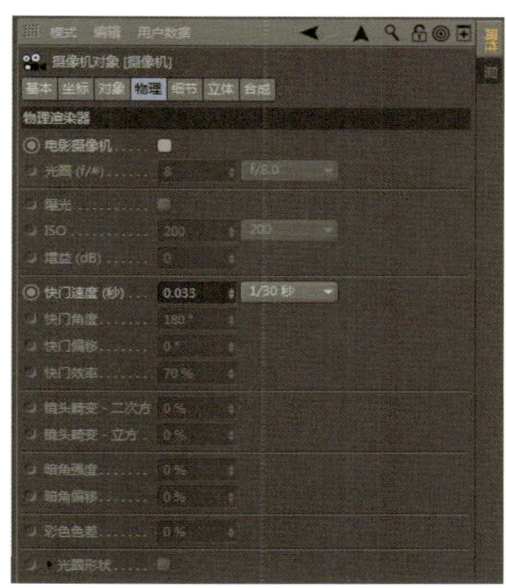

图8-74 【物理】选项卡

【电影摄像机】 启用此选项后，几个额外的摄像机设置（【快门角度】等）可用，可以模拟旋转快门的运动模糊。

【光圈】 控制进入镜头光线的多少，光圈越小，景深越大。

【曝光】 如果启用此选项，摄像机将模拟曝光过程，即渲染的图像将在其亮度上与ISO、增益（电影摄像机）、光圈和快门速度设置对应。在实际的照相机中，胶片曝光的光量决定了胶片的亮度。薄膜曝光越多（孔径越大，快门速度越慢），胶片就越亮，反之亦然。

【快门速度】 快门速度越快，物体运动就越清晰。

【镜头畸变】 使用不同的透镜畸变来渲染相同的平面。透镜变形（不同轴距的镜头会产生不同的放大倍数）导致图像边缘的直线出现弯曲。这种效果与广角镜头的透视失真（低焦距设置）不同。在摄影中，广角镜头（短焦距）倾向于产生筒形和长焦镜头（长焦距）枕形变形，可以使用【镜头畸变】设置来模拟这些效果，如图8-75所示。

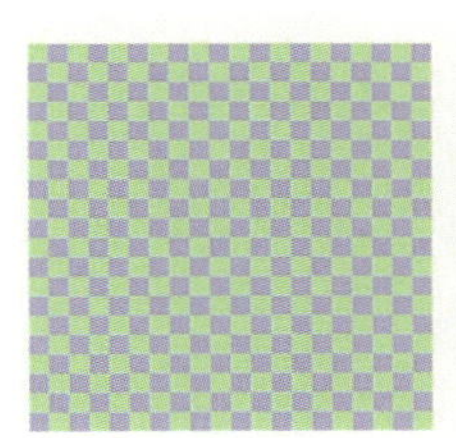
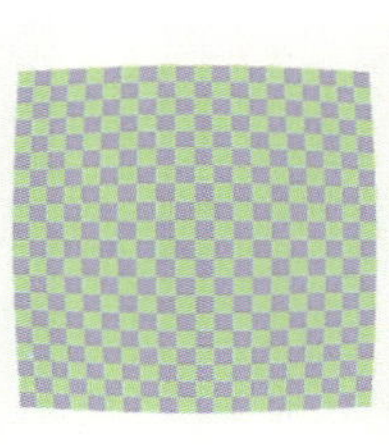
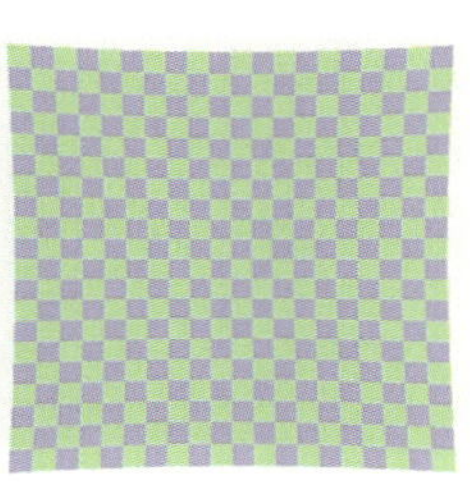

图8-75 【镜头畸变】效果

【暗角强度】【暗角偏移】 对画面进行边角压暗，如图8-76所示。

【光圈形状】 控制画面中光斑的形状，如图8-77所示。

图8-76 暗角

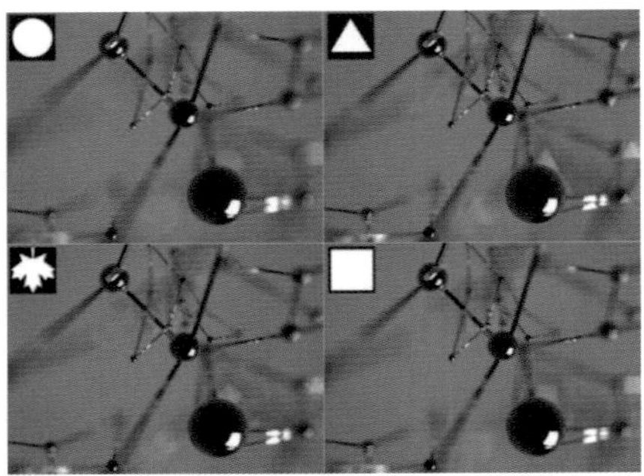
图8-77 【光圈形状】

（五）【细节】选项卡

【细节】选项卡如图8-78所示。

【近端剪辑】【远端修剪】 在摄像机中的近端或远端进行修剪。在近端裁剪前或在远端修剪后的渲染对象将被切断。

【景深映射-前景模糊/背景模糊】 与【对象】选项卡中的【目标距离】配合使用，用来为摄像机添加【景深】效果。

（六）【立体】选项卡

【立体】选项卡如图8-79所示。

当创建【立体摄像机】时，【立体】选项卡被激活。立体摄像机包含左右两个摄像机，用来模拟人的左右眼，如图8-80所示。

眼睛分离的值定义了左眼和右眼之间的距离。“6.5 cm”的默认值反映了人的眼睛之间的平均距离。通常，这个值应该尽可能小。更大的值将产生相应的更大的空间视图，但它也将使观众观看场景时更加费力，如图8-81所示。

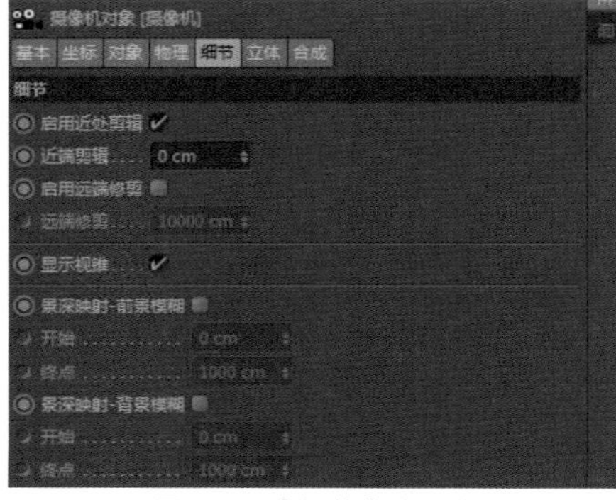

图8-78 【细节】选项卡

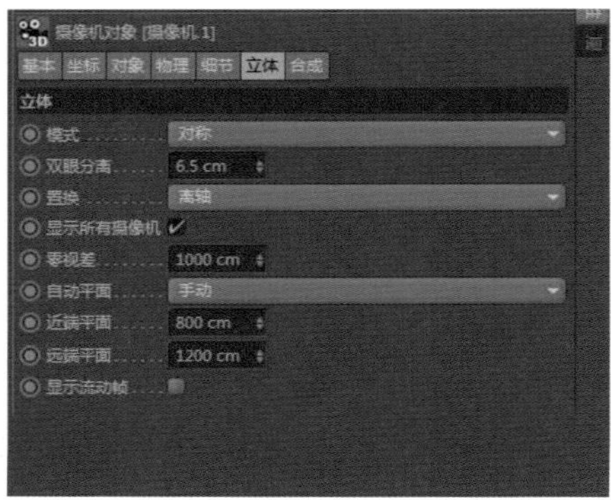

图8-79 【立体】选项卡

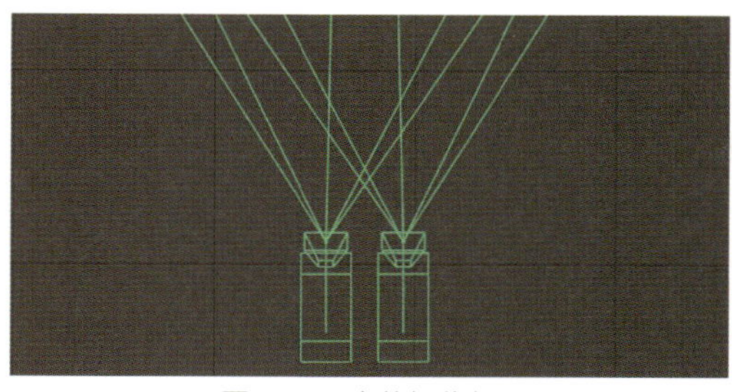

图8-80　立体摄像机

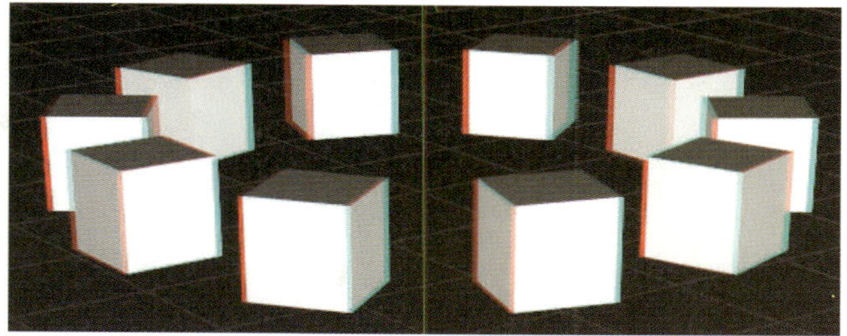

图8-81　立体摄像机效果

（七）【摇臂摄像机】选项卡

【摇臂摄像机】选项卡如图8-82所示。摇臂摄像机视图如图8-83所示。

【链接】　可以拖动一个多边形或样条来定义摇臂摄像机的位置。

导轨样条　通过样条来控制摇臂摄像机Y轴的指向方向。

位置　用来控制摄像机在样条上的位置，配合【链接】使用。

相切　摄像机底座沿着样条线的切线方向移动。

【朝向】　控制摄像机底座垂直轴向的旋转角度。

【吊臂】（【高度】【长度】【目标】）　控制摄像机吊臂的高度、长度和指向目标。

【云台】（【高度】【朝向】【宽度】【目标】）　控制云台大小及角度。

【摄像机】（【仰角】【倾斜】【偏移】【保持吊臂垂直】【保持镜头朝向】）　控制摄像机的旋转和位移。

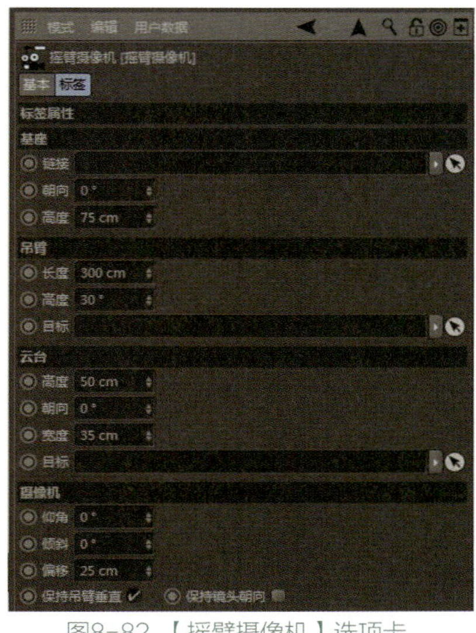

图8-82　【摇臂摄像机】选项卡

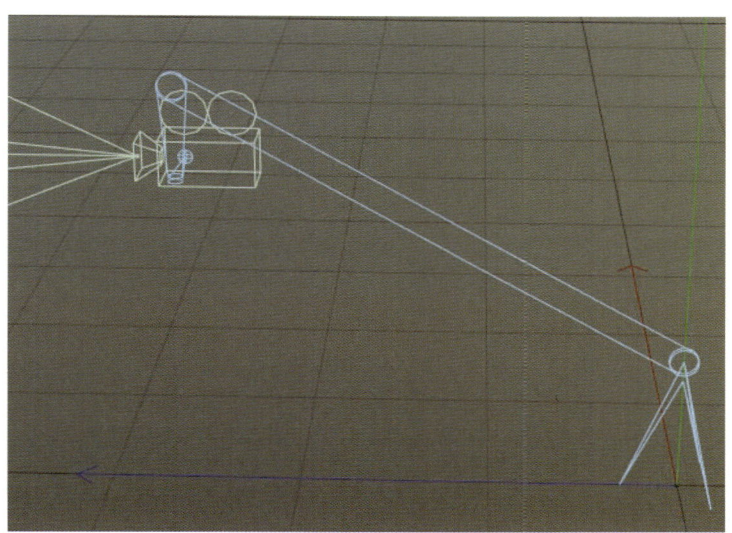

图8-83　摇臂摄像机视图

（八）【合成】选项卡

此选项卡中共有6种辅助线，分别为【网格】【对角线】【三角形】【黄金分割】【黄金螺旋线】【十字标】（见图8-84）。这些辅助线用来帮助用户构图。

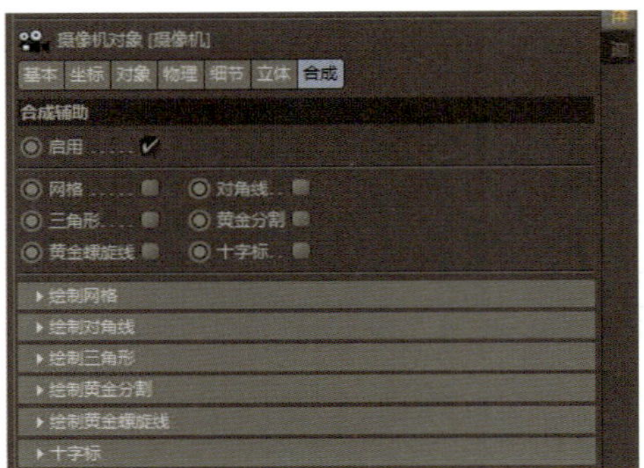

图8-84 【合成】选项卡

五、布光技巧

（一）光源方向

光源方向如图8-85所示。

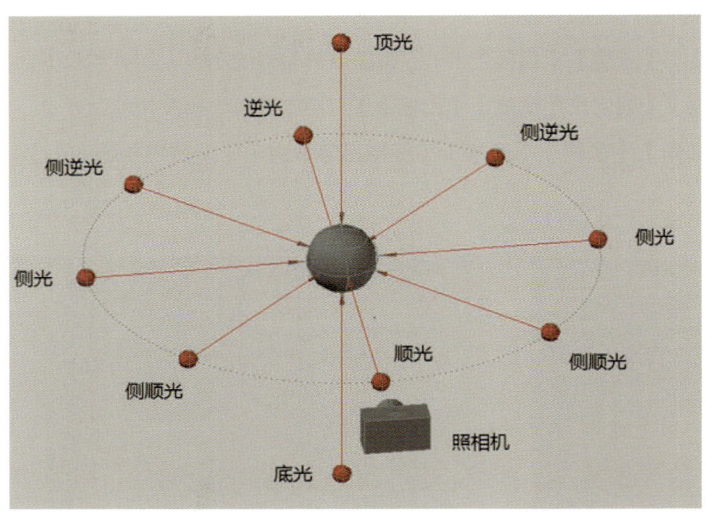

图8-85 光源方向

1. 顺光

顺光是指光源直接设置在观察点之后（如闪光灯）。

顺光呈现较少的结构和纹理（表面细节），并且阴影会隐藏在图片之中，使对象看起来比较单调，如图8-86所示。较硬的顺光会使图片看起来粗糙，不吸引人。软散的顺光可以帮助隐藏皱纹和污迹（适用于肖像作品和产品摄影）。

2. 逆光

逆光的光源不易被观众发现，光源离物体远，会出现物体的剪影和轮廓边缘、昏暗的表面。

逆光通常呈现高对比度，看起来非常大气、强烈，还可以用来表现物体的透明度、半透明度以及细节、纹理，艺术感非常强，如图8-87所示。

图8-86 顺光

图8-87 逆光

3. 侧光

侧光非常善于表现对象的结构和纹理，并且会增加对象的立体感，阴影非常明显并且有很高的对比度。侧光能生动地在表面投射阴影，制造气氛，因此通常应用于一些吸引人的效果，如图8-88所示。

侧光的潜在缺点是容易使对象的表面在阴影中丢失，会显现出一些对象的缺陷，如皱纹。

4. 顶光

顶光一般不常见，多见于阴天和正午阳光下、舞台灯光照明等。顶光一般使用柔光，若在硬光下，投影会非常浓密，如图8-89所示。

顶光会给对象增加神秘的气氛，让人产生不安的情绪。

图8-88 侧光

图8-89 顶光

5. 底光

底光一般不常见，多见于篝火旁、水面反射的光等。它会使熟悉的场景变得奇特，使对象的光照和阴影颠倒，产生幽灵般的陌生样貌，如图8-90所示。

图8-90 底光

（二）三点布光法

三点布光又称区域照明，一般用于较小范围的场景照明。如果场景很大，可以把它拆分成若干个较小的区域进行布光。一般有3盏灯即可，分别为主体光、辅助光与轮廓光（见图8-91）。

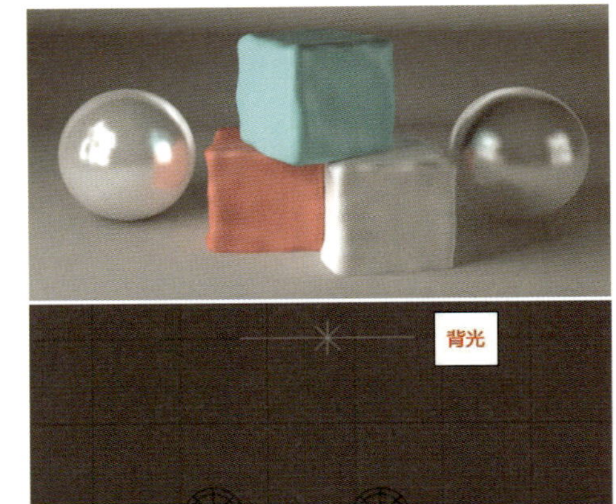

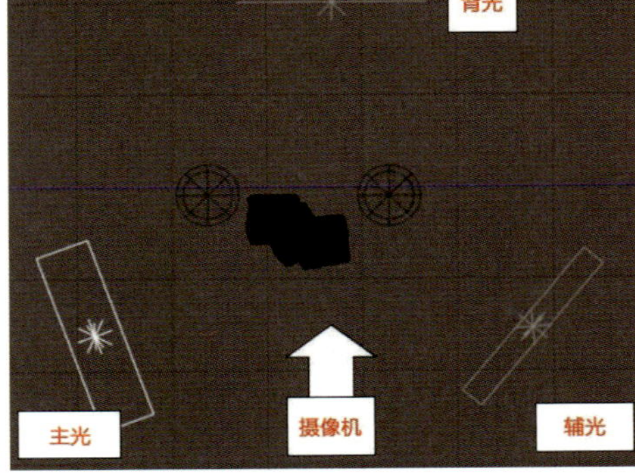

图8-91 三点布光法

主体光 通常用来照亮场景中的主要对象与其周围区域，并且具有给主体对象投影的功能。主体光决定了主要的明暗关系，包括投影的方向。主体光根据需要也可以用几盏灯来共同完成。主光灯在15° ~30° 的位置上，称为顺光；在45° ~90° 的位置上，称为侧光；在90° ~120° 的位置上，称为侧逆光。主体光常用聚光灯来完成。笔者喜欢把主体光的亮度设置为“240”左右。

辅助光 又称补光。用一个聚光灯照射扇形反射面，以形成一种均匀的、非直射性的柔和光源，用来填充阴影区以及被主体光遗漏的场景区域，调和明暗区域之间的反差，同时能形成景深与层次。这种广泛、均匀布光的特性使它为场景打了一层底色，定义了场景的基调。由于要达到柔和照明的效果，通常辅助光的亮度只有主体光的50%~80%。

轮廓光 又称背光，作用是将主体与背景分离，帮助凸显空间的形状和深度感。轮廓光尤其重要，特别是当主体为暗色头发、皮肤、衣服，背景也很暗时，如果没有轮廓光，它们容易混为一体，难以区分。轮廓光通常是硬光，以便强调主体轮廓。

第九章　材质

一、材质概述

在三维软件中，材质主要用来表现物体的颜色、光泽、纹理等特性，可以理解为材料和质感的结合（见图9-1）。我们依靠各类型的材质以及材质参数来模拟现实生活中的物体。

图9-1　不同的材质

在三维软件中制作材质，首先要对物体的结构、形态、特点做全面的了解和细致的分析。它是什么颜色的，有什么样的纹理，是否透明，是否透光，表面是否光滑，有没有高光，能不能反射出周围的物体，反射得是否清晰等，当我们能够捕捉到这些基本信息，在深刻理解物体特征之后，就可以模拟出真实的材质了。

二、材质管理器

材质管理器位于C4D界面的左下角。用户可以通过管理器创建新的材质，或者删除多余的材质；可以在管理器空白的地方双击创建材质球；可以通过在管理器菜单栏执行【创建】→【新材质】命令来创建新材质球（见图9-2）。选择材质球后直接按【Delete】键即可删除材质。

管理器中的每种材料都显示一个缩略图，在默认情况下，当放置在有条纹背景的球体上时，该材料显示了材料的外观。在材质管理器的【编辑】菜单里，可以执行以下命令来更改缩略图的大小：【微型图标】【小图标】【中图标】和【大图标】。

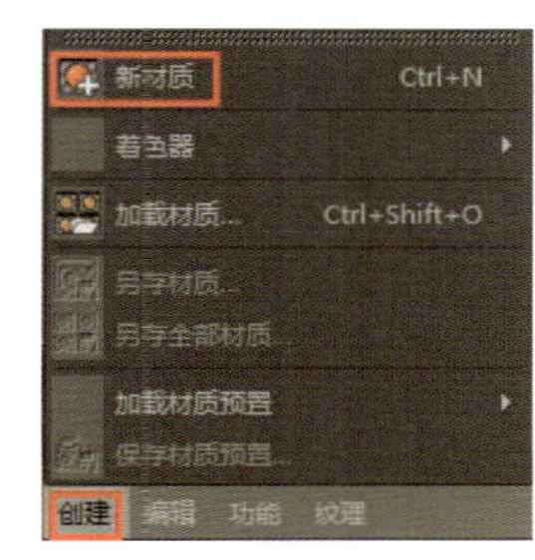

图9-2　创建新材质球

用户也可以保存自己创建好的材质，并通过材质管理器加载，如图9-3所示。

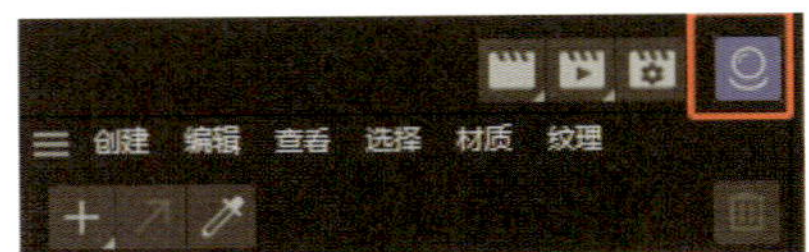

图9-3　材质管理器

三、材质编辑器

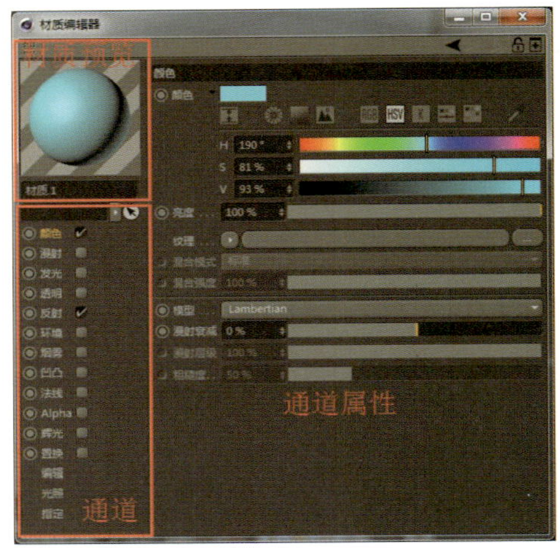

图9-4 【材质编辑器】

双击创建好的材质球，即可进入【材质编辑器】。【材质编辑器】分为左右两部分，左侧为材质预览和材质通道，右侧为通道属性（见图9-4）。

（一）【颜色】通道

1.【颜色】

颜色是指物体的固有色，默认为RGB模式，可以切换成HSV、开尔文、颜色混合、色块等模式来调整颜色，如图9-5所示。

图9-5 【颜色】

2.【亮度】

它用来控制颜色的亮度，设置数值可以大于100%。

3.【纹理】

它可以用来设置材质的纹理、花纹，如图9-6所示。

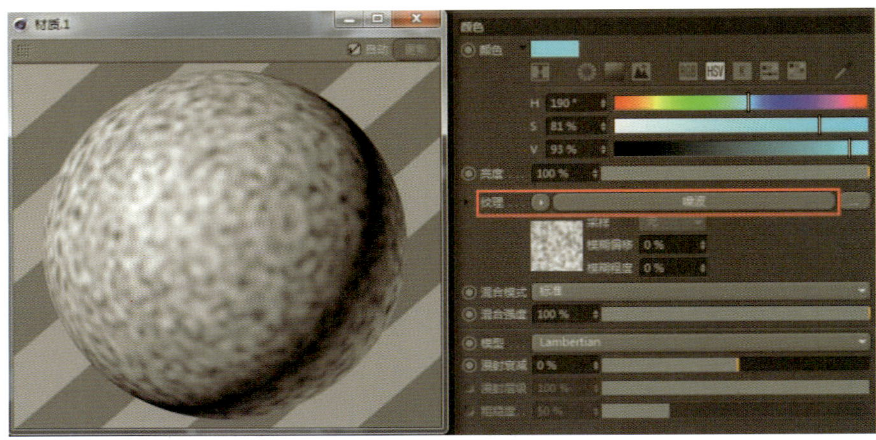

图9-6 【纹理】

4.【混合模式】【混合强度】

【混合模式】用来混合纹理和颜色，分为【标准】【添加】【减去】【正片叠底】4种。

（1）在【标准】模式下，【混合强度】用来设置纹理的不透明度。如果这个值设置为“100%”，则只能看到纹理，如图9-7、图9-8所示。

（2）在【添加】模式下，纹理的RGB值被添加到颜色的RGB值中，如图9-9所示。每个RGB颜色通道值不能超过255。

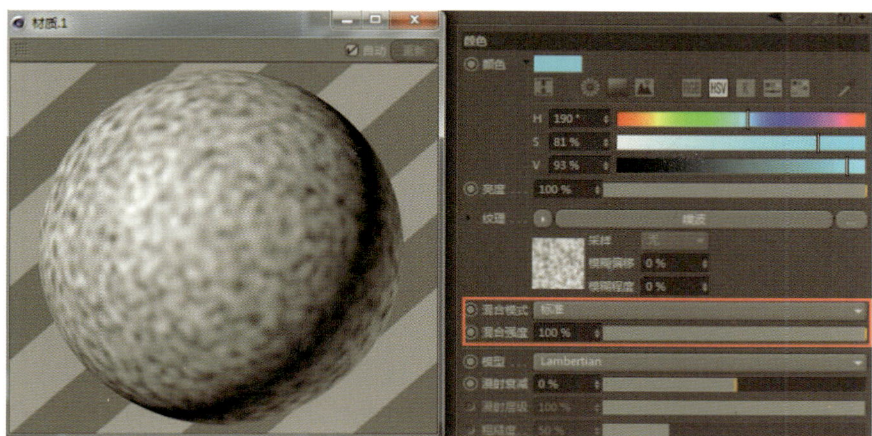

图9-7 【标准】模式

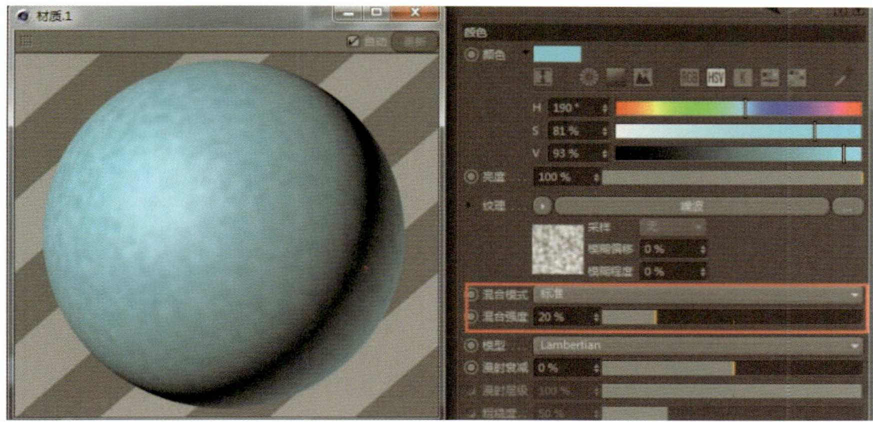

图9-8 【混合强度】

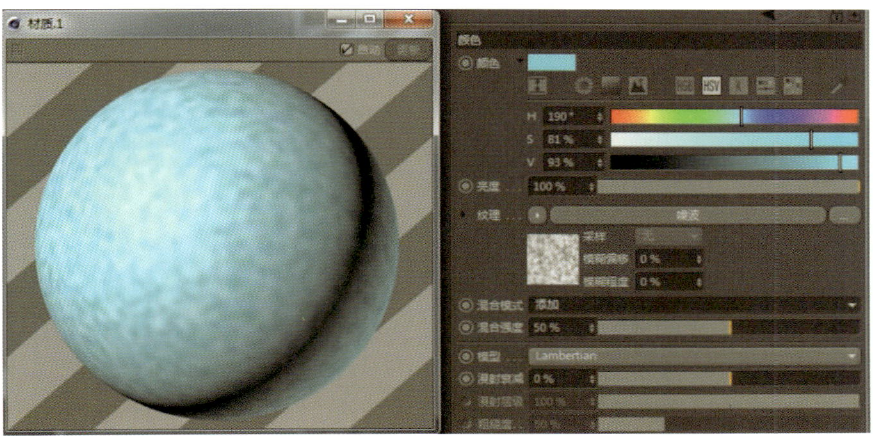

图9-9 【添加】模式

（3）在【减去】模式下，从纹理的RGB值中减去颜色的RGB值，如图9-10所示。

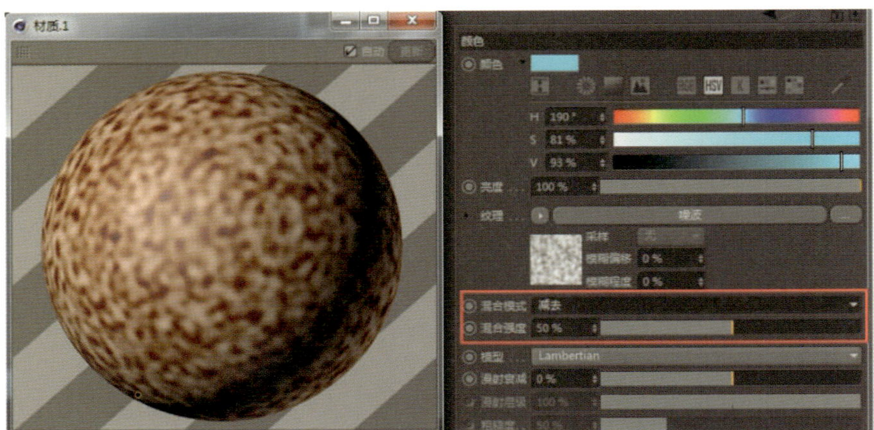

图9-10 【减去】模式

（4）在【正片叠底】模式下，纹理的RGB值乘以颜色的RGB值，如图9-11所示。

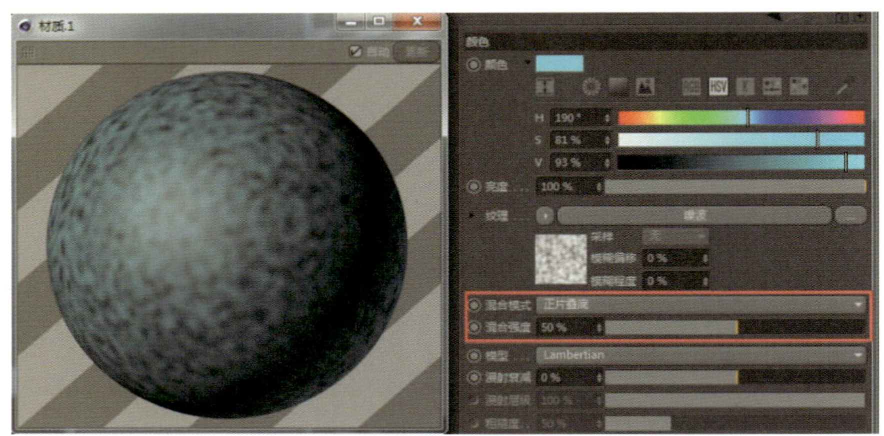

图9-11 【正片叠底】模式

（二）【漫射】通道

漫射是指光投射到粗糙的物体表面，光往各个方向反射的现象。【漫射】控制着物体反射光线的强弱（见图9-12）。

1.【亮度】

使用此滑块可调整通道颜色的亮度。

2.【影响发光】

如果希望漫射影响亮度属性，则启用【影响发光】选项。在漫射中的像素越深，亮度的对应区域就越暗。这有助于增加亮度的不规则性，以形成更自然的外观。

3.【影响高光】

如果启用此选项，扩散映射将应用到反射通道中的镜面性质。这将减少材料的镜面值，其中漫射是暗的。

默认情况下会启用此选项，因为它大大增加了真实效果。

4.【影响反射】

如果要将扩散映射应用到反射和环境属性中，使其更加自然，则启用【影响反射】选项。在漫射中的像素越深，反射的对应区域就越暗。

5.【纹理】【混合模式】【混合强度】

它们与【颜色】通道中的属性相同，不作赘述。

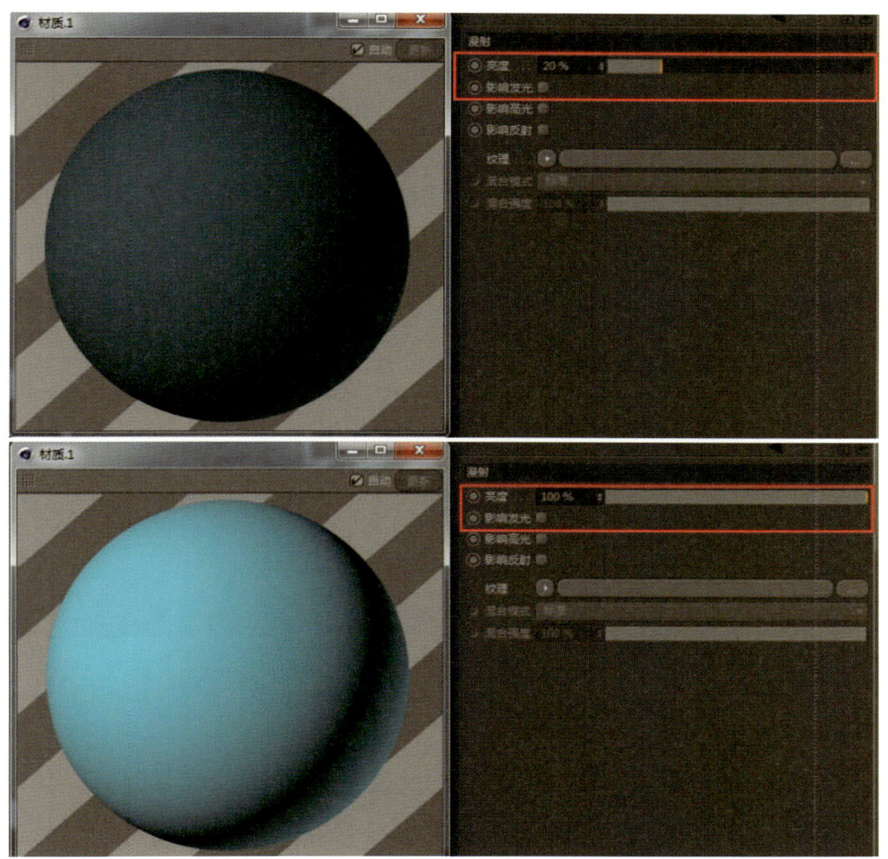

图9-12 【漫射】效果

（三）【发光】通道

发光材料用来模拟在现实世界中本身发光的物体，如夜间办公楼的窗户、霓虹灯、手机或电视屏幕。

1.【颜色】

它用来控制自发光的颜色，如图9-13、图9-14所示。

2.【亮度】

它用来设置通道颜色的亮度，设置数值可以大于100%。

这个参数与【全局照明】同样重要，因为它用来调节反射光的亮度。如果加载纹理，则应使用强度参数

（【生成GI】【照明灯】选项卡）定义反射光的亮度。

3.【纹理】【混合模式】【混合强度】

与【颜色】通道中的属性相同，不作赘述。

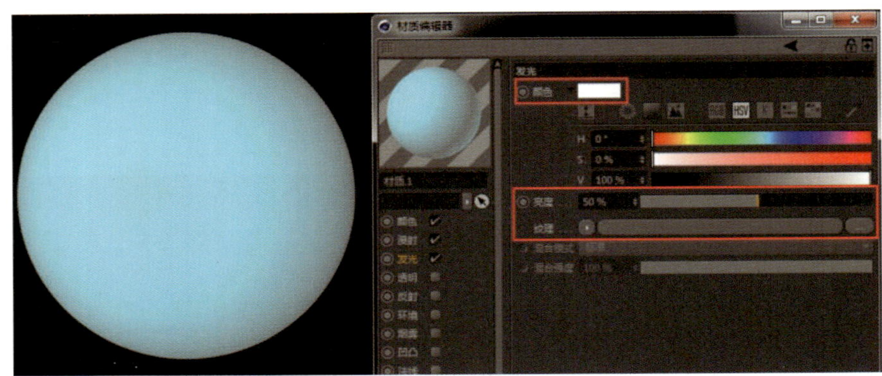

图9-13 【发光】效果

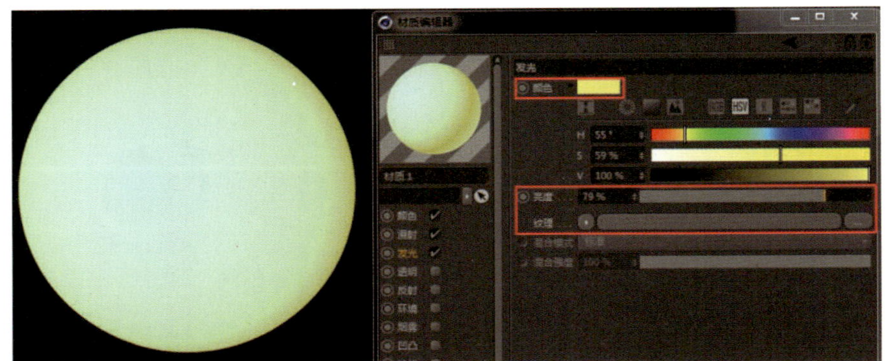

图9-14 【发光】颜色

（四）【透明】通道

透明材质用来制作透明材质效果（见图9-15）。如果材质具有颜色，则颜色百分比随着透明度的增加而自动减小。其等式是：颜色百分比+透明度百分比=100%。因此，具有0%透明度的白色材料是100%的白色。具有50%透明度的白色材料是50%白色（即灰色）。100%透明度的白色材料没有颜色。

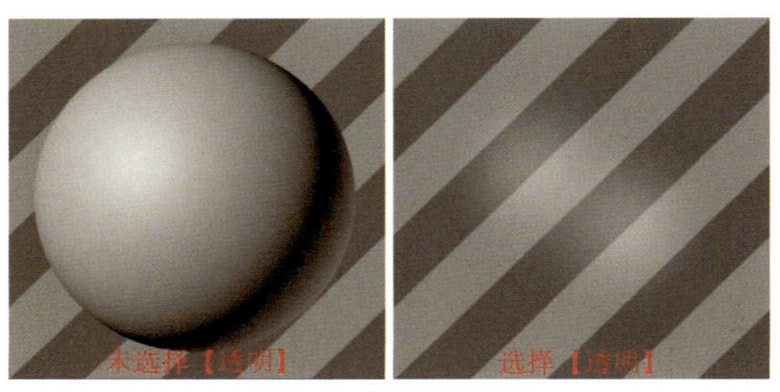

图9-15 【透明】效果

1.【颜色】

它用来控制透明物体的颜色。

2.【亮度】

它用来设置通道颜色的亮度，设置数值可以大于100%。

3.【折射率预设】【折射率】

【折射率预设】 这里有大量的折射预置，能自动应用正确的折射值。在【反射】通道的菲涅耳函数中可以找到相同的预设。

【折射率】 光在真空中的传播速度与光在该介质中的传播速度之比。材料的折射率越高，入射光发生折射的能力就越强。一般来说，真空、空气的折射率为1.0，水的折射率为1.3，玻璃的折射率为1.5，钻石的折射率为2.4。

（五）【反射】通道

C4D R25的【反射】通道是先前【反射】通道的增强版本。由于它们的相似性，【反射】和【镜面】通道被合并。反射或镜面高光可以被组织在堆叠层中。

1.【添加】

单击【添加】按钮可添加新层，用来模拟多种物体的反射类型（见图9-16、图9-17）。

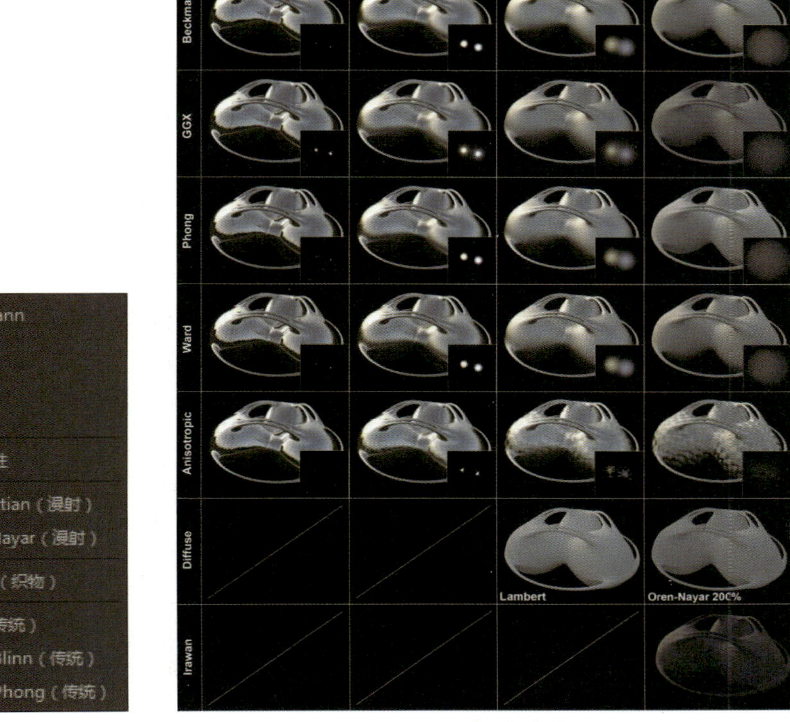

图9-16 【反射】类型

图9-17 【反射】效果

【Beckmann】 默认常用类型，用来模拟常见物体表面的反射类型。

【GGX】 这种算法最适合金属表面的反射。

【Phong】 用来表现高光和光线变化。

【Ward】 应用于皮肤或橡胶等材质的反射。

【各向异性】 表现特定方向的反射光，有条状的高光，如拉丝金属表面。

【Lambertian】【Oren-Nayar】 为漫反射类型，用于表现哑光材质。

【Irawan（织物）】 特殊的各向异性，专门用来模拟布料。

【反射（传统）】【高光-Blinn（传统）】【高光-Phong（传统）】 这3个用于兼容以前版本的文件。如果【高光-Blinn】或【高光-Phong（传统）】被选中，可以自由调整高光（无须考虑粗糙度）。

2.【移除】

单击该按钮可以移除不需要的层。

3.【复制】【粘贴】

这些按钮用来复制和粘贴层，并且可以保留它们的设置。

4.【类型】

它与【添加】中的类型相同，用来模拟不同材质的反光、高光效果。

5.【衰减】

它与【颜色】通道、反射层颜色一起使用。在真实世界中，随着表面反射率的增加，【颜色】通道的影响会减弱（见图9-18）。

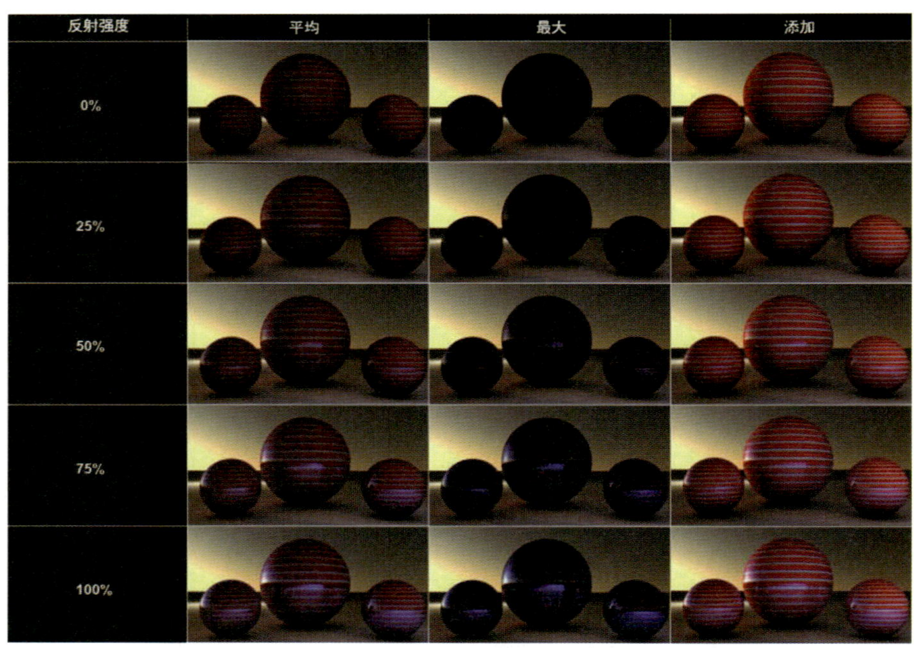

图9-18 【衰减】效果

【粗糙度】 在真实世界中，物体的表面由无数个微小的表面组成，由于每个面的朝向不同，物体的表面会呈现出漫反射或镜面反射。粗糙度越大，物体表面越粗糙，高光越模糊，反光也越模糊（见图9-19）。

图9-19 【粗糙度】效果

【反射强度】 反射光线的强度。数值越大，就越接近镜面反射。

【高光强度】 物体表面产生高光的强度。数值越大，高光就越强。只有粗糙表面才会产生高光，粗糙度为“0%”时，【高光强度】不产生作用。

【凹凸强度】 通过纹理来控制物体表面的凹凸。只有加入纹理贴图，【凹凸强度】才会生效，如图9-20所示。

6.【层颜色】

它用来设置当前反射层的颜色，如图9-21所示。

【颜色】 用来控制反射层的颜色。

【亮度】 用来控制反射层的亮度。数值越高，反射的颜色就越亮；数值为“0%”时，【层颜色】不起作用。

【纹理】【混合模式】【混合强度】 通过纹理贴图控制反射层的颜色。

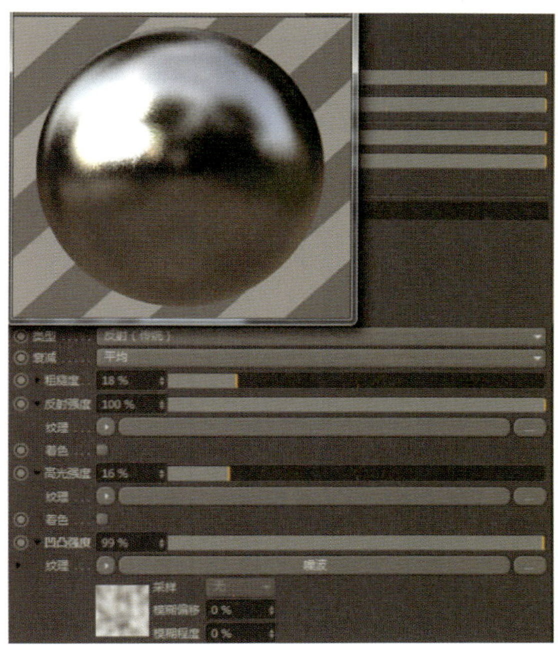

图9-20 【凹凸强度】效果

图9-21 【层颜色】效果

7.【层遮罩】

它会创建一个Alpha通道，用于定义反射层的可视性，通过纹理贴图来控制，白色为透明，显示所有；黑色为隐藏所有；灰度值为半透明。

【数量】 使用此设置来调整通道颜色的亮度。数值为“0%”时，层遮罩为不透明，不显示反射层。

【颜色】 此设置用于定义Alpha通道的颜色。默认的颜色是白色，显示反射层。

【纹理】 这里通过纹理贴图来控制反射层的显示或隐藏，如图9-22所示。

图9-22 【纹理】效果

8.【层菲涅耳】

菲涅耳反射是用来渲染一种类似瓷砖表面有釉的感觉或者木头表面清漆的效果，是指当光达到材质交界面时，一部分光被反射，另一部分发生折射，即视线垂直于表面时反射较弱，而当视线不垂直于表面时，夹角越小，反射就越明显。所有物体都有菲涅耳反射现象，只是强度大小不同。因此，【层菲涅耳】是为了模拟真实世界的这种光学现象（见图9-23）。

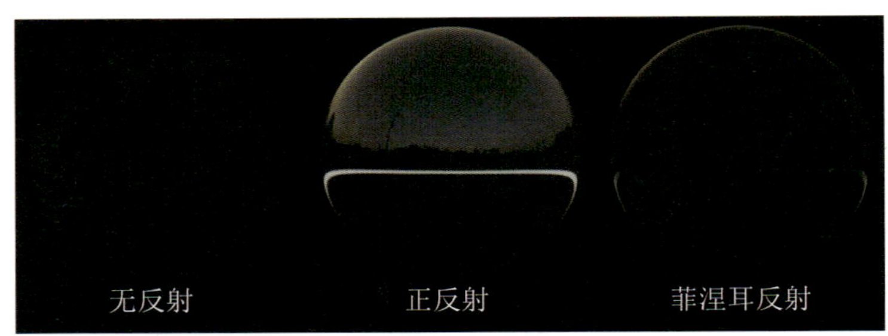

图9-23 【层菲涅耳】效果

菲涅耳类型 【无】——没有菲涅耳效果；【导体】——用于金属、矿物等不透明反射材料的导体的菲涅耳效果；【绝缘体】——用于玻璃、透明漆等透明材料或电介质的菲涅耳效果。

【预置】 用户可以选择不同材质的菲涅耳效果。

【强度】 用于定义0%～100%之间的反射强度。

【折射率（IOR）】 主要与折射光效应结合在一起，控制材料光反射角、入射角的测量（不管它是透明的还是不透明的），如图9-24所示。

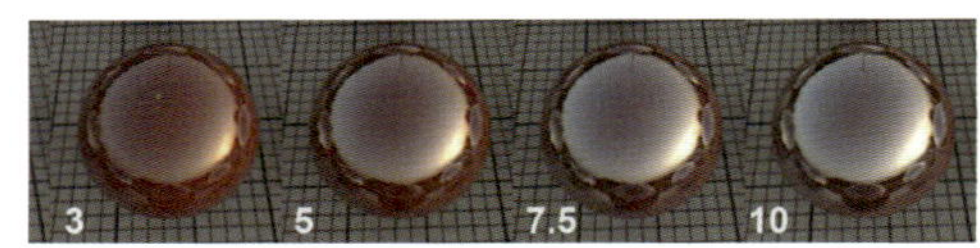

图9-24 【折射率（IOR）】效果

【吸收】 此设置仅适用于导体模式。增加其数值会产生相应更强的整体反射。这个设置可以用来微调反射的程度。

【反向】 用来反转菲涅耳反射。如在球体上，通常在球体中心的最大反射将被切换到它的边缘。

【不透明】 在某些情况下，可防止来自相邻表面的菲涅耳效应影响指定的物体。

9.【层采样】

此设置被设计为只与渲染器一起使用，可以用来定义反射的质量。其数值越大，反射质量就越高，渲染时间也就越长。

【采样细分】 默认为“4”，数值越高，粗糙度产生的噪点就越少，反射效果也就越精细。

【限制次级】 采样最高次数。默认为“8”，数值越高，粗糙度产生的噪点就越少，反射效果也就越精细。

【切断】 用来阻隔当前层的显示范围。这个值越小，则越多的反射将被忽略。

【出口颜色】 对于这种设置，想象一个以与反射物体的距离为半径的球体，当反射样本比所定义的距离值长时，该球体的颜色被反射。在通常情况下，黑色会是理想的颜色，因为它可以防止任何东西被反射。

【距离减淡】 控制材质的反射。与现实世界相反，这个设置可以用来从材料的反射中省略物体，这取决于它们与该材料的距离（见图9-25）。

图9-25 【距离减淡】效果

（六）【环境】通道

【环境】通道使用纹理来模拟反射（见图9-26）。与其他通道相比，【环境】通道的【颜色】和【纹理】是混合模式而不是添加模式。

图9-26 【环境】效果

（七）【烟雾】通道

这些参数使用户能够模拟雾或气体云（见图9-27）。这种材质的物体是半透明的，能够根据它们的密度减弱穿透它们的光。

只有封闭物体能使用雾材料。雾是应用于物体内部的体积效应。

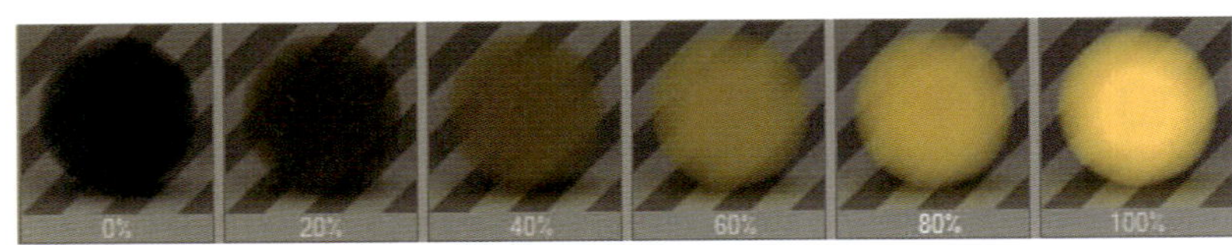

图9-27 【烟雾】效果

1.【颜色】

可以使用【颜色拾取器】在大多数材料通道上指定颜色。

2.【亮度】

亮度值用于定义雾的亮度，数值可以设置在0%到100%。

3.【距离】

光线穿过雾气时会减弱，可以用【距离】来控制这种弱化。这个值越大，雾就越薄。【距离】决定了光线穿过雾的距离。

可以给雾着色，但会影响它的可见性。雾里的物体越少，雾色就越明显。雾色因此也取决于距离值。

（八）【凹凸】通道

它通过纹理贴图来控制物体表面的凹凸效果。这种凹凸效果仅限表面，不是物体本身的结构，如图9-28所示。

1.【视差补偿】

此设置用于确定效果的强度，即移动UV坐标以提升结构的凹凸程度。应确保调整强度设置（通常必须增加且不等于0，以计算视差效应），以产生令人信服的结果。如果该值设置为“0”，则不会发生视差映射，代替以颠簸映射。

2.【视差采样】

此选项的值不必修改。较高的值会导致渲染时间较长。

3.【MIP衰减】

通过启用【MIP衰减】选项，当使用凸点映射时，可以增强MIP和SAT映射效果，并且进一步减少了来自摄像机表面的凹凸。

（九）【法线】通道

法线是一种来自计算机游戏开发的技术，可以给一个低面数的多目标一个详细的、看似结构化的贴图，从而让模型精度更高，但渲染时间短，如图9-29所示。

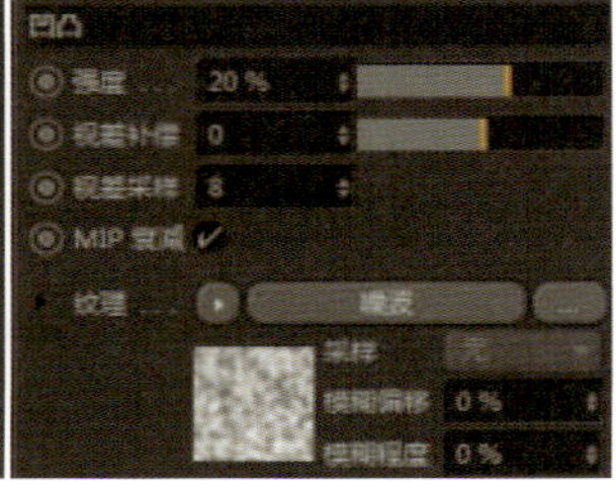

图9-28 【凹凸】效果

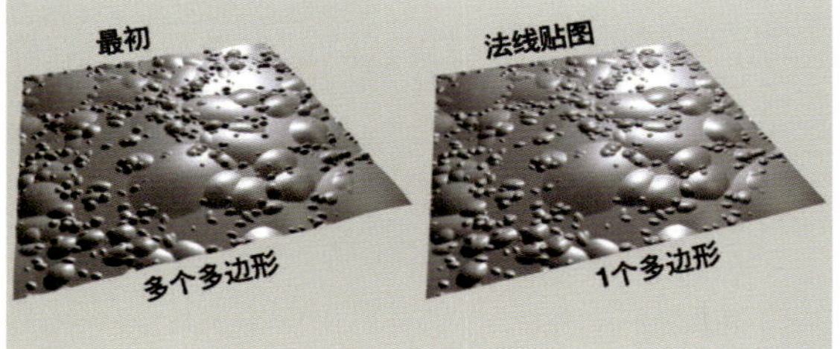

图9-29 【法线】效果

（十）【Alpha】通道

【Alpha】通道使用户可以使用黑白图像来遮蔽或隐藏材料的区域，允许任何背景显示出来。这对于在三维空间中伪造细节是很有用的，用来制作镂空效果（见图9-30）。

图9-30 【Alpha】通道效果

（十一）【辉光】通道

它使用户能够创建柔和的辉光，用来模拟LED灯、显示器屏幕等（见图9-31）。

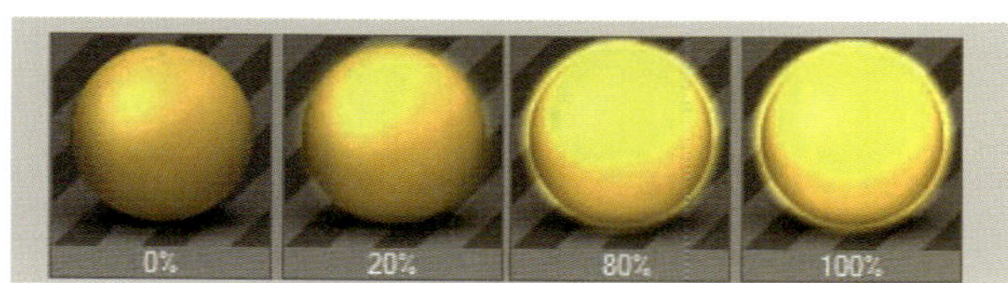

图9-31 【辉光】效果

1.【颜色】

可以使用【颜色拾取器】来指定辉光的颜色。

2.【亮度】

使用此设置来调整通道颜色的亮度。

3.【内部强度】【外部强度】

【内部强度】指定辉光在材料表面上的强度。【外部强度】是边缘处辉光的强度。

4.【半径】

【半径】决定辉光（无论是内或外）从表面延伸多远。该值相对于对象与摄像机的距离来呈现。物体越远，辉光就越小，反之亦然。

5.【随机】

如果定义了随机百分比，则每个动画帧中的发光强度以随机模式增加或减小，0%即没有变化，100%即最大变化。

6.【频率】

【频率】指定辉光半径变化的频率。变化的幅度由随机值给出。例如，设定为“1 Hz”，表示1秒后辉光达到一个新的随机值；设定为“25 Hz”，表示辉光对于每个帧（25帧每秒）有一个新值，会导致闪烁。

7.【材质颜色】

如果启用【材质颜色】选项，则根据材质颜色而不是在此指定颜色计算辉光。

如果禁用此选项，则对象和辉光颜色混合。例如，绿色物体会在红光下呈现黄色。

（十二）【置换】通道

【置换】是真实的凹凸，通过纹理贴图影响模型凹凸效果（见图9-32）。这种差异在物体边缘是最好的。

1.【强度】

这个滑块允许用户调整由高度设定定义的最大位移（强度和高度值相乘以控制最大位移）。

2.【高度】

它定义位移的高度，可以通过强度值来修正。

3. 强度模式

【强度】 在强度模式中，位移发生在正方向上。在位移图中，黑色部分不产生位移，白色部分产生最大位移。

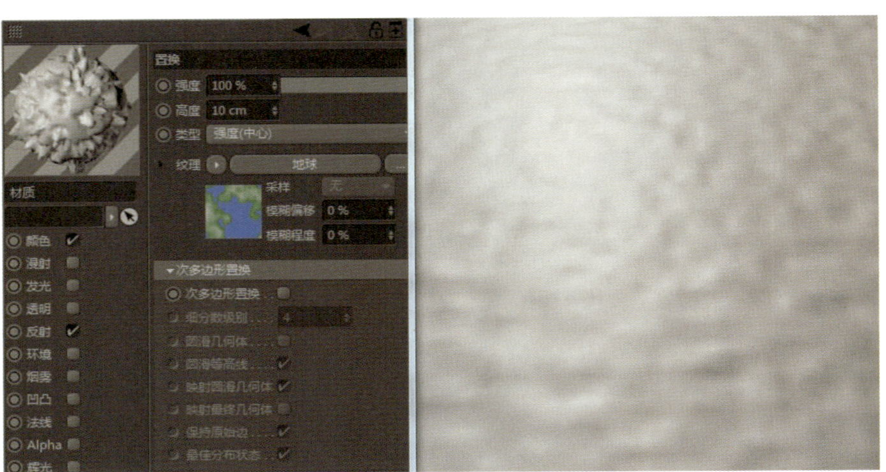

图9-32 【置换】效果

【强度（中心）】 位移可以发生在正方向和负方向上。50%的灰度值不会导致位移。白色产生最大的正位移，而黑色产生最大的负位移。

【红色/绿色】 位移根据负或正方向上的红色和绿色纹理中的值而发生变化。绿色值提高位移，红色值降低位移。黑色导致没有位移，纯粹是控制位移的红色和绿色部件。纯绿（RGB：0，255，0）和纯红色（RGB：255，0，0）分别在正负方向上产生最大位移。

【RGB（*XYZ*对象）】【RGB（*XYZ*世界）】【RGB（*XYZ*切线）】 这些模式根据纹理的RGB参数在空间上控制位移。

4.【纹理】

这里可以通过图像纹理来控制凹凸。

5.【次多边形置换】

它用来更精细化地置换模型（见图9-33）。

图9-33 【次多边形置换】效果

（十三）【编辑】通道

在【编辑】窗口中可以对材质进行显示设置。动画预览可以在视图中预览带动画的材质纹理，如图9-34所示。

（十四）【光照】通道

光照参数可用于包括或排除来自GI或GI和光子焦散的个别材料，或调整控制效果强度的设置，如图9-35所示。

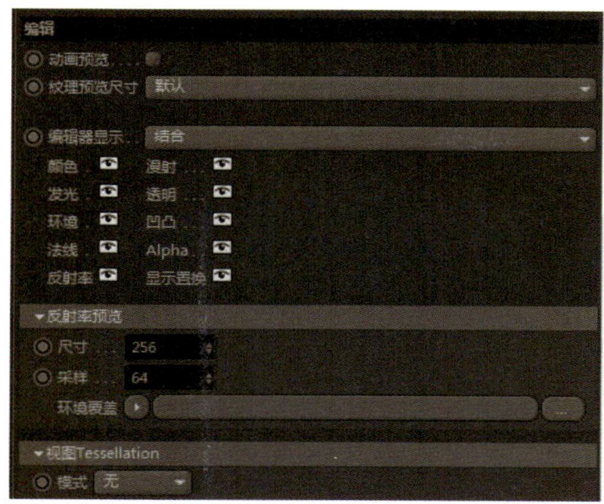

图9-34 【编辑】窗口

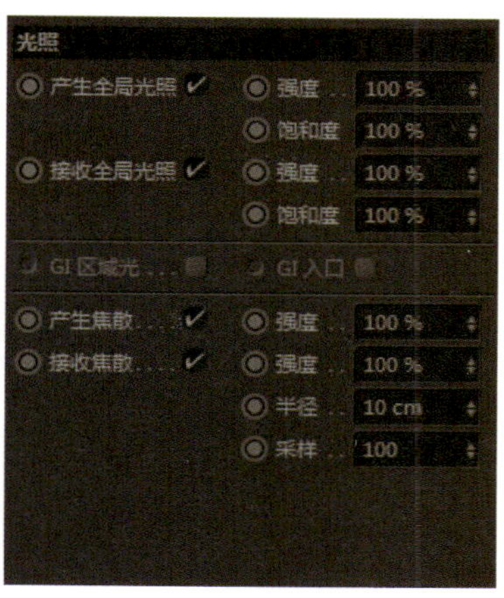

图9-35 【光照】窗口

（十五）【指定】通道

在这个窗口中可找到场景中使用的所有材质（见图9-36），右击可以调出菜单。

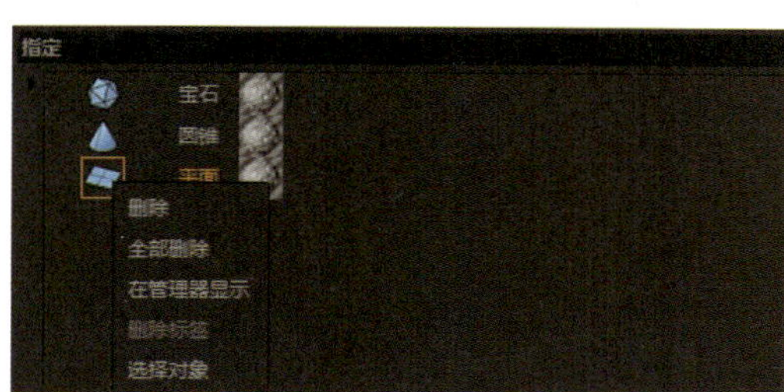

图9-36 【指定】窗口

1.【删除】

它从选定的对象中删除材料（即删除对象的纹理标签）。

2.【全部删除】

它从所有对象中移除材料。

3.【在管理器显示】

执行该命令后，滚动对象管理器可以显示选定的对象。

4.【删除标签】

如果在列表中选择了纹理标签，则此命令将仅可用于删除选定的纹理标签。当然，也可以通过执行【删除】命令来删除标签。

5.【选择对象】

选择对象并在属性管理器中显示其设置。

四、材质标签

当材质被指定给对象后，对象在对象管理器中会带上纹理标签，如图9-37所示。当一个对象有多个材质时，会有多个标签出现。单击【纹理标签】按钮，属性管理器中会出现标签的相关属性，可以对其进行编辑。

（一）【材质】

单击【材质】选项左边的小三角，可以打开一个简化版的材质编辑器，用来调整【颜色】【反射】【光照】等参数，如图9-38所示。

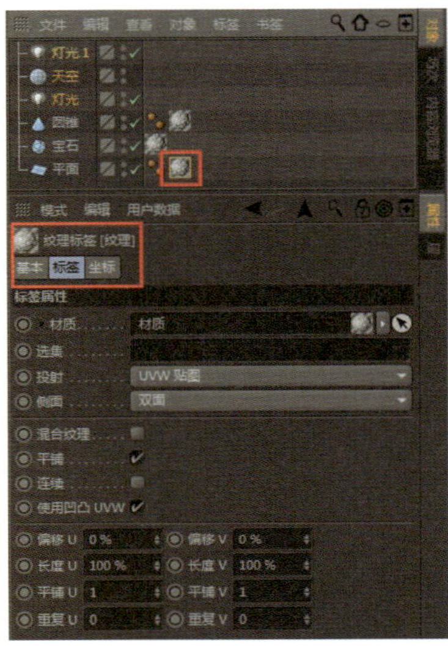

图9-37 【纹理标签】

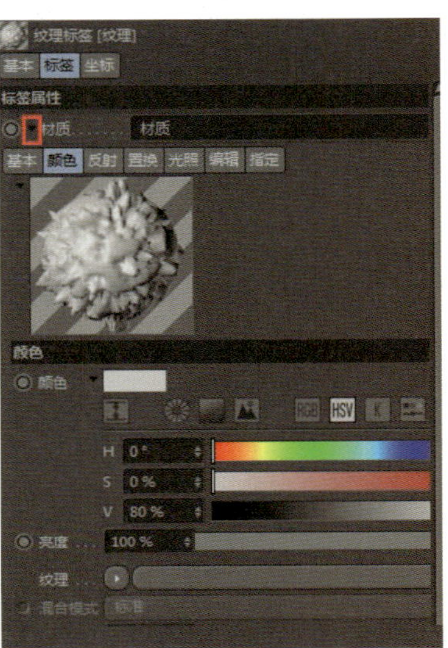

图9-38 简化版材质编辑器

（二）【选集】

当创建了【多边形选集】后，可以把选集拖入材质中，为选集中的面指定当前材质（见图9-39）。通过这种方式，可以为一个模型复制多种不同的材质。

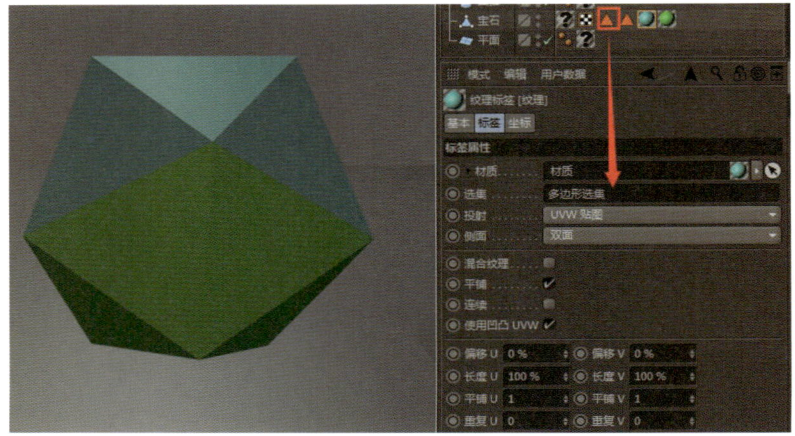

图9-39 通过【选集】控制面的材质

（三）【投射】

它用来调整纹理贴图在模型上的投射方式。

【投射】的主要类型有【球状】【柱状】【平直】【立方体】【前沿】【空间】【UVW贴图】【收缩包裹】【摄像机贴图】，如图9-40所示。

1.【球状】

它将纹理贴图以球状形式投射到模型上，如图9-41所示。

2.【柱状】

它将纹理贴图以柱状形式投射到模型上，如图9-42所示。

3.【平直】

它将纹理贴图以平面形式投射到模型上，如图9-43所示。

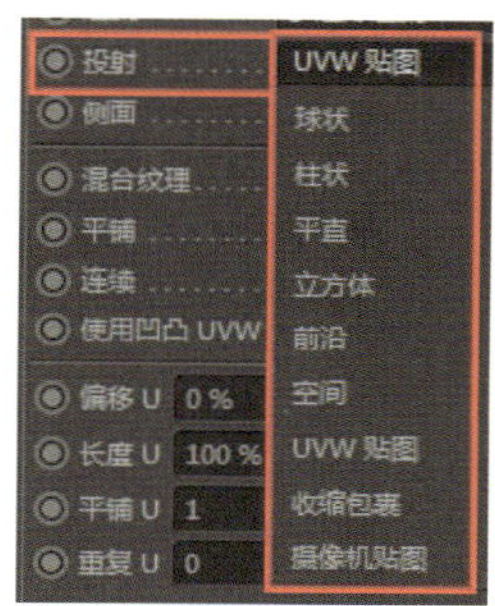

图9-40 【投射】类型

图9-41 【球状】

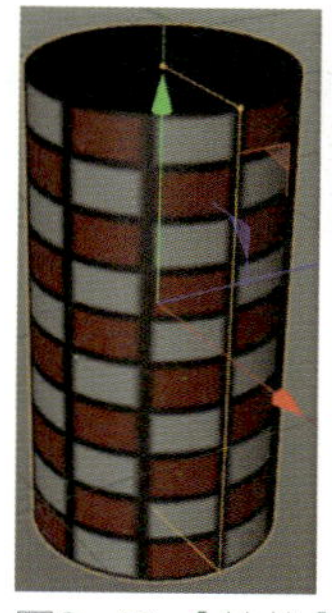
图9-42 【柱状】

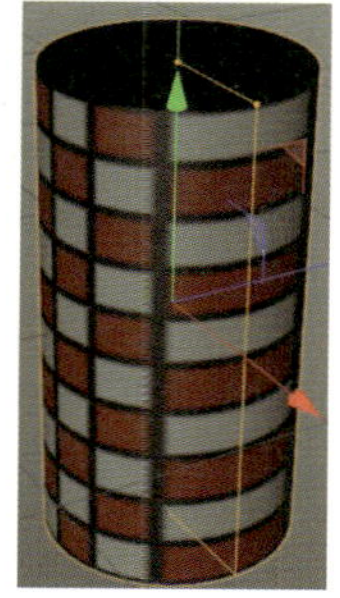
图9-43 【平直】

4.【立方体】

它将纹理贴图以立方体形式投射到模型上，如图9-44所示。

5.【前沿】

它将纹理贴图以透视图（摄像机）视角投射到模型上，如图9-45所示。配合背景贴图使用，可以很好地融合地面和背景。

6.【空间】

它类似【平直】模式，但是不会拉伸，如图9-46所示。

图9-44 【立方体】

图9-45 【前沿】

图9-46 【空间】

7.【UVW贴图】

在默认模式下，每个几何体都有【UVW贴图】投射，如图9-47所示。

8.【收缩包裹】

其纹理贴图的中心被固定在一个点上，其余贴图被拉伸、覆盖到模型上，如图9-48所示。

9.【摄像机贴图】

它将纹理贴图以摄像机的视角投射到模型上，如图9-49所示。

图9-47 【UVW贴图】

图9-48 【收缩包裹】

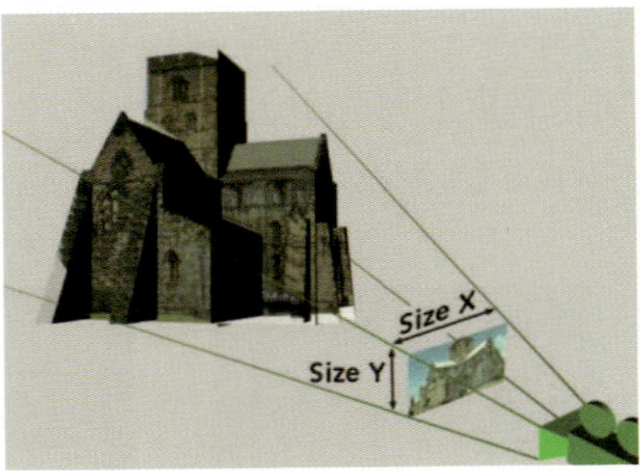

图9-49 【摄像机贴图】

（四）【侧面】

【侧面】可以控制纹理贴图的投射方向，有【双面】【正面】【背面】3种模式。

【双面】 贴图在模型的每个面上都有正反两面，如图9-50所示。

【正面】 只有正面（法线朝向方向）有纹理贴图，如图9-51所示。

【背面】 只有反面（非法线朝向方向）有纹理贴图，如图9-52所示。

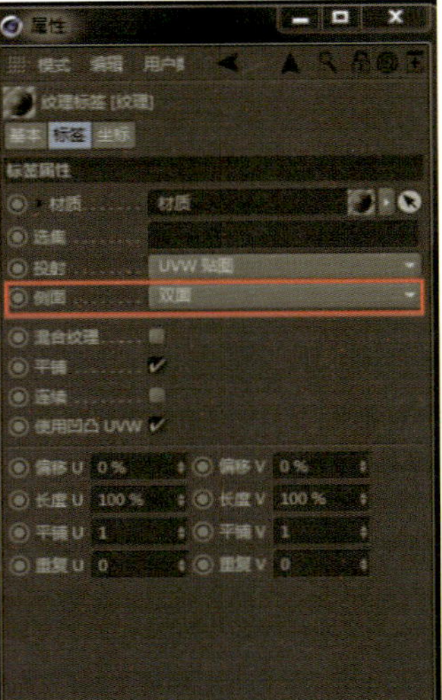

图9-50 【双面】

图9-51 【正面】

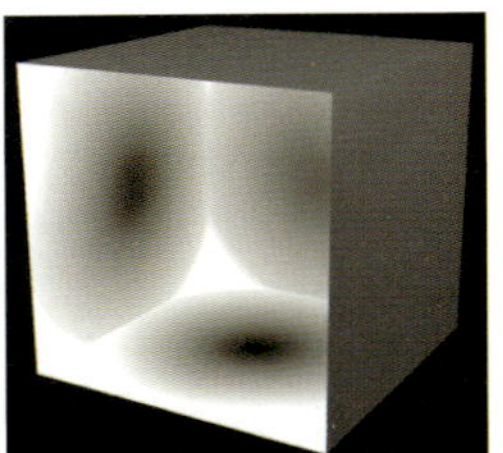

图9-52 【背面】

（五）【混合纹理】

【混合纹理】要在模型被指定两种以上材质时才会起作用（见图9-53）。

图9-53 【混合纹理】

（六）【平铺】

选择【平铺】选项后，【平铺U】与【平铺V】可以调整。它用来调整纹理贴图在模型上的重复次数（见图9-54）。

（七）【连续】

选择【连续】选项后，贴图将镜像对称地显示在模型上，用来消除贴图的接缝（见图9-55）。其重复值大于1时才能起作用。

图9-54 【平铺】

图9-55 【连续】

（八）【使用凹凸UVW】

当投射方式为【UVW贴图】时，此选项才能使用。同时，这个效果需要应用于【凹凸】通道。

（九）【偏移】

它用于控制纹理贴图在模型上的位置（见图9-56）。

（十）【长度】

它用于控制纹理贴图的长度（拉伸）（见图9-57）。

图9-56 【偏移】

图9-57 【长度】

（十一）【平铺】

它用来调整纹理贴图在模型上的重复次数（见图9-58）。

（十二）【重复】

它用来控制纹理贴图重复的最大数量，超过数量的将不显示。其默认值为“0”，显示所有重复的纹理（见图9-59）。

图9-58 【平铺】

图9-59 【重复】

五、渲染

渲染是三维软件制作的最后一道工序，把模型或场景输出成图像文件或视频文件。可以在工具栏单击【渲染设置】按钮，打开【渲染设置】窗口。

（一）【渲染器】

C4D自带的渲染器有5种：最常用的为【标准】渲染器；【物理】渲染器基于物理学来模拟真实的世界环境；【软件Open GL】渲染器、【硬件Open GL】渲染器相对来说比较少用；【CineMan】渲染器需要安装后才能使用（见图9-60）。

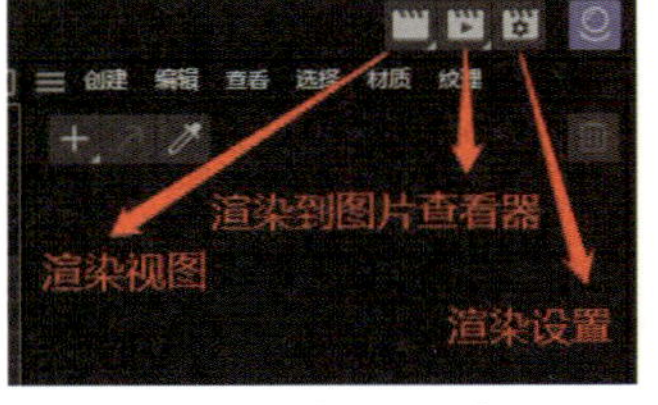

图9-60 【渲染器】

（二）【输出】面板

【输出】面板用来设置图片的尺寸、分辨率等属性，如图9-61所示。

1.【预置】

它用来设置渲染图片的尺寸，如图9-62所示。

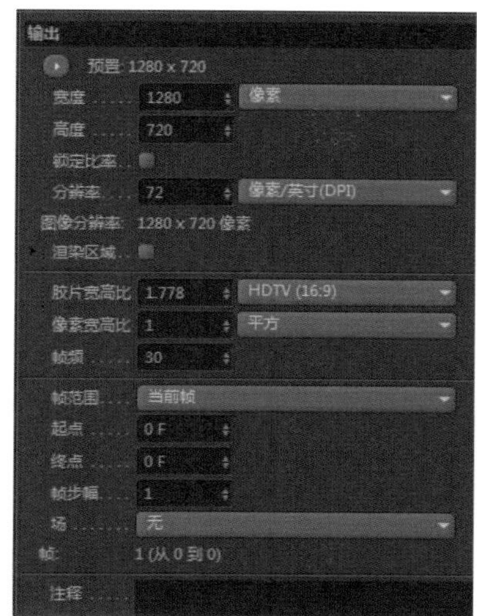

图9-61 【输出】面板

图9-62 预置尺寸

2.【分辨率】

它用来控制图像的分辨率。【分辨率】影响图像的精细度。分辨率越大，图像就越精细（见图9-63）。

3.【渲染区域】

在不需要整张图片进行渲染时，选择此选项，用来设置渲染的区域，如图9-64所示。

4.【胶片宽高比】

它用来设置渲染图片的尺寸，如图9-65所示。

5.【像素宽高比】

它用来设置像素的尺寸。

6.【帧频】

它用来设置帧速率。电影、动画一般为24帧每秒，电视一般为25帧每秒，最新电影技术也有60帧每秒、120帧每秒。

7.【帧范围】【起点】【终点】【帧步幅】

在渲染动画时，它们用来设置渲染的开始时间和结束时间（见图9-66）。

图9-63 【分辨率】

图9-64 【渲染区域】

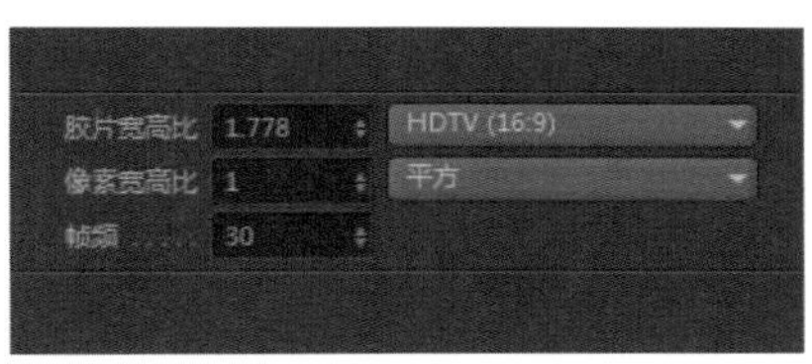

图9-65 【胶片宽高比】

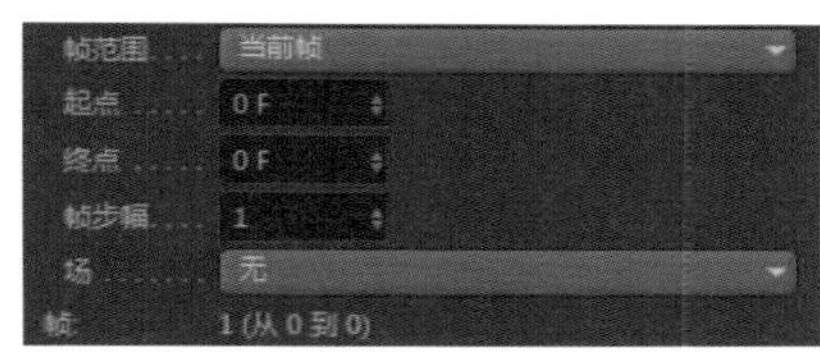

图9-66 【帧范围】【场】

8.【场】

现代的电子设备一般为逐行扫描，所以【场】的概念越来越淡化，默认为【无】，也就是逐行扫描（见图9-66）。早期的电视视频会对一帧画面先扫描奇数行，再扫描偶数行。

（三）【保存】面板

它是用来设置文件格式及文件保存路径的页面（见图9-67）。

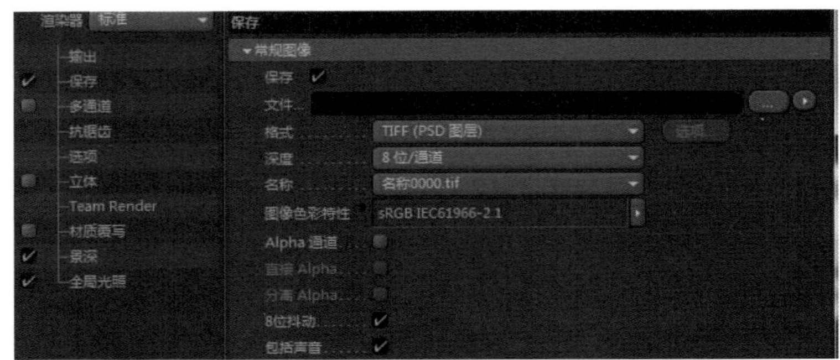

图9-67 【保存】面板

1.【保存】

选择【保存】选项后，渲染到图片查看器的文件会自动保存。

2.【文件】【格式】

这两个选项用于设置保存文件的名称、格式和保存路径。

3.【深度】

它用来定义渲染图片的色彩深度。图片格式不同，色彩深度也不同，如图9-68所示。

4.【名称】

进行动画渲染（序列帧渲染）时，它用于设置自动保存的文件名称、格式。

5.【Alpha通道】

选择此选项后，渲染时将计算透明通道（Alpha通道）。Alpha通道中的黑色表示透明，白色表示不透明，灰色为半透明，如图9-69所示。

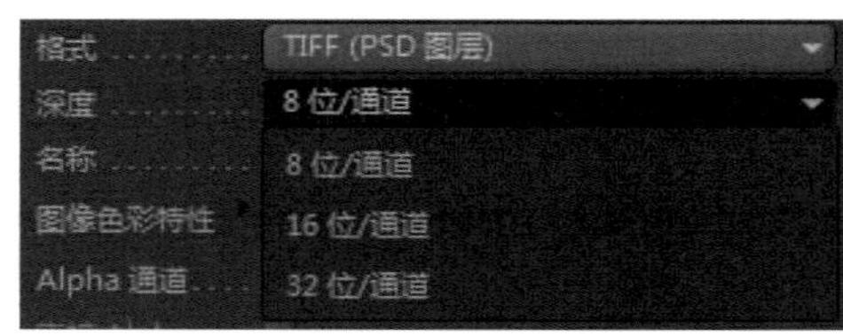

图9-68 【深度】

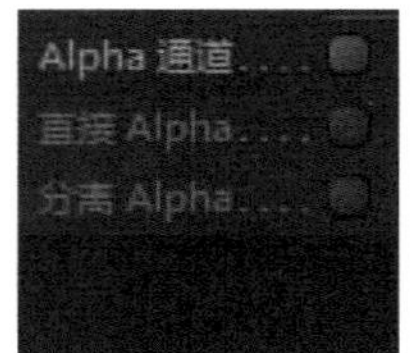

图9-69 【Alpha通道】

6.【直接Alpha】

选择此选项后，可以方便后期合成，避免黑色接缝。

7.【分离Alpha】

选择此选项后，可以将Alpha通道与颜色通道分开保存。

8.【8位抖动】

选择此选项后，可以提高图片的渲染质量。

9.【包括声音】

选择此选项后，C4D中的声音将被整理并输出。

（四）【多通道】面板

为了方便后期合成，在选择【多通道】选项后，C4D将图片进行分层渲染，如图9-70所示。

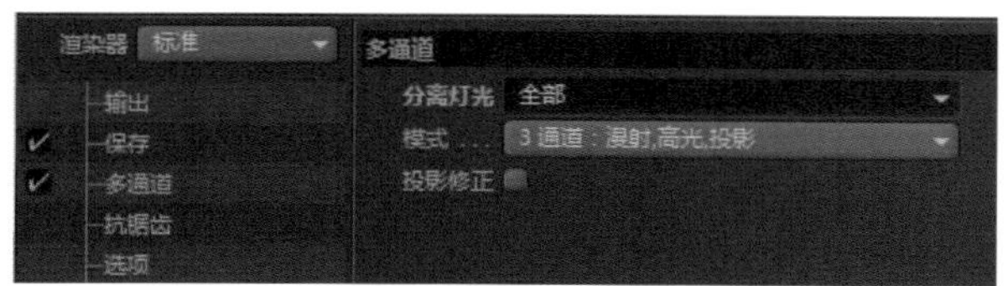

图9-70 【多通道】面板

可以单击【多通道渲染】按钮，然后添加需要的图层，如图9-71所示。

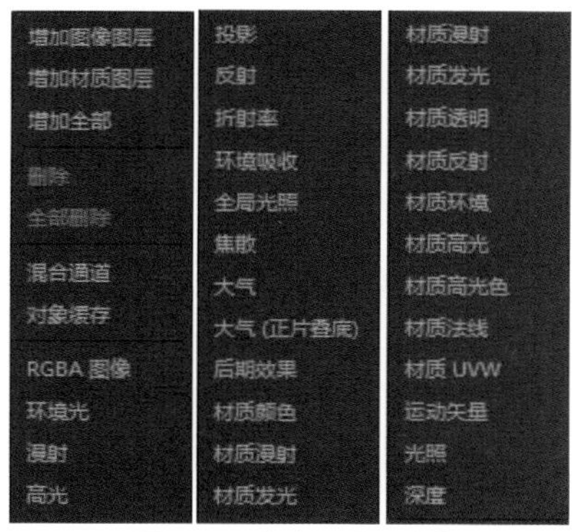

图9-71 【多通道渲染】

1.【分离灯光】

它将灯光设置为单独的图层。默认为【无】，光源不会被分离为单独图层。在【全部】模式下，场景中的灯光将被分离到单独图层。在【选区对象】模式下，选取的通道将分离为单独图层。

2.【模式】

它用于设置漫射、高光、投影3类信息的分层模式（见图9-72）。

3.【投影修正】

选择此选项后，开启投影并渲染多通道时，可以修复物体边缘的亮边。

图9-72 3种模式

（五）【抗锯齿】面板

每个图像都由像素组成，若渲染采样值过低，在渲染图片时，物体边缘会出现凹凸锯齿。抗锯齿功能可以通过采样来消除锯齿。

1.【抗锯齿】

它有3种类型：【无】，即关闭抗锯齿功能，用来测试渲染，提高渲染速度；默认为【几何体】，物体边缘锯齿较少；【最佳】，即开启颜色抗锯齿，同时柔滑阴影边缘，如图9-73、图9-74所示。

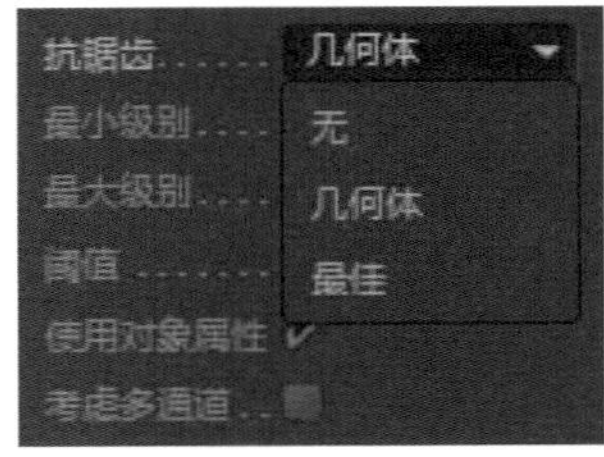

图9-73 【抗锯齿】

图9-74 抗锯齿效果

2.【阈值】

此选项用于控制C4D的自适应抗锯齿。子像素将被计算为与其颜色相差较大的相邻像素。

【阈值】定义了对于给定像素应用马赛克水平的颜色发散度。

3.【过滤】

一般来说，过滤器控制边缘的锐利度和清晰度。

根据采样设置，每个像素将计算多个子像素，然后使用各种函数（像素仅具有单一颜色）对该像素设置颜色。该过滤器适用于【几何体】（对象边缘平滑）和【最佳】（彩色边缘平滑）抗锯齿类型。

4.【MIP缩放】

全局设置的值范围为0%～500%。100%代表一个正常值；0%意味着不会发生关于邻近性的MIP和SAT映射；200%代表MIP和SAT映射强度加倍。

（六）【选项】面板

它用来设置多种渲染效果（见图9-75）。

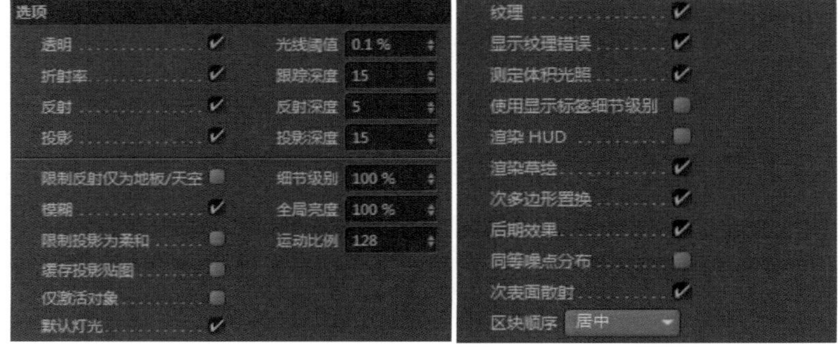

图9-75 【选项】面板

（七）【效果】菜单

单击【渲染设置】窗口中的【效果】按钮 效果...，将会弹出【效果】菜单（见图9-76）。

通过这些菜单命令可以添加特殊效果，然后可以在这些效果中调整参数。如果想要删除某种效果，选择效果并按【Delete】键即可。

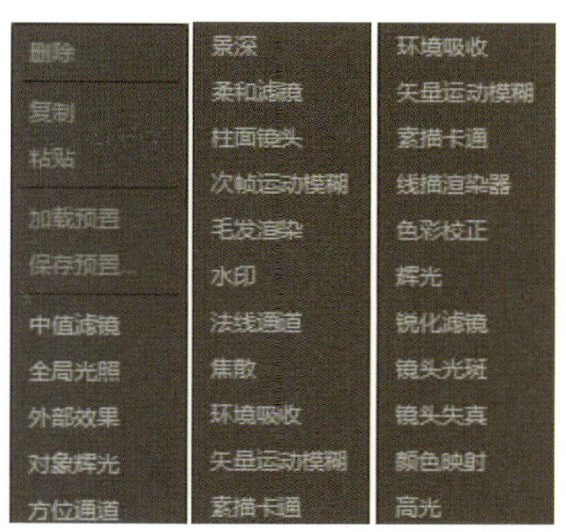

图9-76 【效果】菜单

六、材质实例练习

（1）打开“材质练习.c4d”场景（见图9-77）。

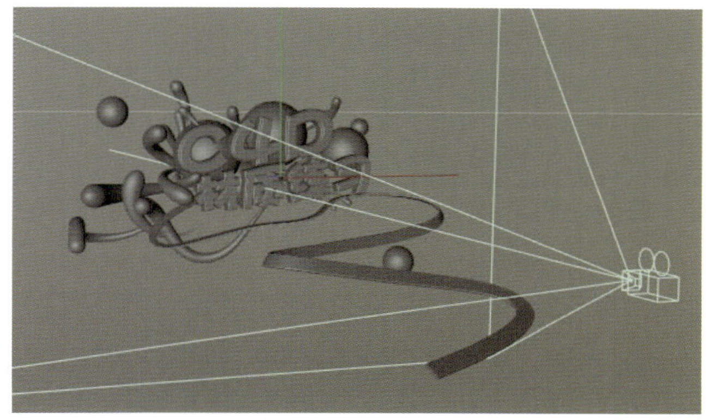

图9-77 打开场景

（2）新建材质球，命名为“紫色”，并调整颜色，如图9-78所示。

（3）为【反射】通道添加【反射（传统）】层，如图9-79所示。

图9-78 新建材质

图9-79 添加反射层

（4）新添加反射层，镜面反射效果强烈，因为四周环境为黑色，所以材质球会变成镜子一样，失去固有的紫色，如图9-80所示。

（5）调整【反射】通道中的相关参数，如图9-81所示。

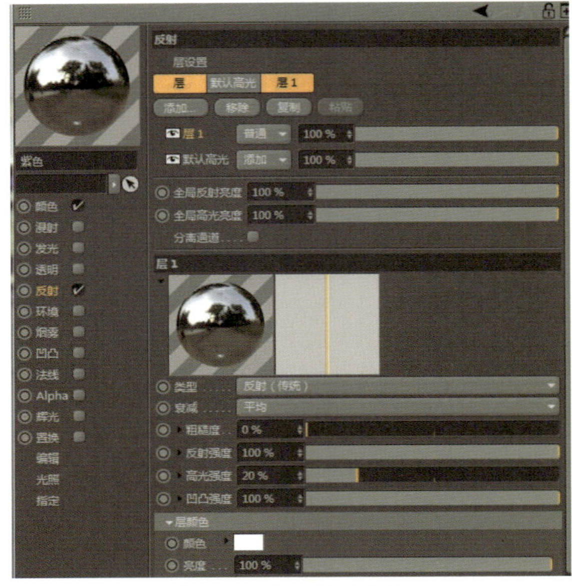

图9-80　反射层默认参数

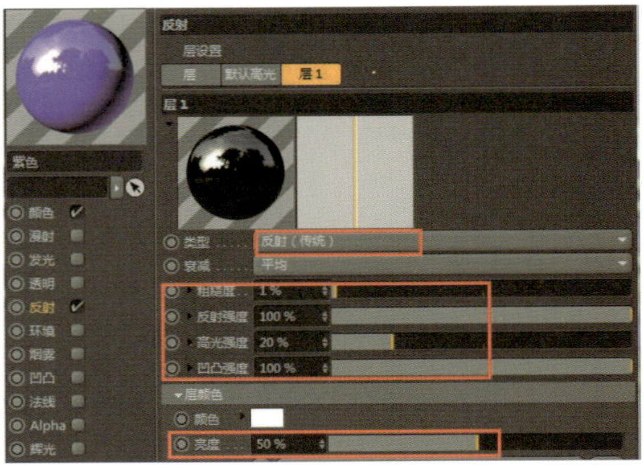

图9-81　调整参数

（6）把“紫色”材质球应用于相对应的模型，如图9-82所示。

（7）复制“紫色”材质球，重命名为“黄色”并更改颜色，【反射】通道中的属性不变，如图9-83所示。

图9-82　“紫色”材质球应用于模型

图9-83　调整颜色

（8）将“黄色”材质球应用于相对应的模型，如图9-84所示。

（9）新建材质球，命名为“渐变”，如图9-85所示。

（10）为【颜色】通道添加纹理贴图，选择【渐变】，如图9-86所示。

（11）默认【渐变】效果为黑白，在模型上的显示效果如图9-87所示。

图9-84　“黄色”材质球应用于模型

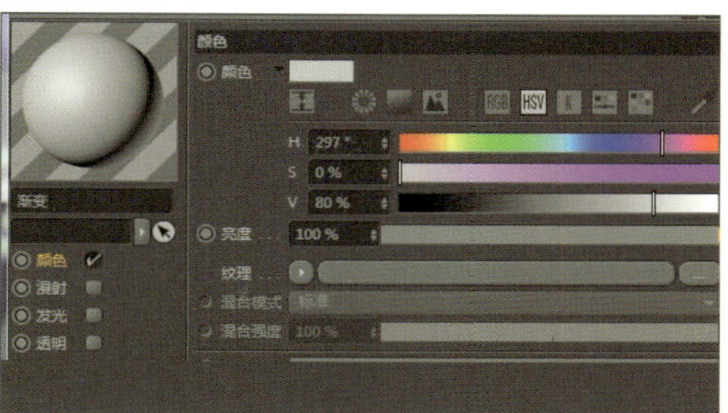

图9-85　新建材质

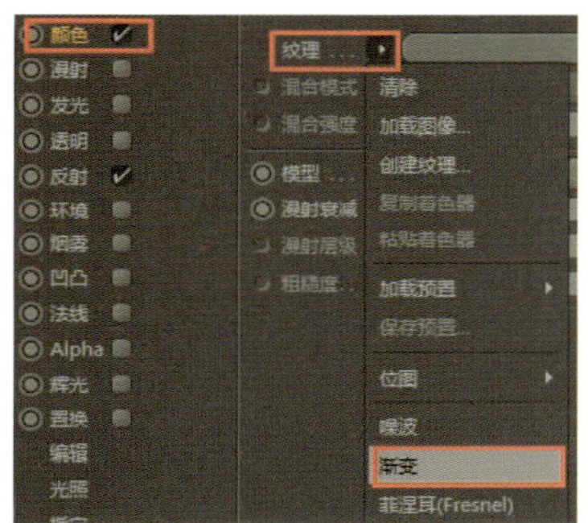

图9-86　添加【渐变】纹理

图9-87　在模型上的显示效果

（12）单击【渐变】按钮，进入【渐变】着色器的编辑窗口，如图9-88所示。

（13）默认的【渐变】着色器属性如图9-89所示。

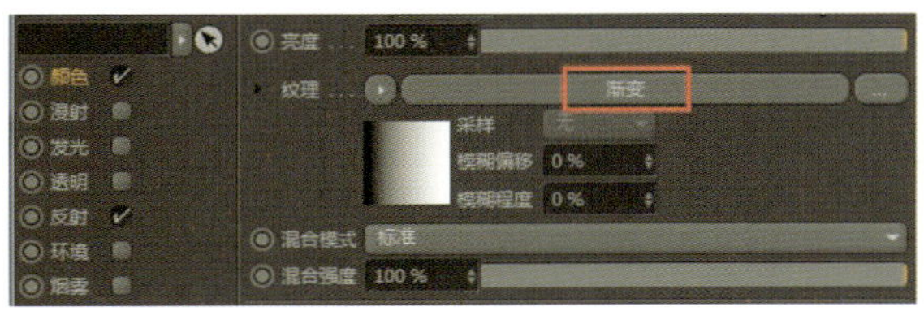

图9-88　单击【渐变】按钮

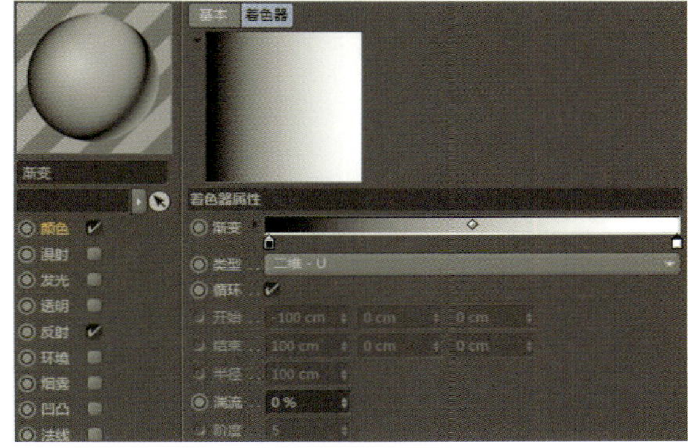

图9-89　【渐变】着色器属性

（14）调整【渐变】的颜色，并将渐变类型改为【二维-V】（见图9-90）。

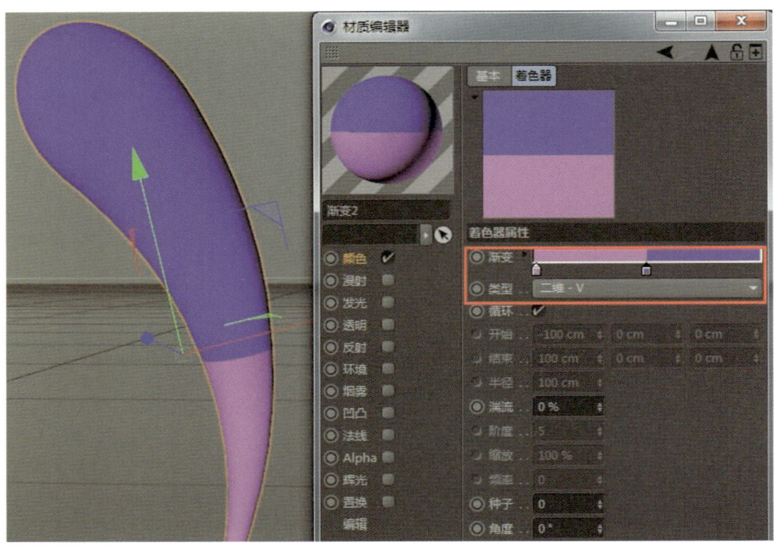

图9-90 调整颜色

（15）反射层效果的调整与"紫色"材质球相同，不作赘述（见图9-91、图9-92）。

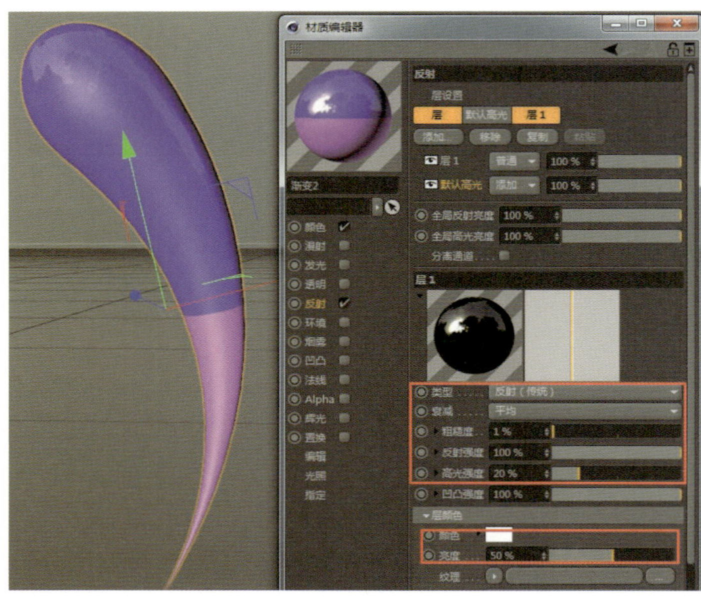

图9-91 反射层默认参数

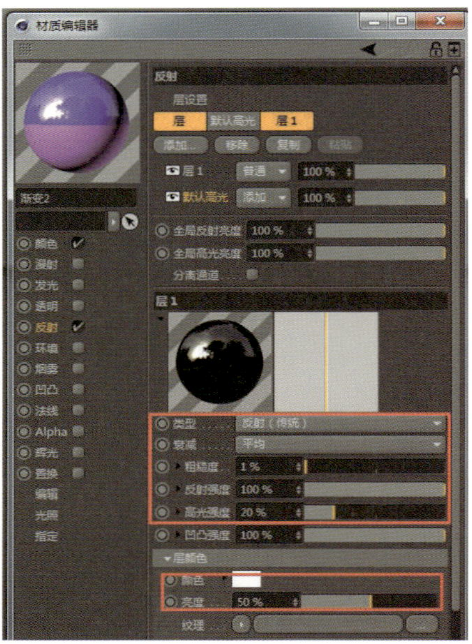

图9-92 调整参数

（16）现在模型中显示的深紫色与浅紫色是两等分的状态。单击模型后的【纹理标签】按钮，在【纹理标签】中可以查看纹理的投射方式和长度，如图9-93所示。

（17）修改长度、平铺数值可以让纹理由两等分变成条纹状，如图9-94所示。

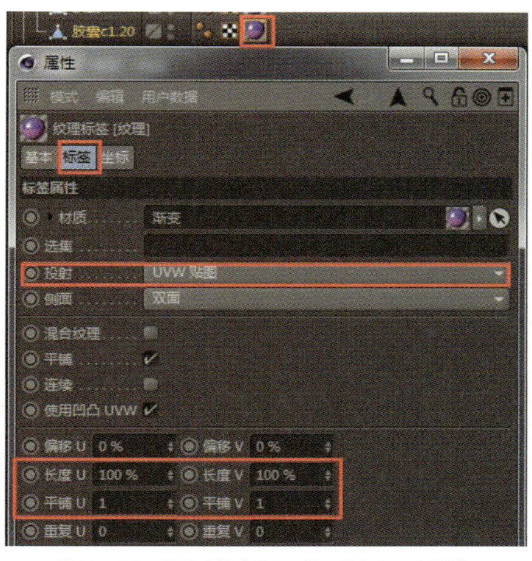

图9-93 调整投射方式、长度、平铺

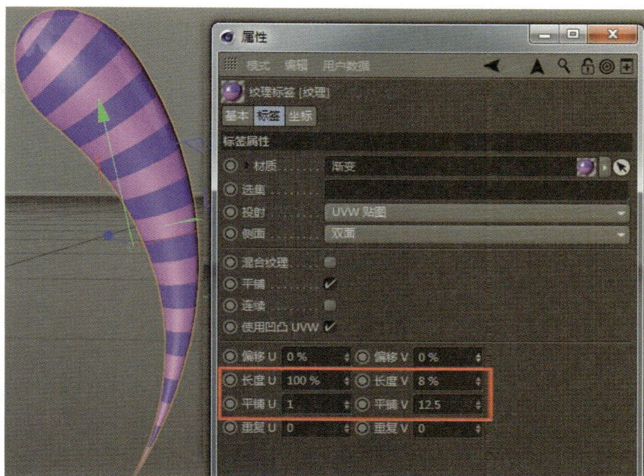

图9-94 调整长度和平铺

（18）将“渐变”材质球应用于相对应的模型，如图9-95所示。

（19）重复步骤（2）—（6），创建“橙色”“粉色”材质球并应用于相对应的模型，如图9-96所示。

（20）重复步骤（9）—（18），创建“渐变橙色”“渐变粉色”材质球并应用于相对应的模型，如图9-97所示。

（21）创建【区域光】，摆放到模型正前方，作为主灯光来照亮物体，如图9-98所示。

图9-95 “渐变”材质球应用于模型

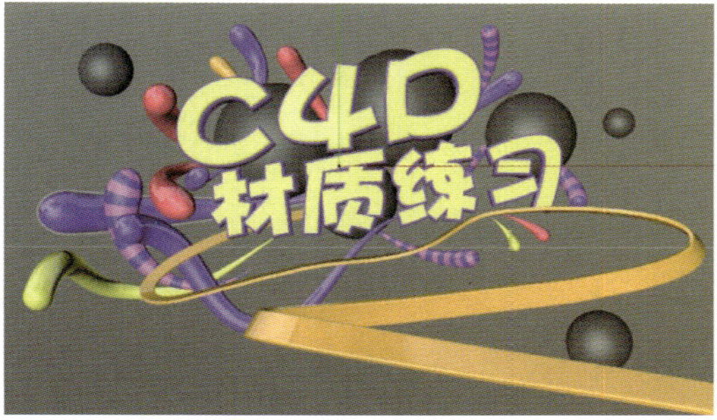

图9-96 “橙色”“粉色”材质球应用于模型

图9-97 “渐变橙色”“渐变粉色”材质球应用于模型

图9-98 设置主灯光

（22）灯光属性如图9-99所示。

（23）渲染效果如图9-100所示。

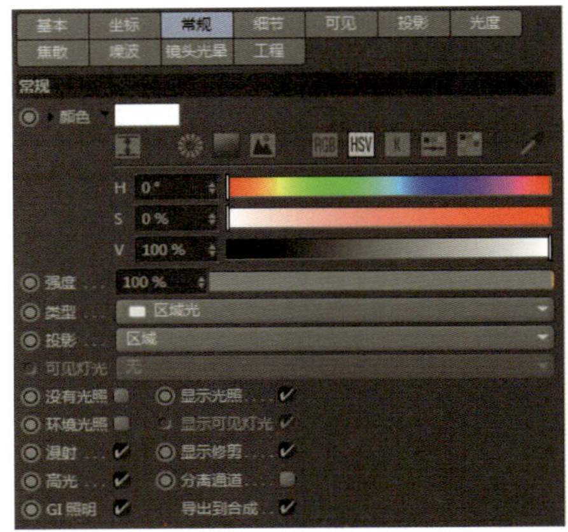

图9-99 调整参数

图9-100 最终效果

（24）此时只有正面光，整个模型的暗部偏暗，模型顶部偏黑，反光也不强烈。可以创建【泛光灯】，放置于物体顶部进行提亮，如图9-101所示。

（25）加入顶光后，效果如图9-102所示。

图9-101 设置顶光

图9-102 顶光效果

（26）此时模型的左侧和右侧还是比较暗，可以创建【区域光】，摆在物体的左侧和右侧，作为补光，如图9-103所示。

（27）加入【区域光】后的渲染效果如图9-104所示。

（28）此时的场景中，模型缺少高光的感觉，可以通过自发光材质制作反光板或反光球，通过自发光材质影响高光和反光。

（29）新建材质球，选择【发光】选项，重命名为“自发光”，如图9-105所示。

（30）创建几个大小随机的球体，摆放在物体周围，并对其应用“自发光”材质，如图9-106所示。

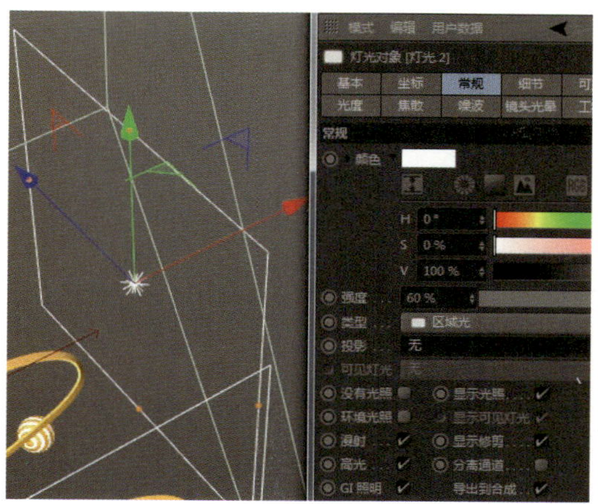
图9-103　设置辅光

图9-104　辅光效果

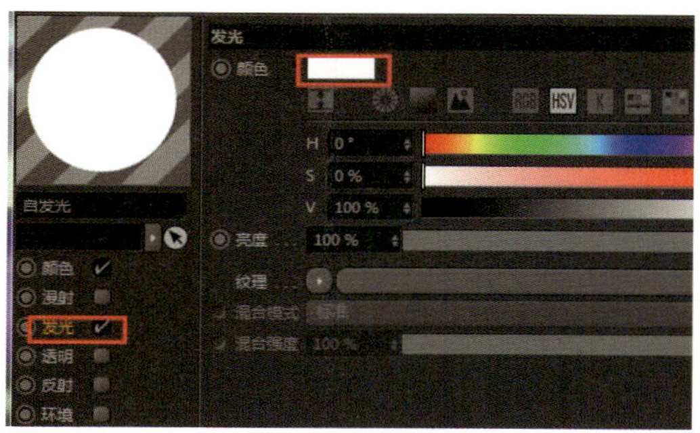

图9-105　创建自发光

图9-106　“自发光”材质应用于物体

（31）在渲染过程中，我们只希望得到这些球体的反光，不需要这些球体本身被渲染出来，所以可以为它们添加标签。

（32）选择球体，按【Alt】+【G】组合键创建组，命名为“反光球”。

（33）右击，为“反光球”组添加【合成】标签，如图9-107所示。

（34）在【合成】标签中，取消选择【摄像机可见】选项，如图9-108所示。

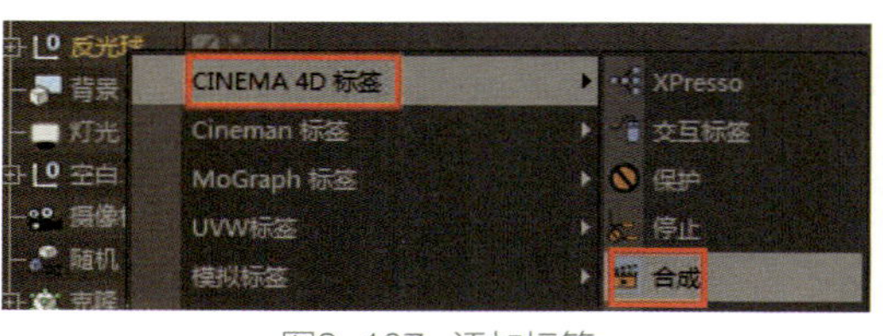

图9-107　添加标签

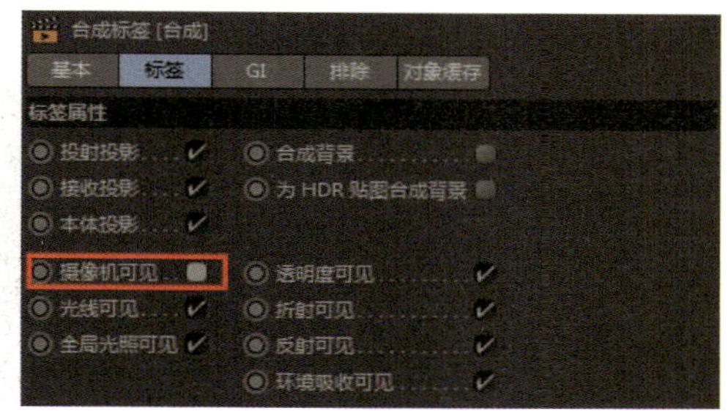

图9-108　取消选择【摄像机可见】选项

（35）渲染效果如图9-109所示。渲染场景中看不到反光球，但是在物体上可以看到反光球的光斑。

（36）整体灯光测试好后，可以单击【渲染设置】按钮，打开【渲染设置】窗口。在【输出】面板中设置输出图像的尺寸，如图9-110所示。

图9-109 渲染效果

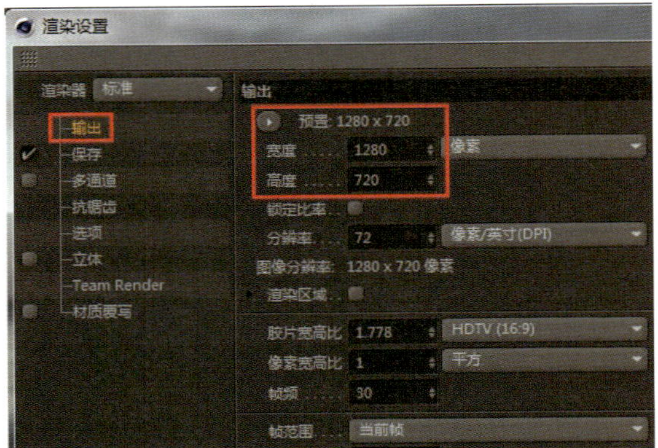

图9-110 设置输出尺寸

（37）在【保存】面板中，设置保存路径、图片名称以及图像格式，如图9-111所示。

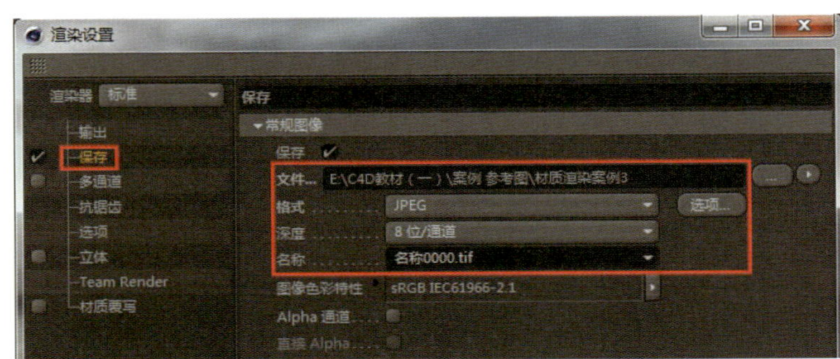

图9-111 设置保存路径

（38）在【抗锯齿】面板中，设置抗锯齿的类型和过滤器类型，如图9-112所示。

（39）单击【效果】按钮，创建【全局光照】，如图9-113所示。

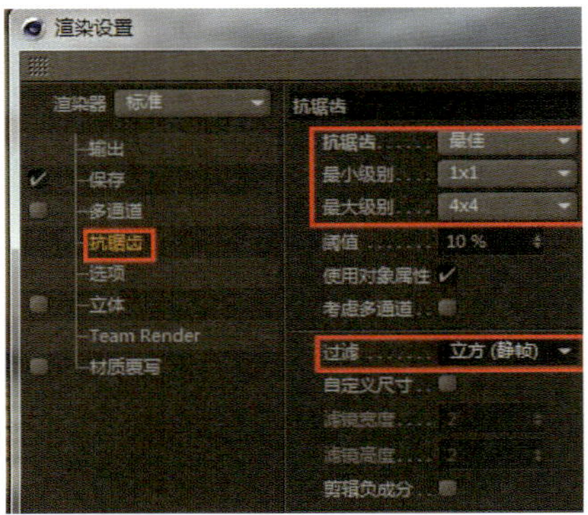

图9-112 设置【抗锯齿】

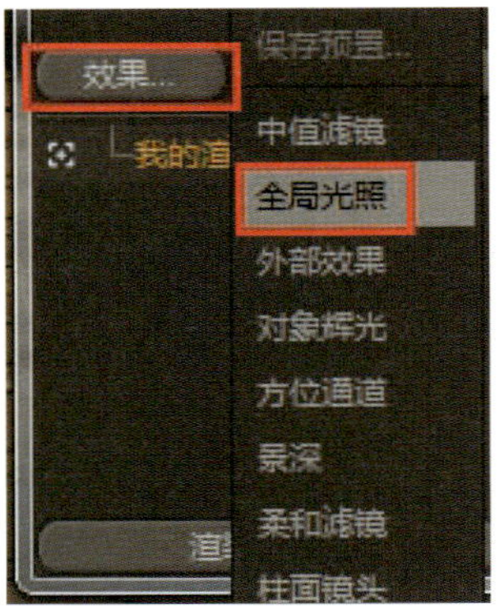

图9-113 设置【全局光照】

（40）在【全局光照】面板中设置参数，如图9-114所示。

（41）单击【渲染到图片查看器】按钮或直接按快捷键【Shift】+【R】，得到的最终效果如图9-115所示。

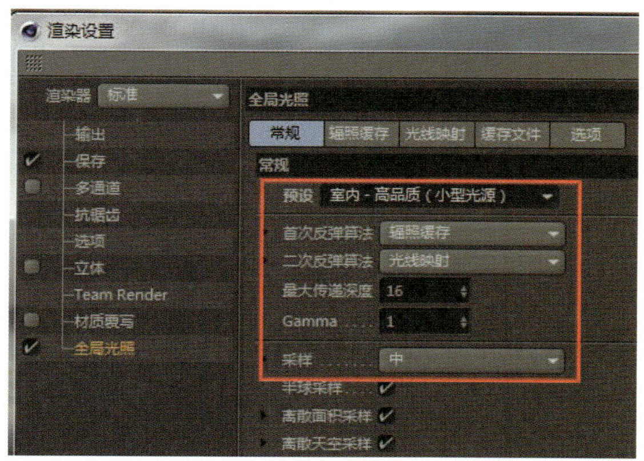

图9-114 【全局光照】参数

图9-115 “材质练习”最终效果

第十章　动画基础

一、动画的概念

（一）动画

国际动画协会（ASIFA）提出过比较经典的动画概念：动画艺术是指除了使用实拍方法之外的各种技术所创造出来的动态影像。

动态影像包括电影、电视节目、数字视频等，也包括虚拟现实（VR）、全息影像等技术实现的影像播放。动画只是动态影像中的一种。

动画是呈现非记录性运动的动态影像媒介。动画的运动主体是不在场的，甚至不在真实世界中存在；运动主体的运动也不是现场实时进行的，而是被创建出来的（见图10-1、图10-2）。

动画的英文“animation”起源于拉丁文“anima”，意思为“灵魂”。动词“animation”有赋予灵魂、赋予生命的意思，所以“animation”一词可以理解成“为角色赋予生命”。动画不是会动的画，而是画出来的动的艺术。在动画帧与帧之间发生的事情要比各帧上存在的东西更重要。因此，动画的关键在于时间点和空间幅度。动画是把控帧与帧之间无形空隙的艺术。

图10-1 《小黄人大眼萌》海报

图10-2 《大闹天宫》宣传画

（二）三维动画

三维动画又称3D动画，是随着计算机软、硬件技术的发展以及功能的不断完善而产生的新兴技术。在C4D中制作三维动画，首先需要动画师在这个虚拟的三维世界中按照要表现的对象的形状及尺寸建立角色模型和场景模型；再根据要求制作模型的运动轨迹、虚拟摄像机的运动和其他动画参数；之后按要求为模型赋予特定的材质，并设置灯光；最后，让计算机自动渲染，生成最终的画面。

与二维动画相比，三维动画能更准确、生动地模拟物体在真实空间中的运动、变化方式，可以展现给观众极强的空间感和立体感。由于其精确性、真实性和无限的可操作性，三维动画广泛应用于医学、教育、军事、娱乐等诸多领域。在影视广告制作方面，这项新技术能给人耳目一新的感觉，因此受到了众多客户的欢迎。三维动画可以用于广告、电影、电视剧的特效制作，广告产品展示，影视节目包装等（见图1C-3、图10-4）。

图10-3 《鹬》海报

图10-4 游戏三维动画

二、动画中的关键词

（一）帧

帧就是动画中的最小单位，即单幅影像画面，相当于电影胶片上的每一格胶片。在早期的二维动画中，一帧就是一幅画面。在动画软件的时间轴上，帧表现为一格或一个标记。

（二）关键帧

关键帧相当于二维动画中的原画，指角色或物体运动或变化中的关键动作所处的那一帧。关键帧与关键帧之间的动画，在软件中可以由计算机运算自动生成，称为过渡帧或中间帧。

（三）顺序动画和关键姿势

顺序动画的创作方法就是从第一幅画面开始按照顺序逐帧完成，并在这个过程中不断获取灵感，直到完成场景里的所有动作，如图10-5所示。

图10-5 “走路—捡笔—写字”每一帧的动作

关键姿势的创作方法是指动画创作者先设计动作，考虑哪些姿势最适合表现主题，并且设计出这些关键动作，建立姿势间的逻辑关系，然后插补中间画面。这样制作的画面能够较好地保证画面效果，如图10-6所示。

图10-6 “走路—捡笔—写字”关键帧的动作

制作三维动画时，一般会先使用关键帧制作关键姿势，再调整计算机生成的中间帧。定格动画的制作一般是顺序动画。

（四）节奏与时间控制

运动是动画中最基本、最重要的部分，而运动最重要的是节奏和时间。时间控制是动作真实性的关键，过长或过短的动作会折损动画制作的真实性。节奏是自然、社会和人的活动中的一种与韵律结伴而行的有规律的突变（见图10-7）。除了动作的种类影响时间的长短外，角色的个性刻画也需要配合时间控制与节奏进行表现。

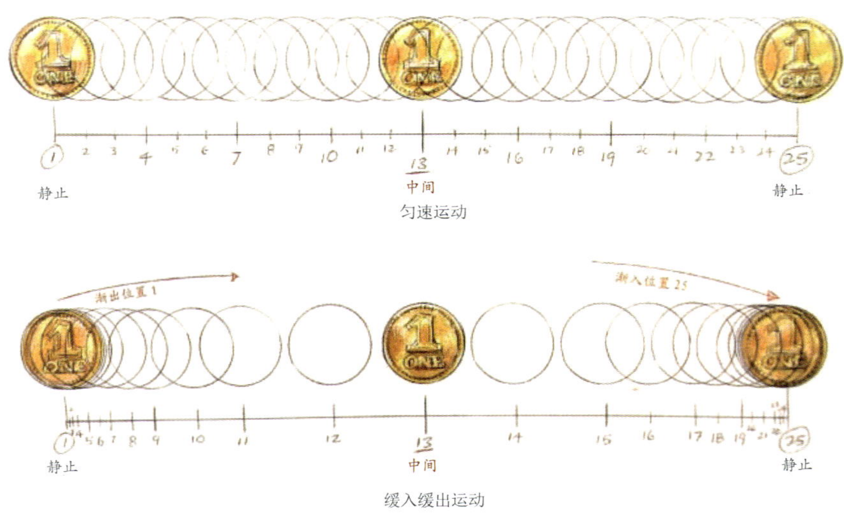

图10-7 硬币不同节奏的运动

（五）弧形运动曲线

动画中的动作除了机械类的动作之外，几乎都以圆滑的轨迹进行移动。因此，中间画面的描绘要注意以圆滑的曲线连接主要画面的动作，这样可以带来流畅、自然的视觉效果，增强角色的生动性，如图10-8所示。

（六）缓入与缓出

动作的产生、消失、开始和结束都需要一个缓入与缓出的过程。平均的、无加减的速度是缺少生机的机械运动。动画作品的设计要建立在真实的、事物本来面貌和规律的基础之上。对于一个从静止状态开始移动的动作而言，速度的设定是先慢后快，在动作结束之前速度也要逐渐减慢，一个动作乍停会带来突兀感，如图10-9所示。

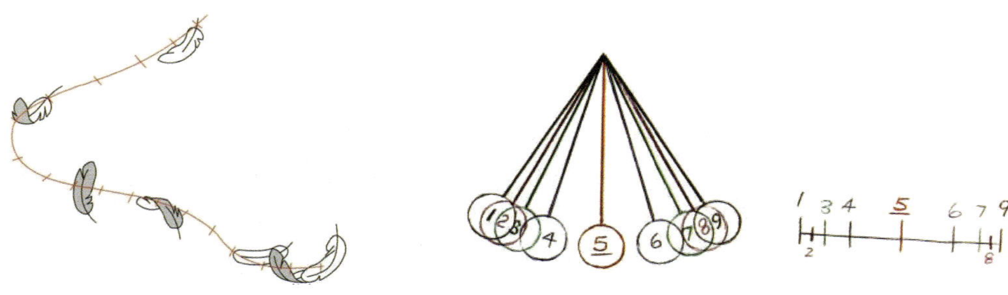

图10-8　羽毛的飘动

图10-9　钟摆的运动

（七）预备

在角色进行任何动作之前都会有一些提示动作，如跳起之前的下蹲，踢足球的后向扬脚，拳头打出去之前的反方向运动（见图10-10）。动画设计中一旦没有这些提示性动作，就会变得毫无生机，整个运动就会不流畅。

（八）夸张

动画的一大特点就是夸张，它的魅力在于可以表现生活中不存在或难以看到的情景。对于动画设计中角色的每个感情与动作的表现，以夸张的手法进行描绘才更具说服力。夸张的表现方式多种多样，要通过深思熟虑挑选出精彩的动作，以传递出角色动作的精髓，如图10-11所示。

图10-10《一拳超人》挥拳之前的画面

图10-11《航海王》中人物夸张的表情

（九）挤压与拉伸

在运动过程中，一些质感较软的物体的形状往往会随着动作的改变而有所变化，如小球的弹跳，小球在接触地面的瞬间被压扁，这个变化会使小球在弹到空中时显得更有力量。再如装有半袋面粉的口袋，放在地上时形状最扁，完全提到空中时就会拉到最长。动画设计中要把握压、伸的幅度，这样创作的作品才会灵活、生动。

三、动画基础操作

（一）时间线与按钮工具

1. 时间线

时间线也称动画编辑器，除了用于控制时间外，还包括一些播放、录制动画的控制工具，如图10-12所示。

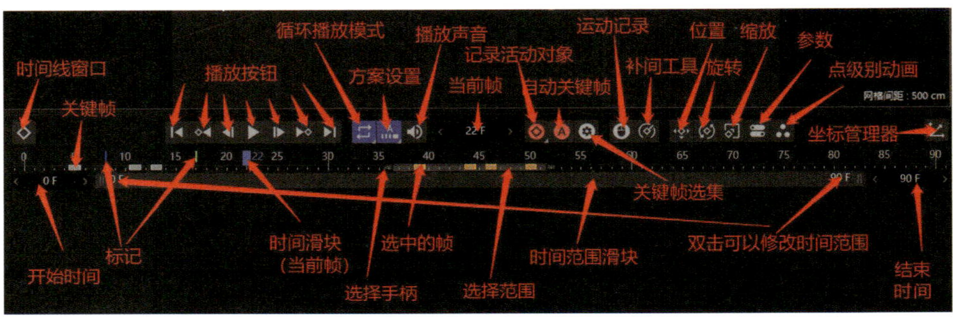

图10-12　时间线

时间线上显示的最小单位是帧，时间线上的每一个格子代表一帧。

绿色的时间滑块按钮可以通过鼠标拖动在时间线上任意滑动，并显示当前的时间（帧数）；也可以通过在最右端的当前帧中输入数值直接跳到那一帧。

可以在时间线左下方的时间范围滑块左右两端双击输入数值来控制时间线显示的长度，如图10-13所示。

单击时间线上的关键帧可以选中这个关键帧；按住【Shift】键并用鼠标在时间线上拖动，可以在时间线上框选多个关键帧。默认的关键帧显示为蓝色，被选中的关键帧会变成黄色，可以通过鼠标拖动来移动被选中的关键帧在时间线上的位置，如图10-14所示。

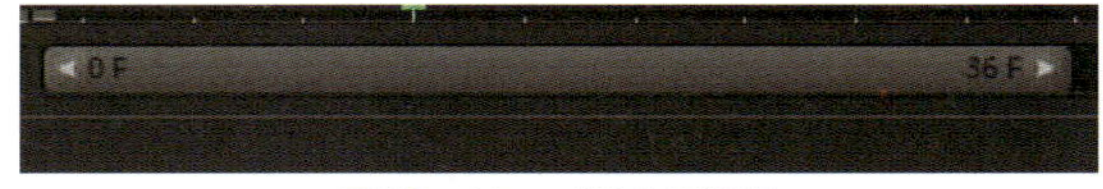

图10-13　时间范围滑块

图10-14　关键帧

右击被选中的关键帧，可以对关键帧进行编辑，包括复制、粘贴、删除关键帧等，还可以对关键帧的运动曲线进行调整，如图10-15所示。

在时间线上的空白位置单击可以取消选择关键帧。

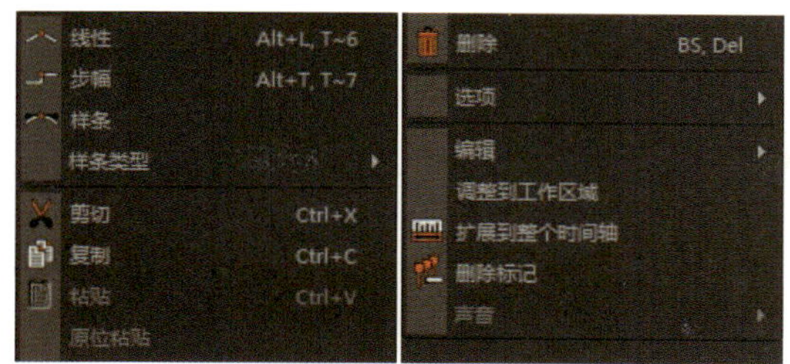

图10-15　关键帧编辑工具

2. 播放按钮及其他工具

播放按钮及其他工具如图10-16所示。

图10-16　播放按钮及其他工具

：时间滑块跳转到起点。

：时间滑块跳转到上一关键帧。

：时间滑块跳转到上一帧。

：播放动画。

：时间滑块跳转到下一帧。

：时间滑块跳转到下一关键帧。

：时间滑块跳转到终点。

：记录位移、选择、缩放以及活动对象点级别的动画。

：自动记录关键帧。

：设置关键帧选集对象。

：记录位移动画。

：记录缩放动画。

：记录旋转动画。

：记录参数级别动画。

：记录点级别动画。

：设置播放速率。

（二）设置关键帧

创建一个对象或工具，只要其属性管理器中的属性前面有黑色圆点，即表示这个属性可以被设置为关键帧，制作动画。

1. 以球体对象为例

创建【球体】，在右侧的属性管理器中打开【坐标】选项卡（见图10-17）。*P*、*S*、*R*分别表示位移（position）、缩放（scale）、旋转（rotation）。*X*、*Y*、*Z*（*H*、*P*、*B*）分别表示3个轴向。

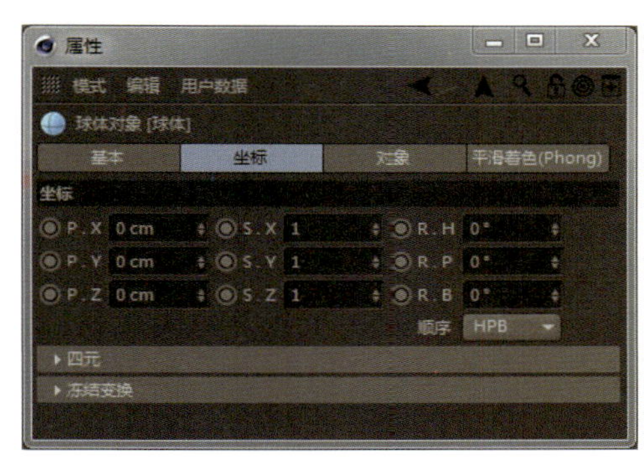

图10-17　【坐标】选项卡

P、*S*、*R*前面的黑色圆点表示这些属性可以被记录成关键帧。单击黑色圆点，圆点变红，则表示已经记录了关键帧。当物体被记录关键帧后，在时间线相对应的时间位置上会出现浅蓝色标记，如图10-18所示。

图10-18　时间线上的浅蓝色标记

单击已经记录关键帧的红色圆点，圆点变黑，表示关键帧被删除。

当记录过关键帧的属性发生变化时，红色圆点会变成黄色，表示已有关键帧被改变。需要再次单击黄色圆点，使之变成红色，改变过的属性才能被记录。

在C4D中，一个物体至少要在两个不同的时间属性发生改变，并被记录成关键帧，才能产生动画。

2. 小球的移动案例

（1）时间滑块在第0帧，*X*轴的位移数值为“0 cm”，单击记录关键帧，变成红色圆点，如图10-19所示。

（2）将时间滑块移动到第20帧，将*X*轴的位移数值改为“200 cm”，红色圆点会变成黄色，单击黄色圆点使之变红，再记录关键帧，如图10-20所示。

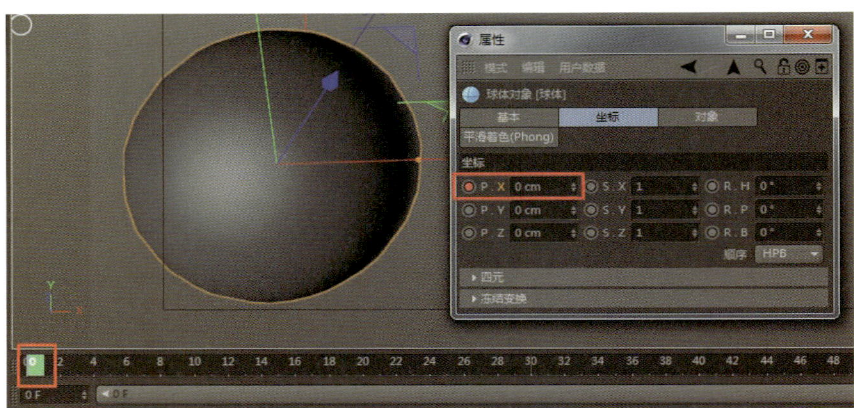

图10-19　时间滑块在第0帧

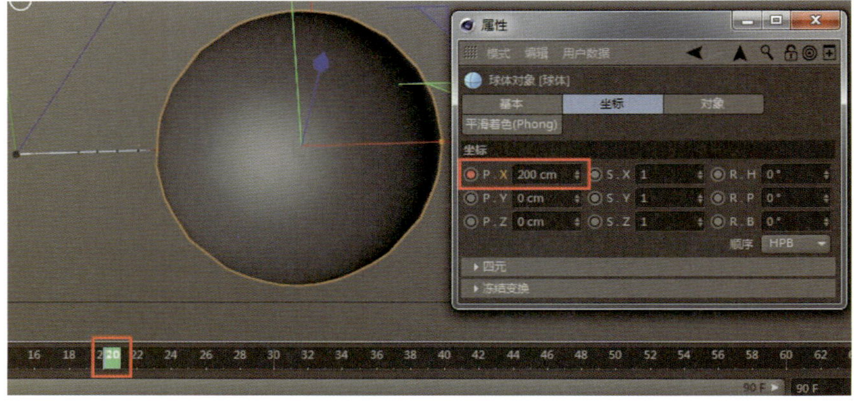

图10-20　时间滑块在第20帧

（3）只有这样，在播放时小球才能产生运动。

（4）在同一时间无法为一个属性记录两个不同数值的关键帧。

（5）在不同时间，如果一个属性记录两个相同数值的关键帧，物体依然会静止不动。

（三）【时间线窗口】

在菜单栏中找到【窗口】，在下拉列表中可以找到两个【时间线】命令，一个为【摄影表】模式，另一个为【函数曲线】模式（见图10-21）。

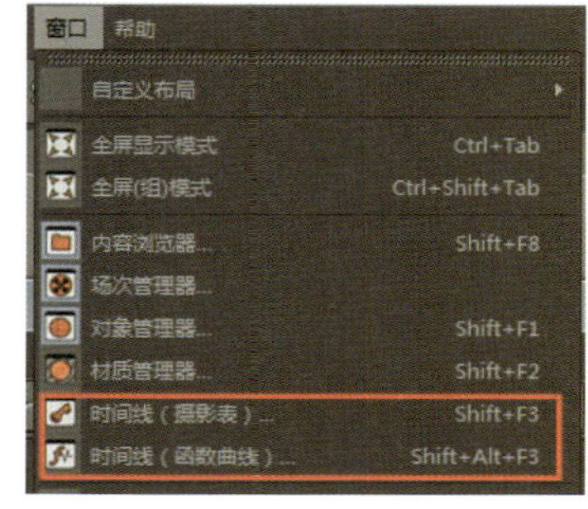

图10-21　时间线窗口

1.【时间线（摄影表）】

当设置完关键帧后，可以在摄影表中查看关键帧。摄影表分为菜单栏、工具栏、对象区域、层级区域、时间线、关键帧区域六大区域。在摄影表中，与平面视图操作一样，按住【Alt】键加鼠标中键可以平移视图，按住【Alt】键加鼠标右键可以缩放视图，单击工具栏中的【框显所有】按钮或按快捷键【H】可以最大化显示全部关键帧，如图10-22所示。

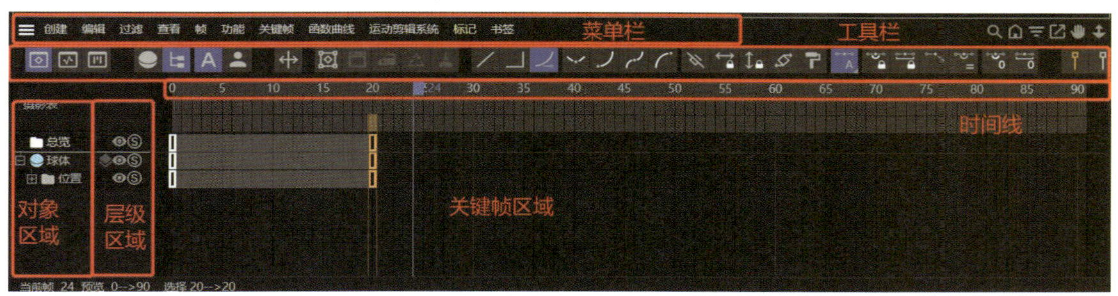

图10-22　【时间线（摄影表）】

摄影表中，浅蓝色小块代表关键帧，单击可以选中关键帧，当关键帧被选中时会变为黄色。可以用鼠标左右拖动关键帧来改变关键帧所在的时间位置，从而改变对象的运动节奏。按住【Ctrl】键并单击，可以给对象的对应属性添加关键帧。

2.【时间线（函数曲线）】

【函数曲线】模式和【摄影表】模式可以通过在【时间线窗口】单击关键帧切换按钮进行切换。【函数曲线】模式的界面和操作模式与【摄影表】类似。

用户可以在函数曲线窗口中，通过调整关键帧及关键帧的切线来影响运动曲线，从而调整物体运动的轨迹和节奏，如图10-23所示。

【框显所有】　最大化显示全部关键帧。

【帧选取】　最大化显示被选中的关键帧。

【转到当前帧】　显示时间滑块所在的位置。

【创建标记在当前帧】　在当前帧设置一个标记。

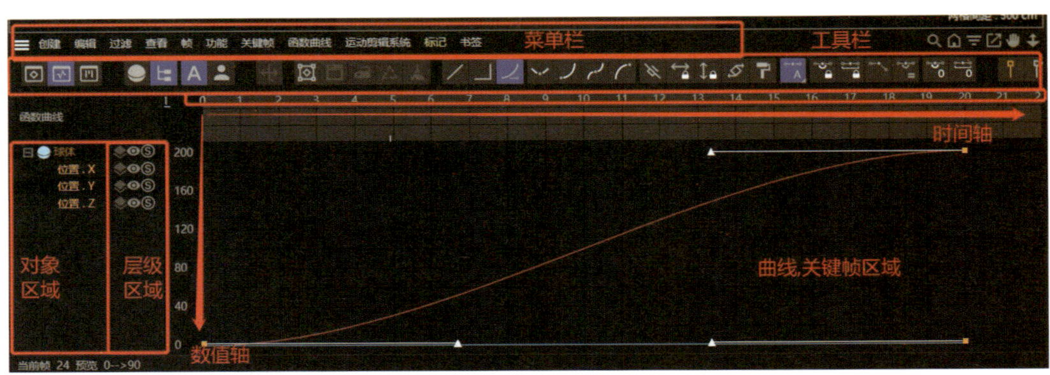

图10-23 【时间线（函数曲线）】

【创建标记在视图边界】 在可见时间轴的左右边框上设置标记。

【删除全部标记】 删除现有的所有标记。

使用工具栏中的工具调整函数曲线时，首先要选中一个或多个关键帧，再单击工具栏中的工具按钮。

【线性】 将运动曲线变为直线，运动类型变为匀速运动。

【步幅】 将运动曲线变为阶梯状，关键帧之间突然转换。

【样条】 使用此设置将插值类型设置为样条，而不更改现有的切线设置（见图10-24）。

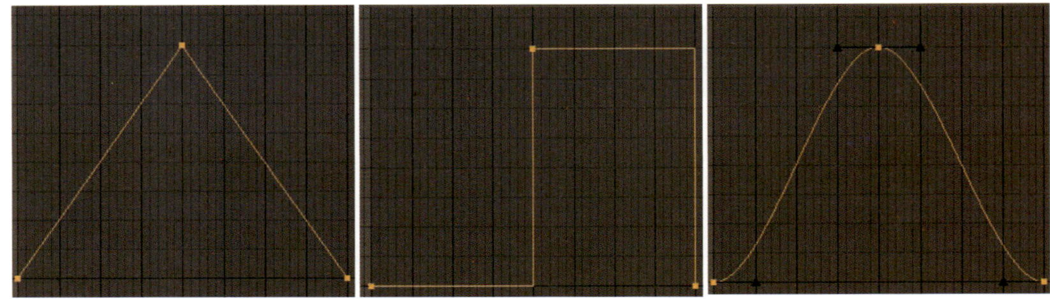

图10-24 从左到右：线性、步幅、样条

【柔和】 【柔和】的功能与自动切线相同，但有一个例外：当应用【柔和】时，第一个和最后一个关键帧的切线将按照柔和插值对齐。

【缓和处理】 当动画的函数曲线类型变为【缓和处理】时，曲线在开始和静止前都会变得缓和，物体先加速运动，在静止前减速运动。

【缓入】 当动画的函数曲线类型变为【缓入】时，曲线将在静止前变得缓和，物体在开始时是匀速运动，在静止前是减速运动。

【缓出】 当动画的函数曲线类型变为【缓出】时，曲线将在开始前变得缓和，物体在开始时是加速运动，在静止前是匀速运动（见图10-25）。

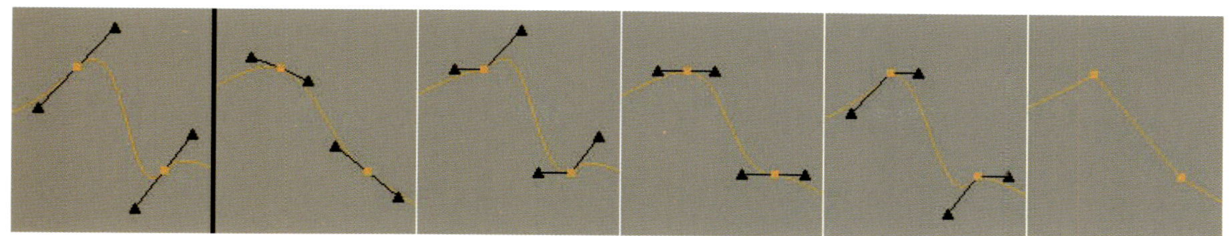

图10-25 从左到右：初始状态、柔和、缓入、缓和处理、缓出、零角度/零长度

【自动相切-经典】 这种切线模式具有预定义的值，应该只与样条插值类型一起应用。自动切线自动将切线长度和角度设置为某一数值。切线将水平地从第一个关键帧过渡到最后一个关键帧。

【自动相切-固定斜率】 为所有选定的关键帧定义一个带有固定切线斜率的数值。

【自动加权】 此工具使切线长度依赖于它与相邻关键帧之间的距离。

【移除超调】 启用此工具以防止超调。

【加权相切】 如果启用此工具，将应用【自动加权】工具所描述的一次性加权。启用后，切线手柄只能垂直移动，而切线本身只能旋转。当关键帧移动时，斜率将保持不变。

【断开切线】 使左切线手柄独立于右切线（反之亦然）。在编辑切线时，可以在修改切线时按【Shift】键来断开切线。

【锁定切线角度】 启用此工具，切线手柄将会变为橙色，可锁定切线的角度。动画速度在关键帧附近将保持不变。只有切线的长度可以编辑，在调整切线手柄时，可以按住【Ctrl】键以保持切线角度。

【锁定切线长度】 此工具可以锁定切线的长度。只有正切的旋转才能改变。在调整切线手柄时，按住【Alt】键可以暂时保持切线恒定的长度。

当【锁定切线角度】与【锁定切线长度】同时被启用时，关键帧的切线手柄将被隐藏。

【锁定时间】 【时间线（函数曲线）】窗口中，横轴表示时间，纵轴表示属性数值。激活此工具，在【时间线窗口】中调整关键帧的位置时，关键帧的时间将被锁定，关键帧只能纵向移动，但可调整关键帧的数值。

【锁定数值】 激活此工具，在【时间线窗口】中调整关键帧的位置时，关键帧的数值将被锁定，关键帧只能横向移动，但可调整关键帧的时间。

【零角度（相切）】 将切线设置为水平位置。激活此工具，关键帧附近的动画就不会达到大于或小于关键帧本身定义的值。

【零长度（相切）】 将切线长度设置为“0”，这样可以防止弯曲。两个具有此属性的顺序关键帧将在它们之间产生线性插值。

四、动画操作实例——小球弹跳动画

（一）场景搭建

（1）打开C4D，创建【球体】，参数如图10-26所示。

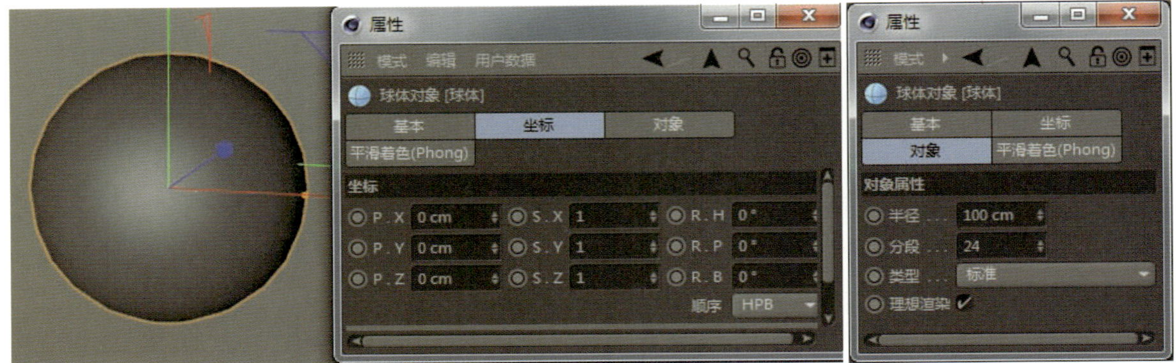

图10-26 创建【球体】

（2）创建立方体，调整尺寸及位置，作为地面，参数如图10-27所示。

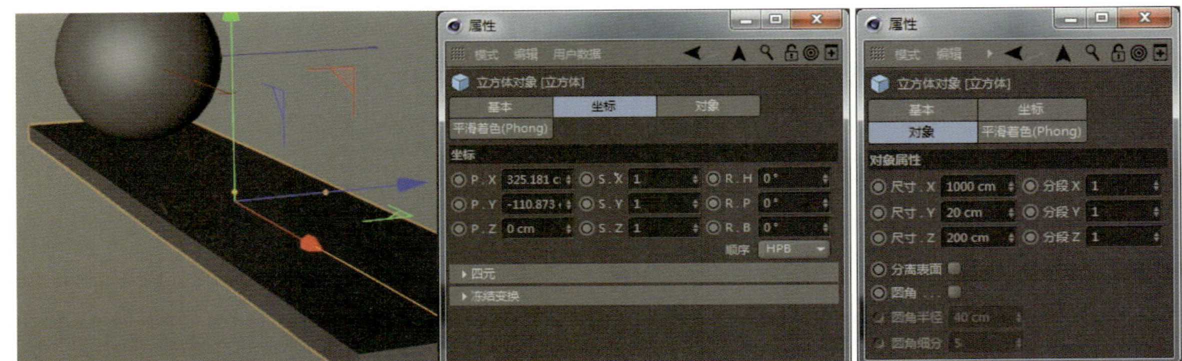

图10-27 创建立方体

（3）进入【属性】面板中的【工程】页面，设置【帧率】为“24”（见图10-28）。

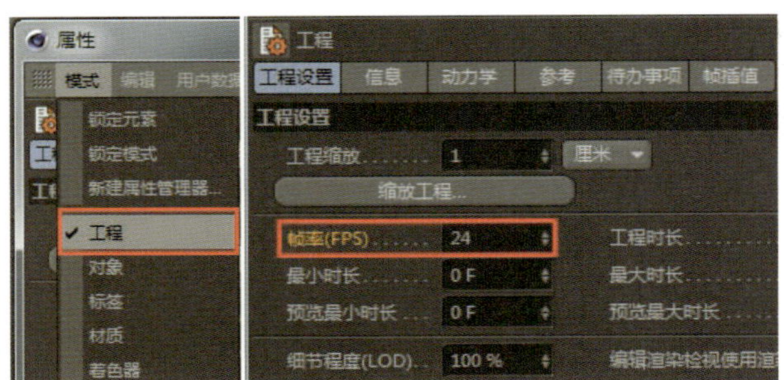

图10-28 设置【帧率】为“24”

（二）小球原地弹跳动画制作

（1）在时间线上单击并拖动时间滑块，将其移动到第0帧，如图10-29所示。

（2）移动小球的*Y*轴，位移数值为“400 cm”，如图10-30所示。

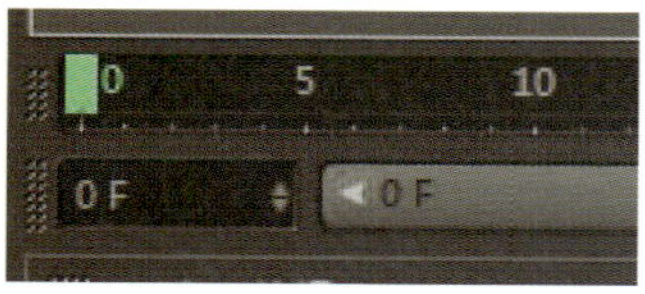

图10-29 将时间滑块移动到第0帧

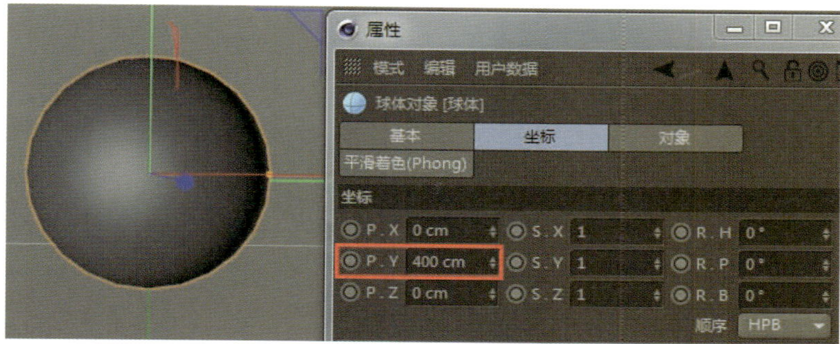

图10-30 移动小球Y轴

（3）单击【*P.Y*】选项前面的黑色圆点，使黑色圆点变成红色（见图10-31）。

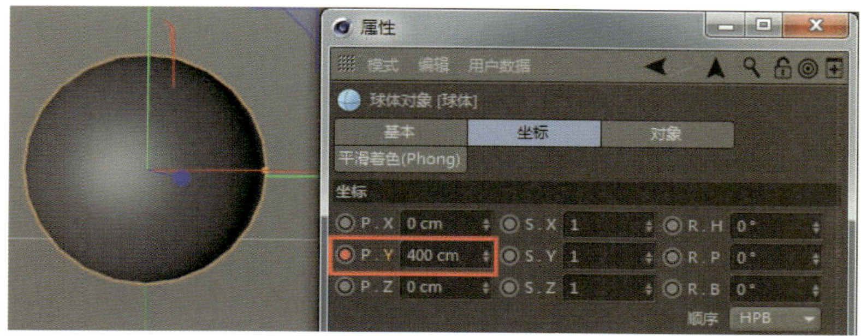

图10-31 设置关键帧

（4）此时小球的位置及时间信息会被记录成关键帧。时间线上也会有蓝色关键帧标记，如图10-32所示。

（5）在时间线上单击并拖动时间滑块，将其移动到第10帧，如图10-33所示。

（6）移动小球的*Y*轴，位移数值为“0 cm”。此时【*P.Y*】选项前面的红色圆点会变为黄色（见图10-34）。

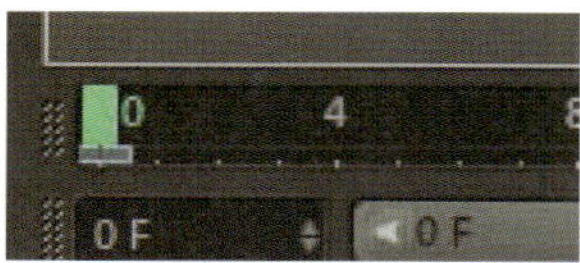

图10-32 生成关键帧

图10-33 将时间滑块移动到第10帧

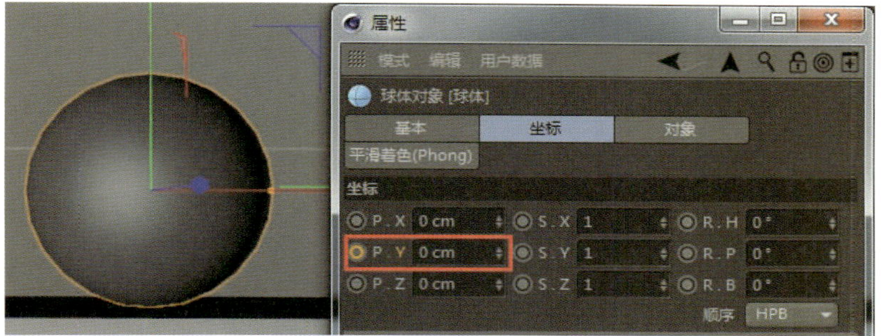

图10-34 关键帧按钮变成黄色

（7）单击【*P.Y*】选项前面的黄色圆点，使黄色圆点变为红色。此时小球的位置及时间信息被记录为关键帧（见图10-35）。

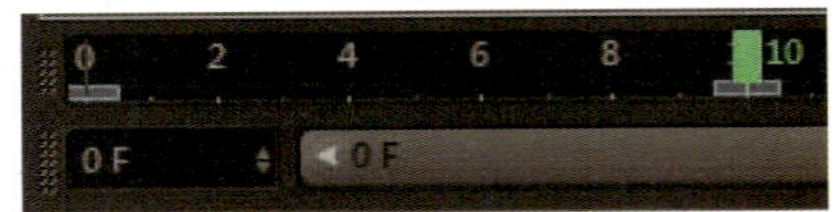

图10-35 设置关键帧

（8）此时单击【播放】按钮播放动画，小球就有从上到下移动的动画。透视视图中也会有小球运动的蓝色路径，如图10-36所示。

（9）与以上的步骤相同，按照图10-37中的节奏，制作小球弹跳的动画。图中，横向数值为时间，蓝色数值为小球*Y*轴的高度。

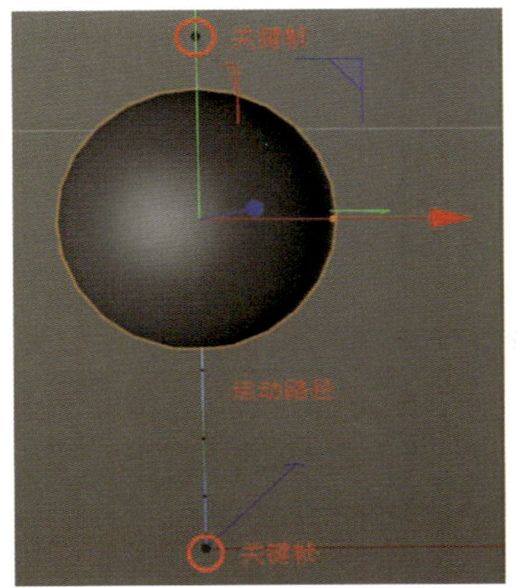

图10-36 运动路径

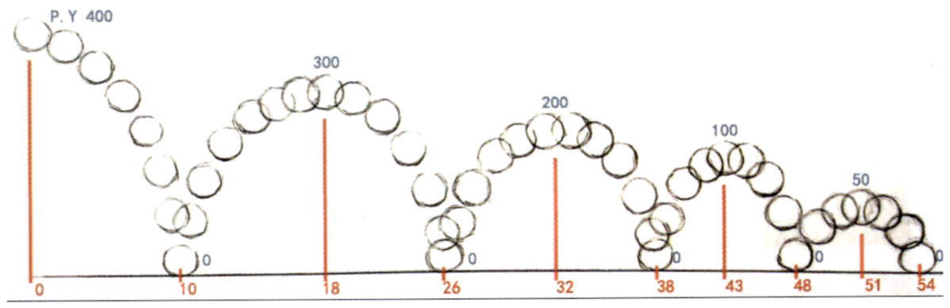

图10-37 小球运动的节奏

（10）制作完成，时间线上显示的关键帧如图10-38所示。

图10-38 时间线上的关键帧

（11）此时单击【播放】按钮播放动画，小球就有从上到下移动的动画。

（三）小球横向运动动画制作

（1）在时间线上单击并拖动时间滑块，将其移动到第0帧（见图10-39）。

图10-39 将时间滑块移动到第0帧

（2）此时小球X轴的位移数值为“0 cm”，如图10-40所示。

（3）单击【P.X】选项前面的黑色圆点，使黑色圆点变成红色，如图10-41所示。

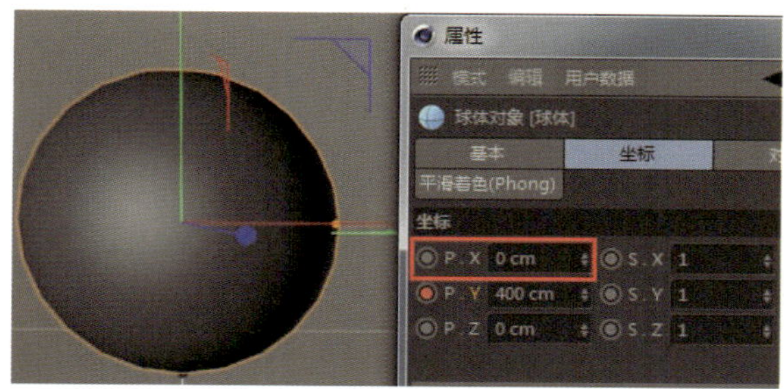

图10-40　X轴数值为“0 cm”

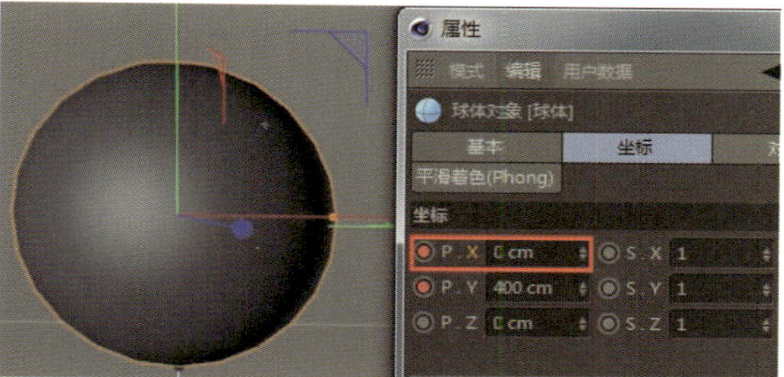

图10-41　设置关键帧

（4）在时间线上单击并拖动时间滑块，将其移动到第54帧（见图10-42）。

（5）移动小球的X轴，位移数值为“700 cm”。此时【P.X】选项前面的红色圆点会变为黄色（见图10-43）。

图10-42　将时间滑块移动到第54帧

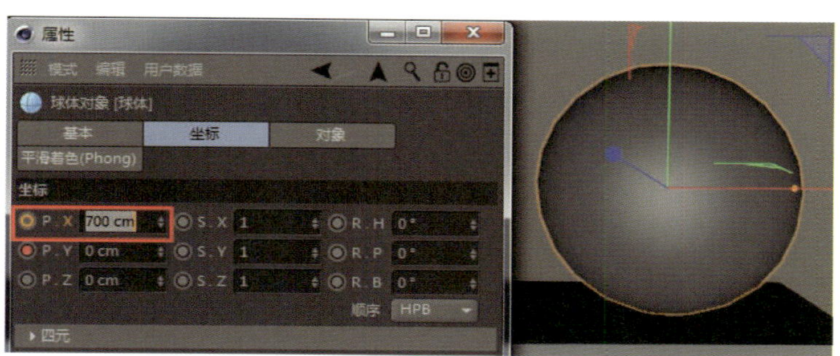

图10-43　关键帧按钮变成黄色

（6）单击【P.X】选项前面的黄色圆点，使其变为红色（见图10-44）。此时，小球的位置及时间信息被记录为关键帧。

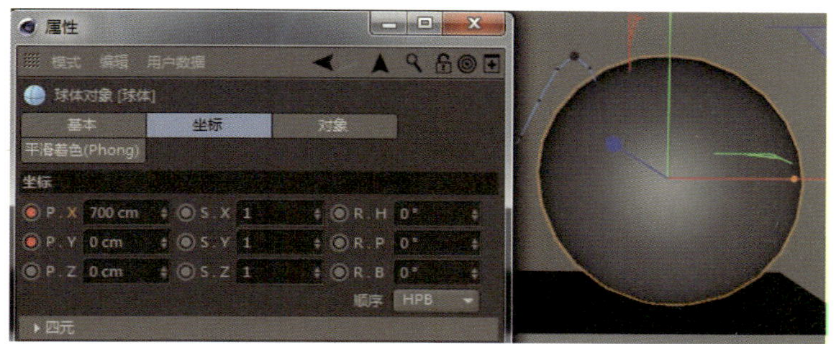

图10-44　设置关键帧

（7）单击【播放】按钮播放动画，小球就有从左到右移动的动画了，同时还有弹跳的动画。透视视图中也会有小球运动的蓝色路径，如图10-45所示。

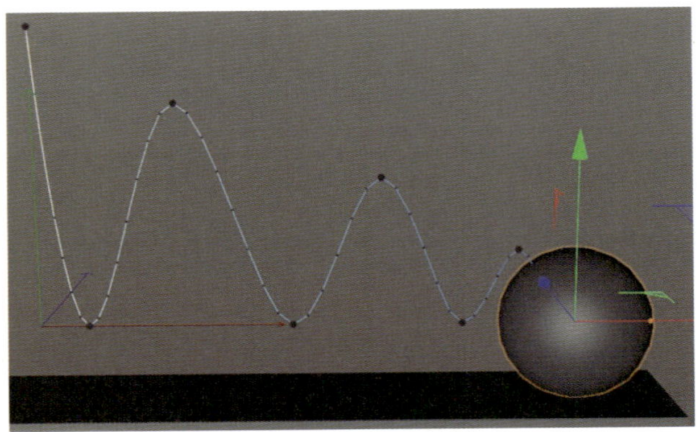

图10-45　小球运动路径

（8）此时的动画只是时间与位移相对正确，小球运动的细节还需要修改。

（四）调整函数曲线

（1）执行【窗口】→【时间线（函数曲线）】命令，也可以使用快捷键【Shift】+【Alt】+【F3】，直接打开【时间线（函数曲线）】窗口，如图10-46所示。

（2）选择球体，函数曲线窗口即可显示小球的函数曲线。因为小球做了Y轴动画和X轴动画，所以窗口中有两条曲线。红色表示X轴，绿色为Y轴，如图10-47所示。

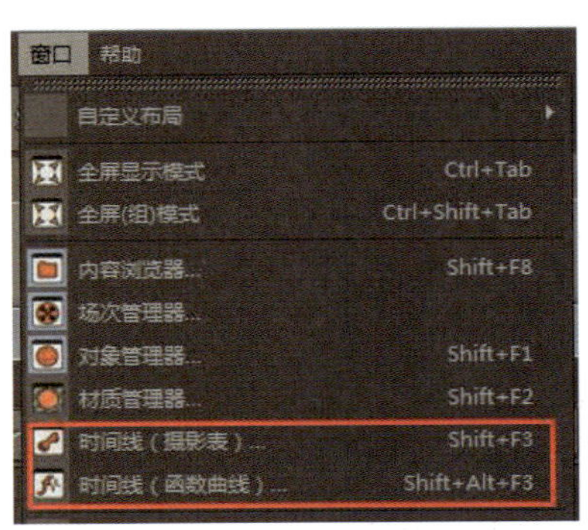

图10-46　打开【时间线（函数曲线）】窗口

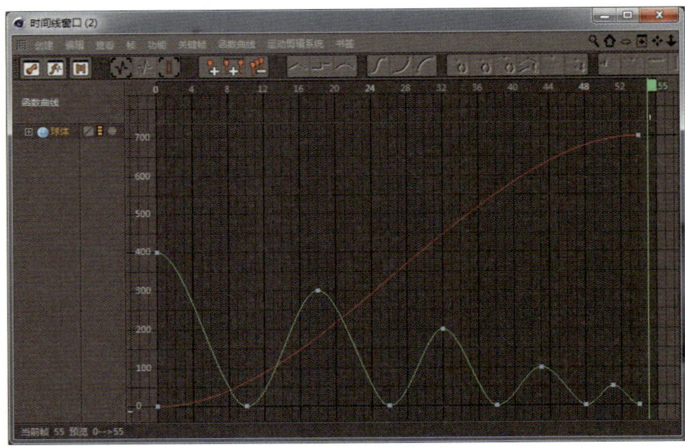

图10-47　显示所有轴线的函数曲线

（3）在对象管理器中，单击【球体】前的加号按钮，可以打开球体的属性，如图10-48所示。

（4）在对象管理器中，选择Y轴，即可在曲线区域中显示出单个轴向的运动曲线，如图10-49所示。

图10-48　单击【球体】前的加号按钮

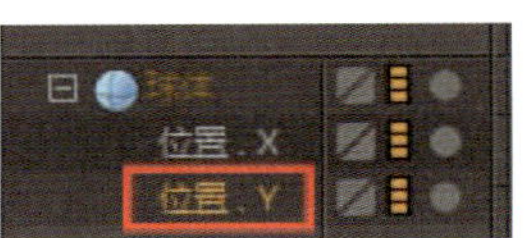

图10-49　选择Y轴

（5）曲线区域中单独显示Y轴运动曲线，如图10-50所示。

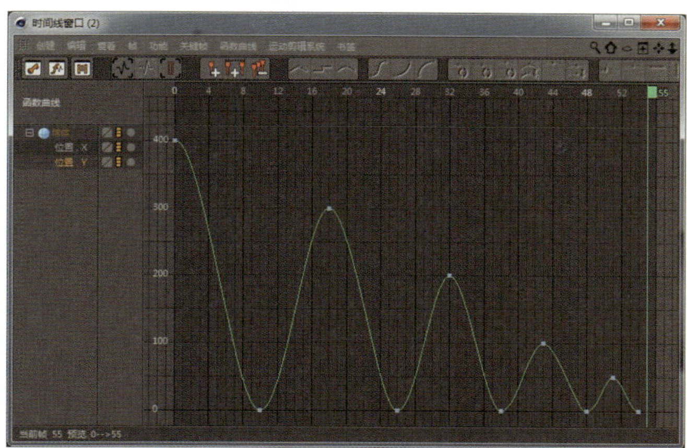

图10-50 显示Y轴运动曲线

（6）在C4D中，对象默认的运动模式是缓入缓出的，小球的Y轴运动也是缓入缓出的运动模式。

但是在真实世界中，在小球弹跳运动中，小球下落（Y轴运动）应该为加速运动，越接近地面，速度就越快；小球弹起应该为减速运动，由地面弹起，在接近最高点的过程中，速度越来越慢。因此，我们需要对曲线进行编辑。

（7）单击选择小球落地的第10帧，选中的关键帧会变成黄色，并显示关键帧的切线手柄，如图10-51所示。

（8）单击【断开切线】按钮，用来断开左切线手柄而独立于右切线，将左边切线向上拖动，将曲线调整成加速运动，如图10-52所示。也可以在编辑、修改切线时按【Shift】键来断开切线。

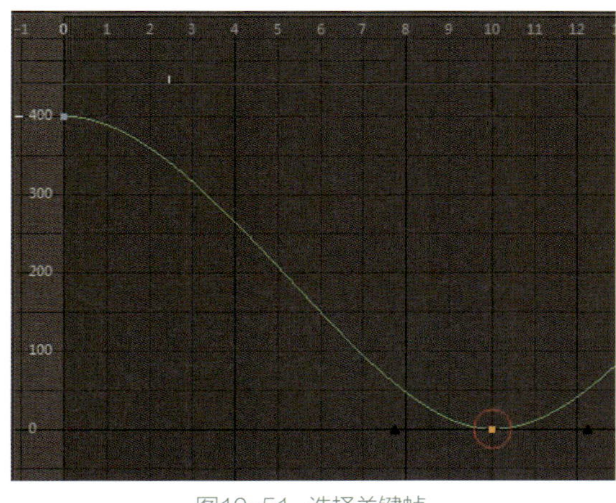

图10-51 选择关键帧

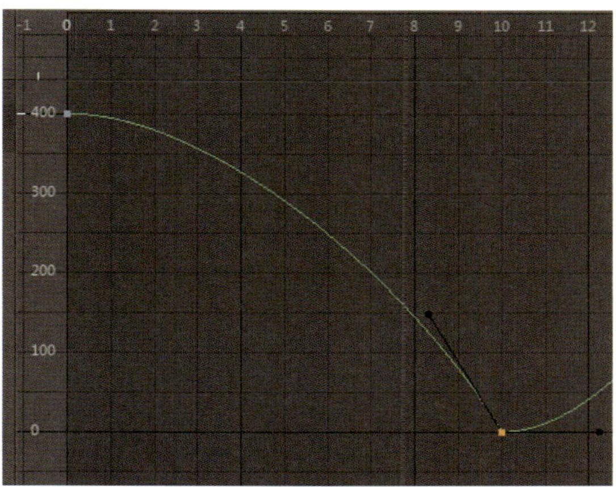

图10-52 断开切线

（9）用同样的方法调整第10帧右边的切线，将其变成减速运动，如图10-53所示。

（10）小球的一个完整的弹跳回合为：第0帧开始加速下落，第10帧着地，之后弹起并逐渐减速，第18帧弹到最高点。整个运动曲线如图10-54所示。

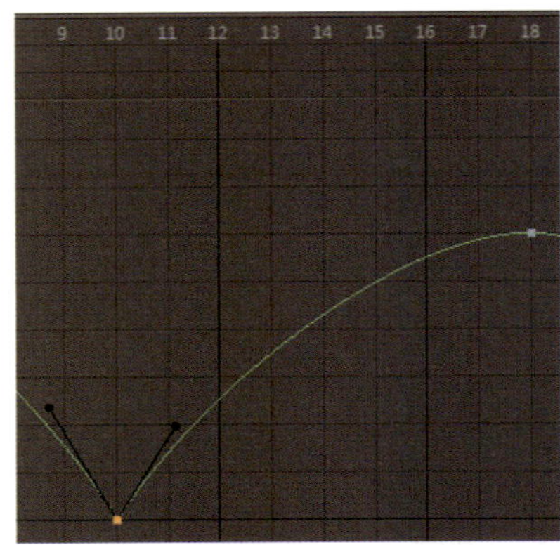

图10-53 调整右侧切线手柄

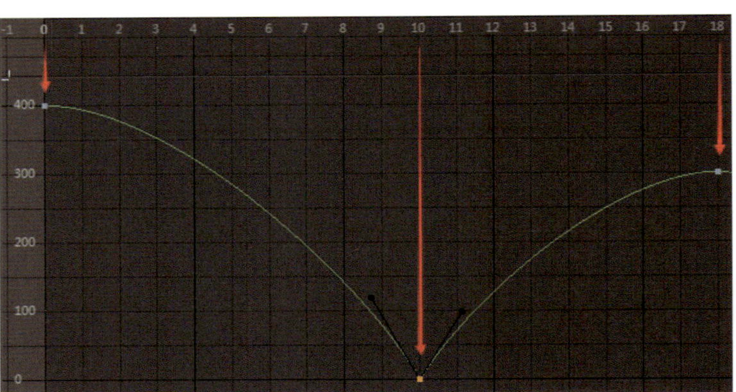

图10-54 调整好的运动曲线

（11）用以上步骤（7）—（9）调整之后的弹跳曲线，最终效果如图10-55所示。

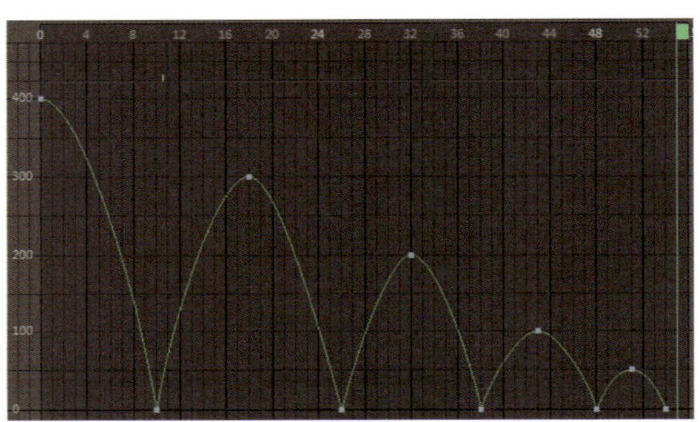

图10-55 调整好的完整运动曲线

（12）单击【播放】按钮 播放动画，球体即可按照真实的物理规律进行弹跳了。

（13）在对象管理器中，选择球体的X轴，显示出X轴的运动曲线，如图10-56所示。

（14）小球的横向运动应该为减速运动。而默认的运动曲线为缓入缓出，因此需要对X轴的运动曲线进行调整。

（15）选择第0帧，向上移动切线手柄。曲线的最终效果如图10-57所示。

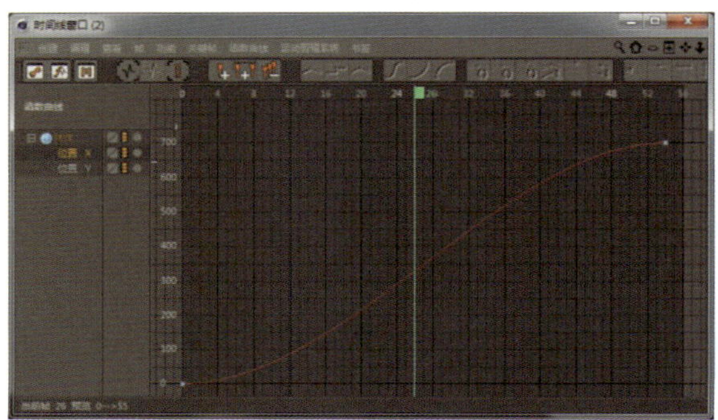
图10-56 显示出X轴的运动曲线

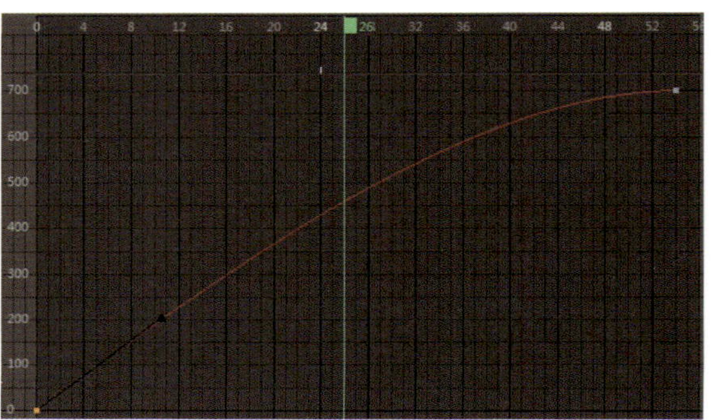

图10-57 调整运动曲线

（16）单击【播放】按钮 ▷ 播放动画，球体即可按照真实的物理规律进行弹跳和位移了，如图10-58所示。

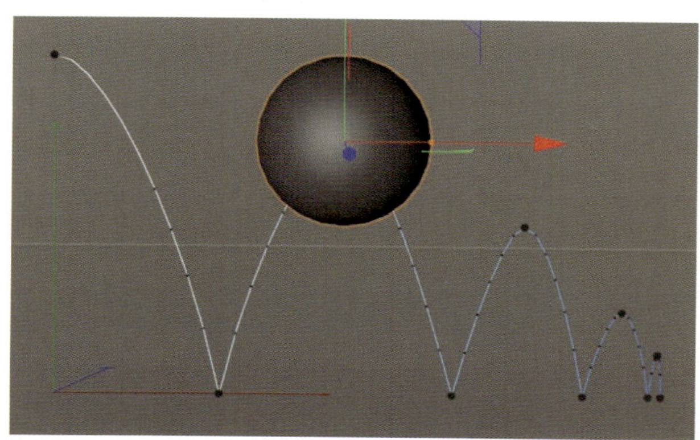

图10-58　小球正确的运动路径

第十一章　动画案例全流程

收银机案例最终效果如图11-1所示。

图11-1　收银机案例最终效果

一、模型制作

（一）“收银机”主体的制作

（1）打开C4D，创建立方体，调整长、宽、高的尺寸及分段数，如图11-2所示。

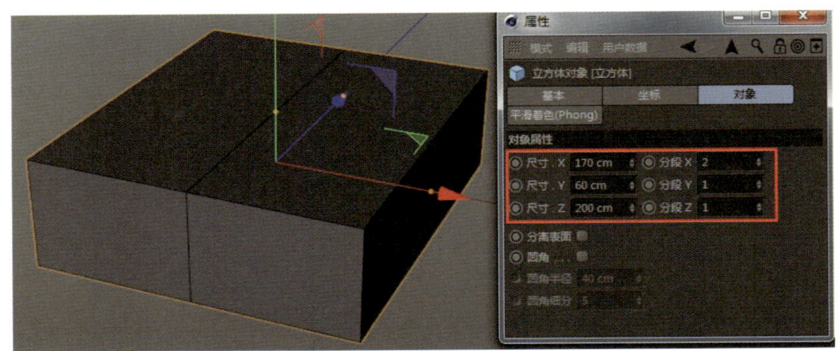

图11-2　创建立方体

（2）选择立方体，按【C】键或单击【转为可编辑对象】按钮，将立方体转化为可编辑对象。

（3）单击【边】层级按钮，进入【边】层级，选择相对应的边，用【移动】工具进行调整，如图11-3所示。

（4）单击【多边形】层级按钮，进入【多边形】层级，选择要制作“屏幕”的那一面，如图11-4所示。

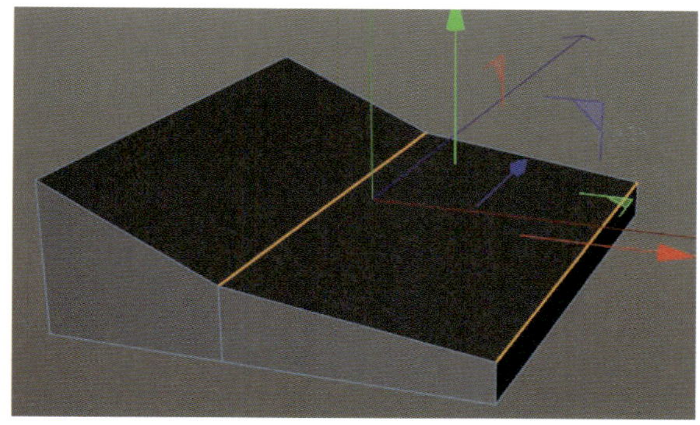
图11-3　调整边

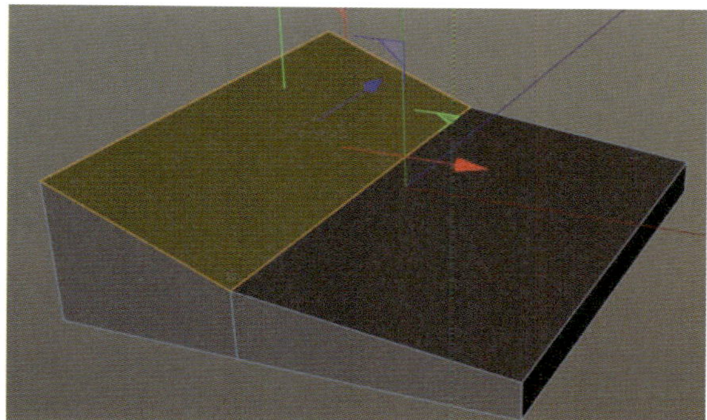
图11-4　选择面

（5）右击执行【内部挤压】命令（快捷键为【M~W】），如图11-5所示。

图11-5　【内部挤压】

（6）连续两次执行【内部挤压】命令，制作“屏幕”的边框，“屏幕”效果如图11-6所示。

（7）使用【实时选择】工具，选择中间的细边，如图11-7所示。

（8）右击执行【挤压】命令（快捷键为【M~T】）；取消选择【创建封顶】选项，并挤出厚度，如图11-8所示。

（9）在空白处右击执行【循环/路径切割】命令（快捷键为【M~L】），如图11-9所示。

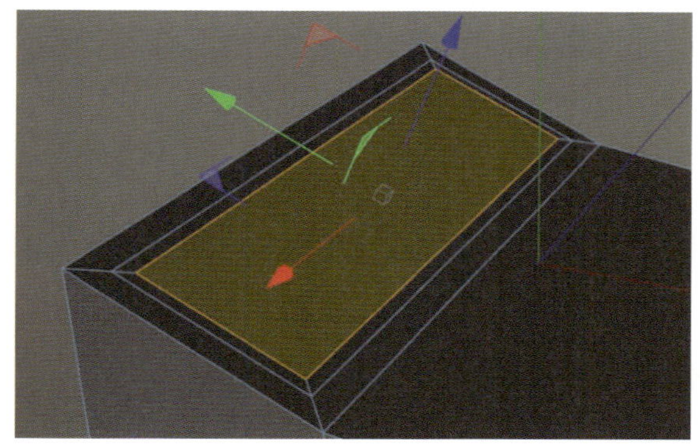
图11-6　执行【内部挤压】命令

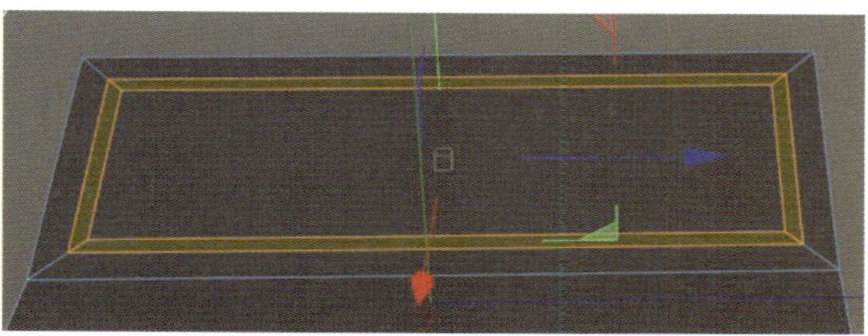
图11-7　选择中间的细边

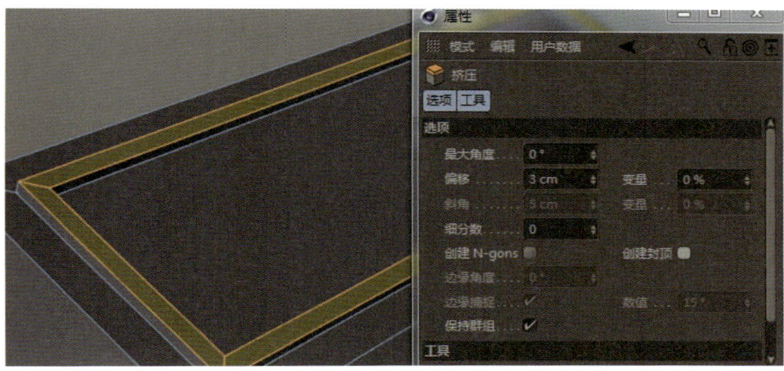

图11-8　执行【挤压】命令

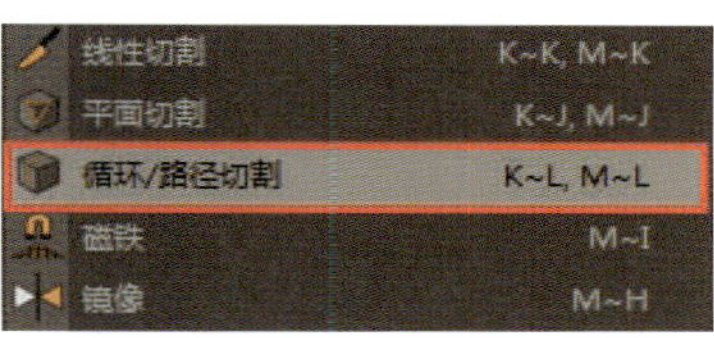

图11-9　执行【循环/路径切割】命令

（10）执行【循环/路径切割】命令，添加循环边，如图11-10所示。

（11）再次执行【循环/路径切割】命令，添加一条循环边，如图11-11所示。

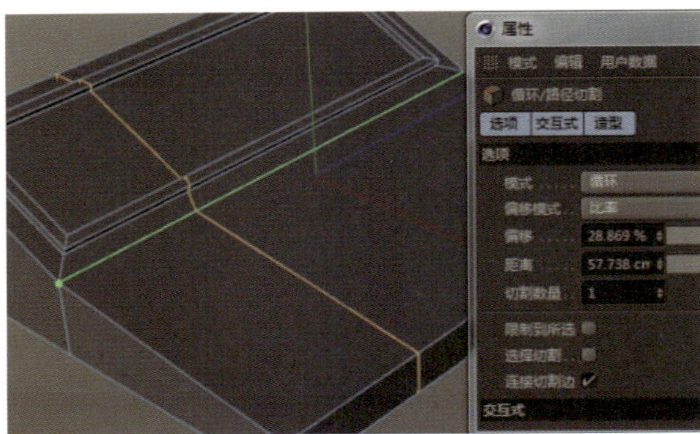

图11-10 添加循环边

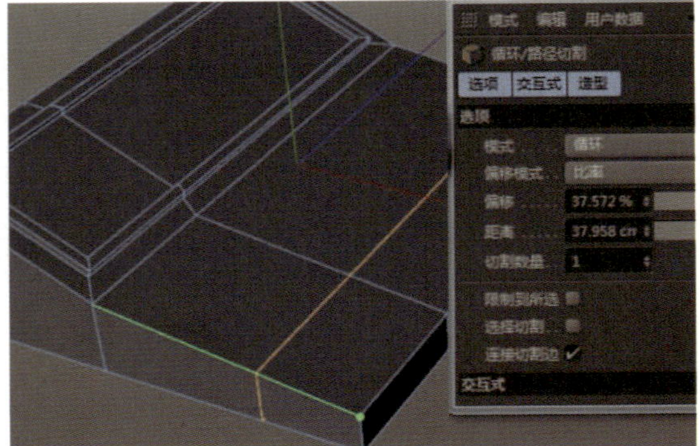

图11-11 再添加一条循环边

（12）选择两个小面，右击执行【内部挤压】命令；取消选择【保持群组】选项，并向内挤出，效果如图11-12所示。

（13）执行【循环/路径切割】命令，添加两条循环边，如图11-13所示。

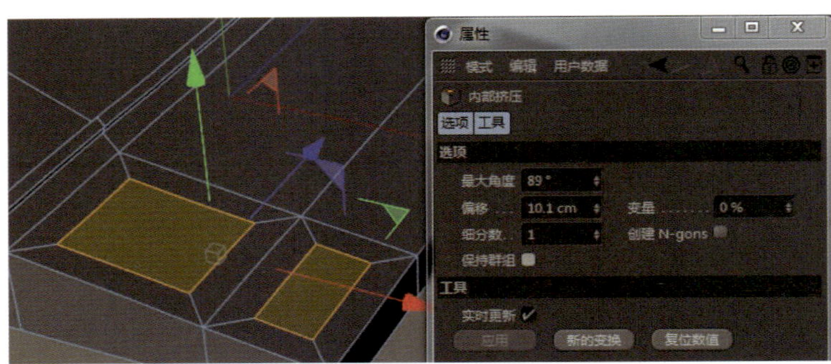

图11-12 【内部挤压】效果

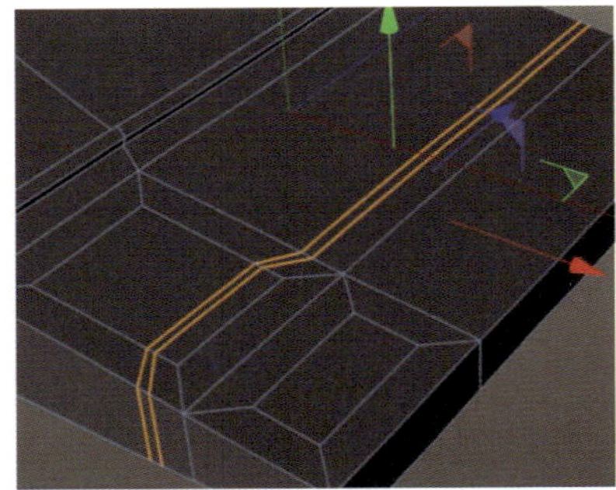

图11-13 添加两条循环边

（14）选择中间的细面，右击执行【挤压】命令；取消选择【创建封顶】选项，向内挤出凹槽，如图11-14所示。

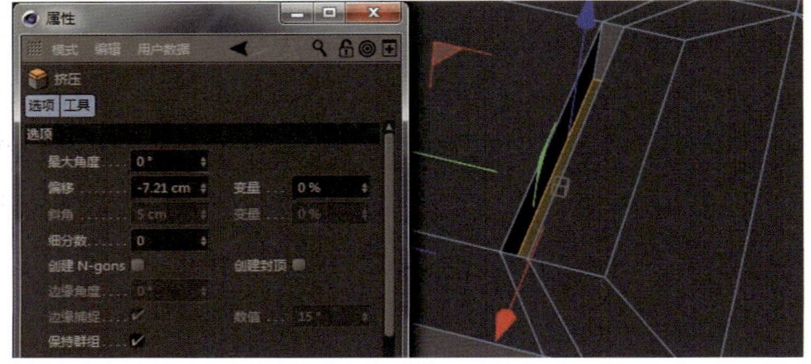

图11-14 挤出凹槽

（15）“收银机”主体创建完成，如图11-15所示。

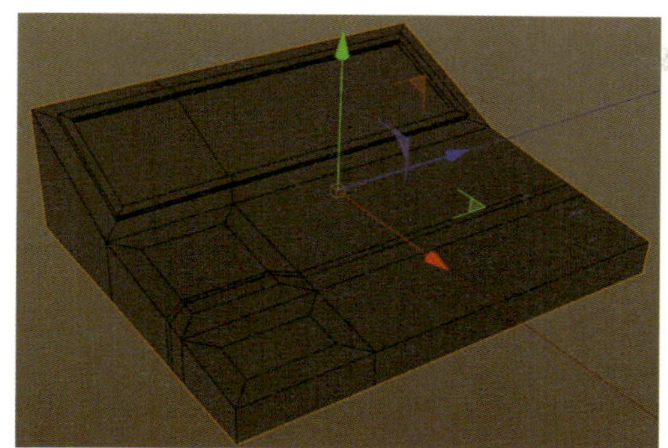

图11-15 “收银机”主体

（二）“小屏幕”的制作

（1）创建立方体，调整长、宽、高的尺寸及分段数，如图11-16所示。

（2）选择立方体，按【C】键或单击【转为可编辑对象】按钮，将立方体转化为可编辑对象。单击【多边形】层级按钮，进入【多边形】层级，选择要制作“屏幕”的那一面，如图11-17所示。

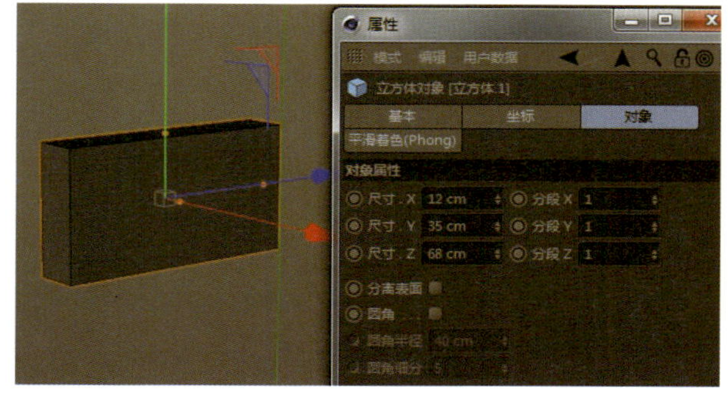

图11-16 创建立方体

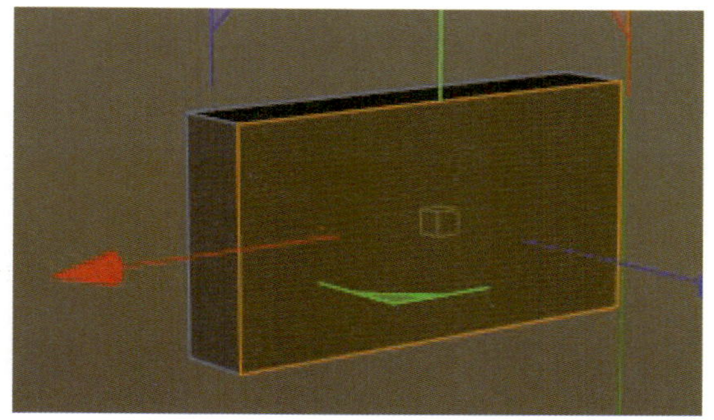

图11-17 选择面

（3）右击执行【内部挤压】命令，并向内挤出两次，效果如图11-18所示。

（4）使用【实时选择】工具，选择中间的细面，如图11-19所示。

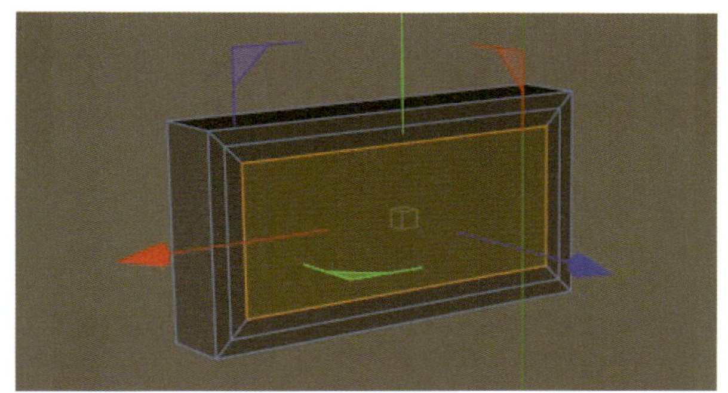

图11-18 【内部挤压】效果

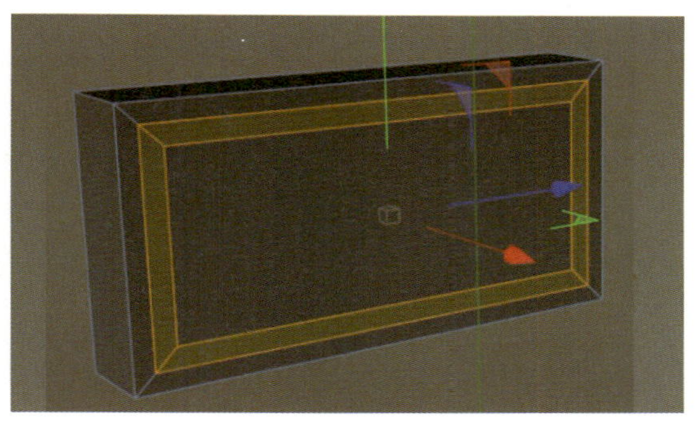

图11-19 选择面

（5）右击执行【挤压】命令；取消选择【创建封顶】选项，并挤出厚度，如图11-20所示。

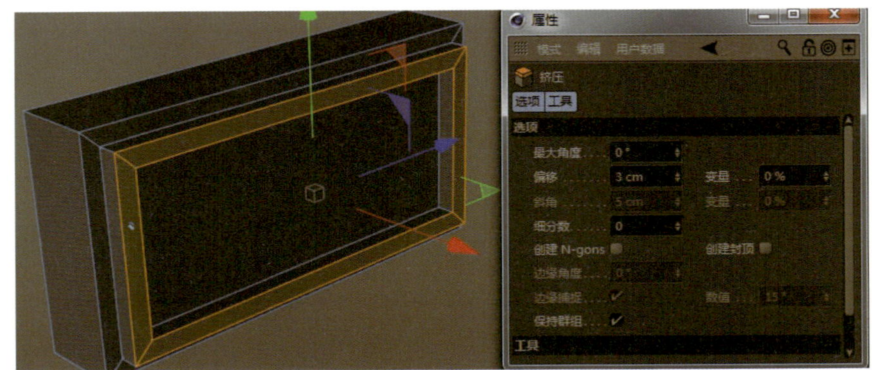

图11-20　挤出厚度

（6）创建立方体，调整长、宽、高的尺寸及分段数，制作连接“屏幕”的“杆”，如图11-21所示。

（7）创建圆柱体，调整半径、高的尺寸及分段数，并调整旋转和位移，如图11-22所示。

（8）复制圆柱体，调整半径和高度，得到内部的小圆柱体，如图11-23所示。

（9）复制“连接杆”的立方体，调整高度尺寸，制作短的连接“屏幕”的“杆”，如图11-24所示。

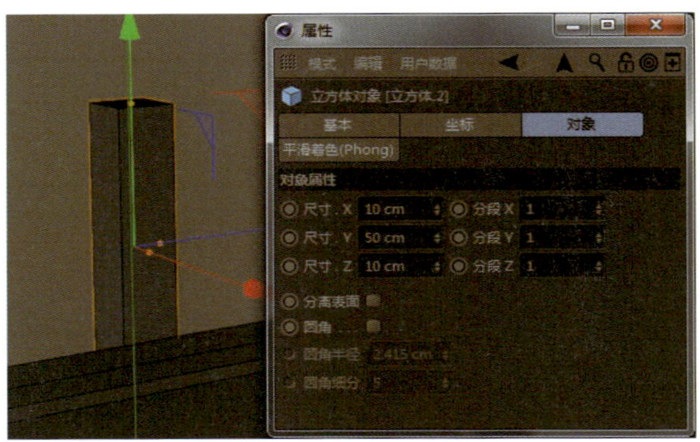

图11-21　创建立方体

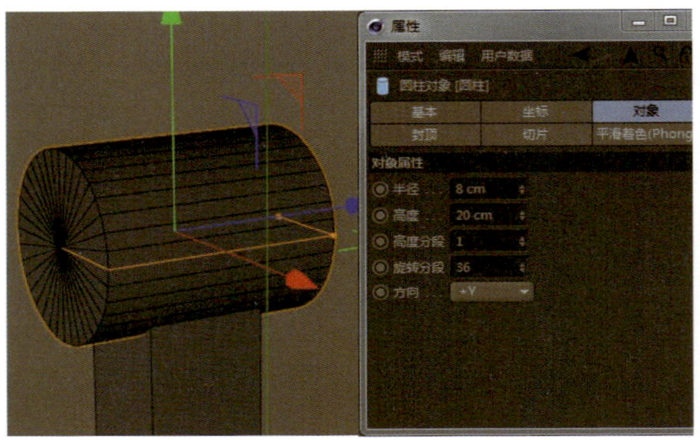

图11-22　创建圆柱体

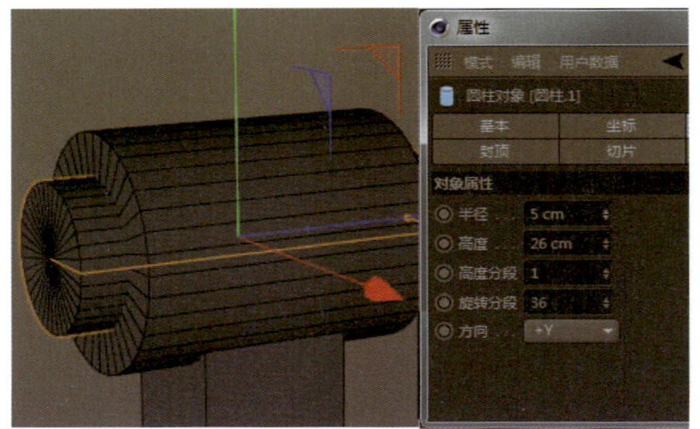

图11-23　复制圆柱体

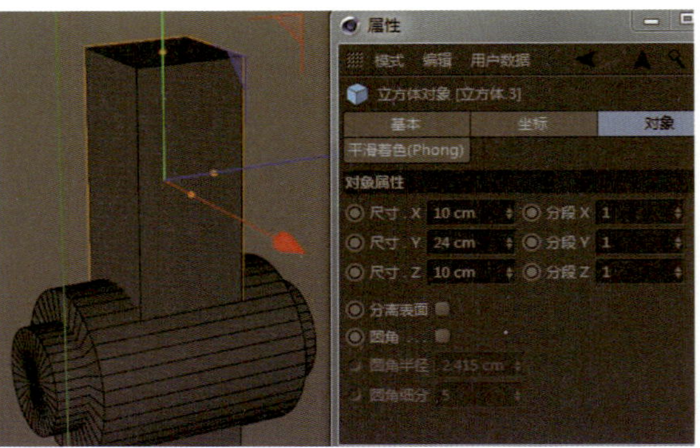

图11-24　复制立方体

（10）调整“小屏幕”的位置和角度，将其放置在“连接杆”上。“小屏幕”制作完成，如图11-25所示。

（11）在对象管理器中选择所有对象，按【Alt】+【G】组合键使所有模型成组，并重命名为“小屏幕”。成组后，对象管理器中的显示如图11-26所示。

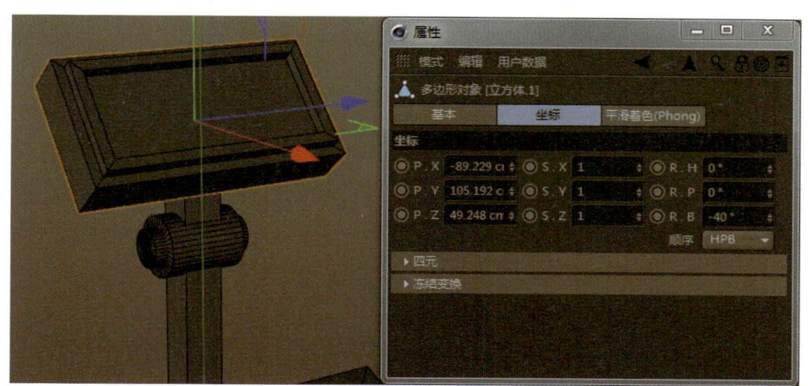

图11-25　调整位置和角度

图11-26　成组并重命名

（三）“键盘”的制作

（1）创建立方体，调整长、宽、高的尺寸及分段数，如图11-27所示。

（2）选择立方体，按【C】键或单击【转为可编辑对象】按钮，将立方体转化为可编辑对象。单击【多边形】层级按钮，进入【多边形】层级，选择顶面，使用【缩放】工具（快捷键为【T】）进行缩放，效果如图11-28所示。

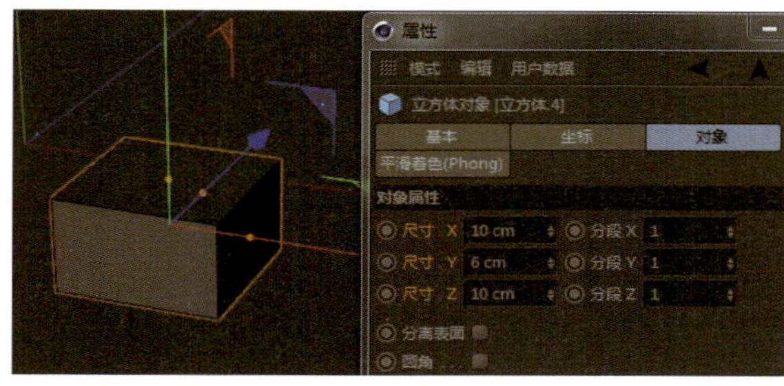

图11-27　创建立方体

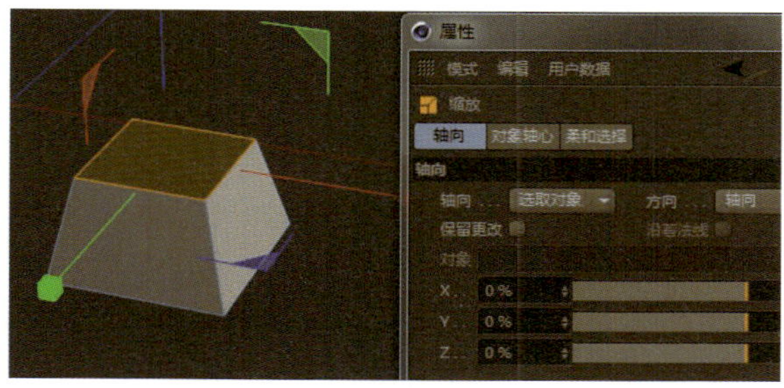

图11-28　选择顶面并缩放

（3）单击【文本】工具按钮，创建文本。

（4）调整文本的平面轴向，输入文本，调整文字高度，效果如图11-29所示。

（5）单击【挤压】工具按钮，创建【挤压】生成器；在对象管理器中将文本调整为【挤压】生成器的子对象，如图11-30所示。

（6）修改【挤压】生成器的【移动】参数，调整文字的高度，如图11-31所示。

（7）选择【挤压】生成器并进行移动，将文字移动到“按键”的顶部，如图11-32所示。

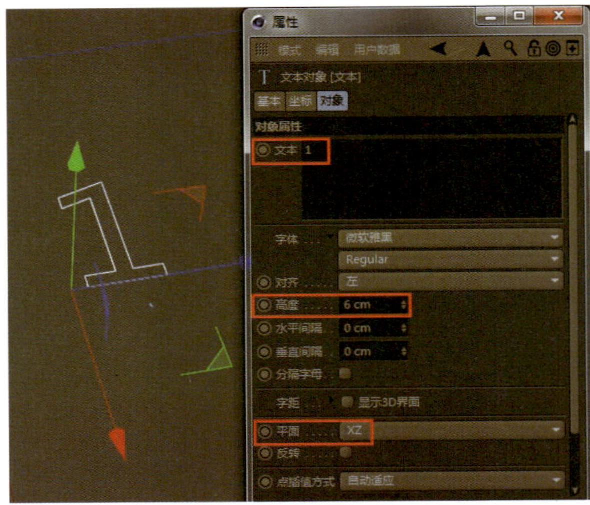

图11-29 调整文本属性

图11-30 将文本调整为【挤压】生成器的子对象

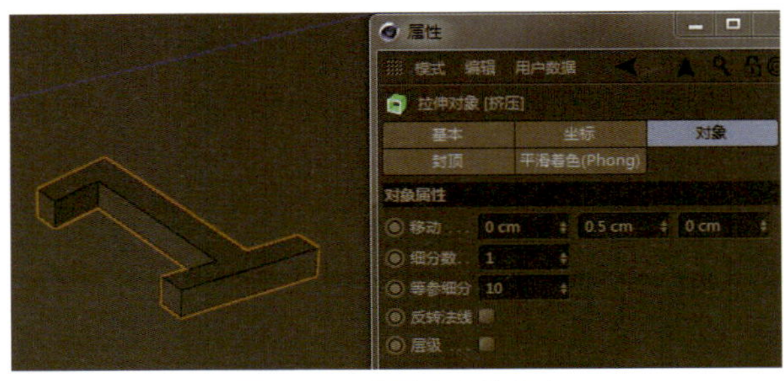

图11-31 调整文字的高度

图11-32 标准文字位置

（8）在对象管理器中，将【挤压】生成器（创建好的数字）调整为“按键”的子对象，带数字的“按键”制作完成，如图11-33所示。

（9）选择“按键”，按【Ctrl】+【C】组合键复制，并按【Ctrl】+【V】组合键粘贴出一个新的按键，重命名为“按键.2”，移动到“按键”旁边，如图11-34所示。

（10）选择“按键.2”中的文本，在属性管理器中修改文本内容，新的“按键”制作完成，如图11-35所示。

图11-33 调整层级关系

图11-34 复制“按键”

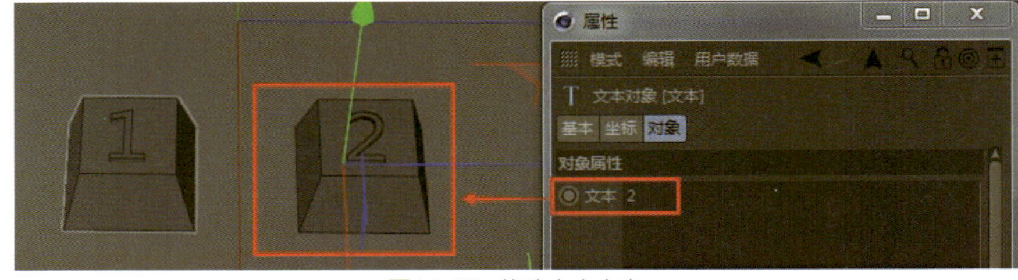

图11-35 修改文本内容

（11）使用步骤（9）—（10）的方法，复制并创建新的“按键”，得到“键盘”，如图11-36所示。

（12）可以复制两组按钮，将文字删除，得到空白按钮，放置在“键盘”两侧，如图11-37所示。

（13）删除右下角的空按键“按键空 4.1”，如图11-38所示。

（14）选择“按键空 3.1”，进入【点】层级，将其拉长为长按键，如图11-39所示。

（15）在对象管理器中选择所有“按键”，按【Alt】+【G】组合键，使所有模型成组，并重命名为“键盘”，如图11-40所示。

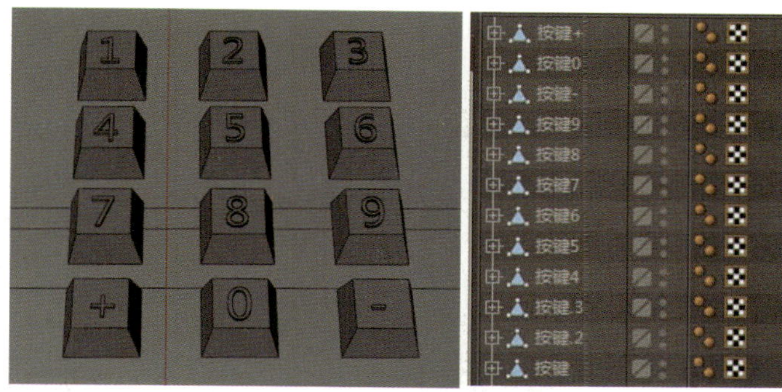

图11-36　制作“数字键盘”

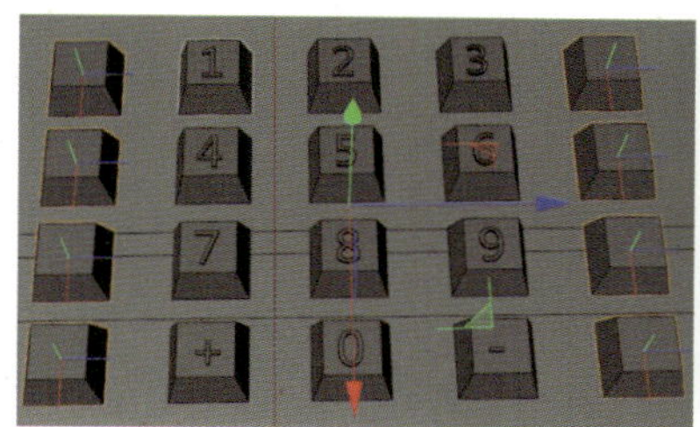

图11-37　制作空按键

（16）选择“键盘”组，调整模型的位移、缩放和旋转，匹配到机器主体，如图11-41所示。

图11-38　删除“按键”

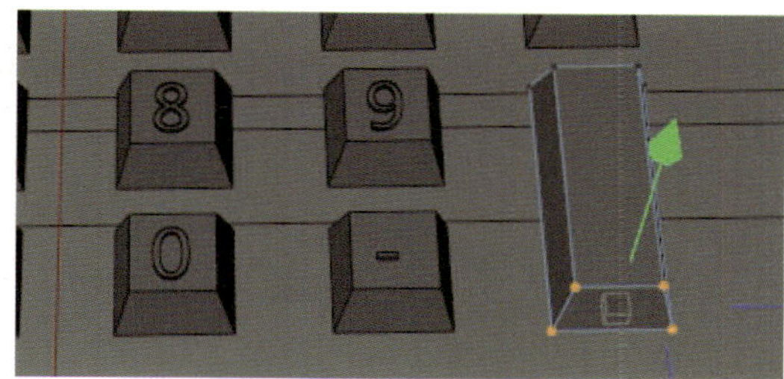
图11-39　调整“按键”的点

图11-40　成组并重命名

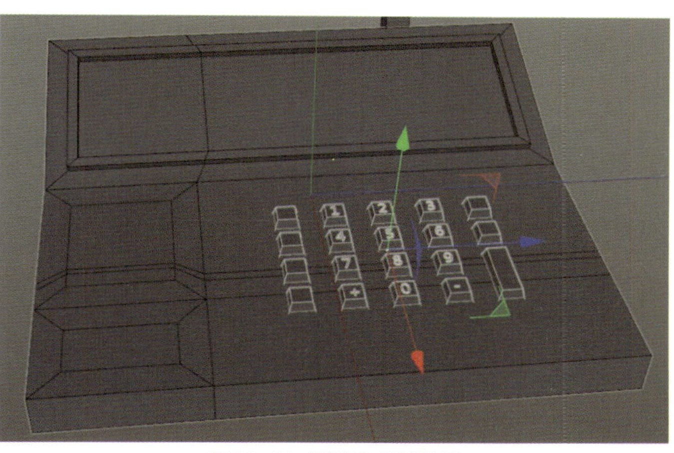
图11-41　“键盘”最终效果

（四）“纸卷”的制作

（1）创建圆柱体，调整半径、高度以及圆柱体的旋转，放置于“机器”主体凹槽处，如图11-42所示。

（2）在【属性】面板中，进入【封顶】选项卡，取消选择圆柱体的【封顶】选项，如图11-43所示。

（3）在【属性】面板中，进入【切片】选项卡，选择【切片】选项。在默认数值下，得到的圆柱体如图11-44所示。

（4）调整切片【起点】与【终点】的数值，只露出一小部分“纸卷”，如图11-45所示。

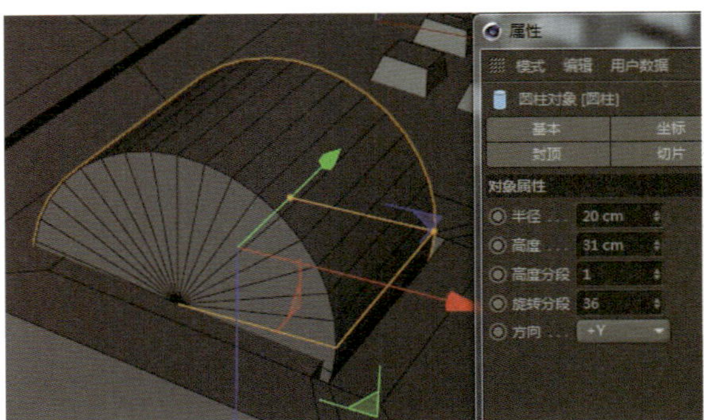

图11-42 创建圆柱体

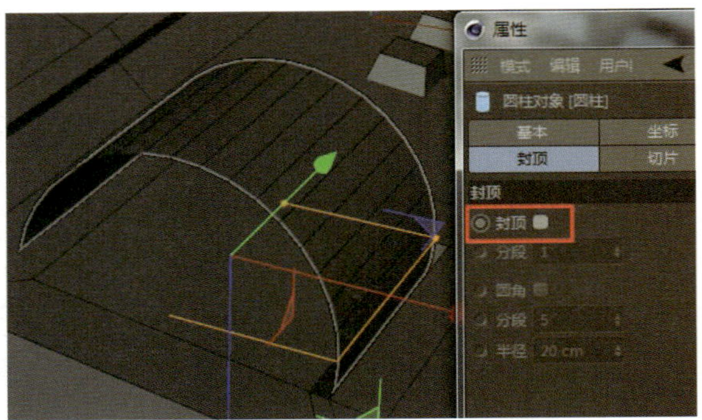

图11-43 取消选择【封顶】选项

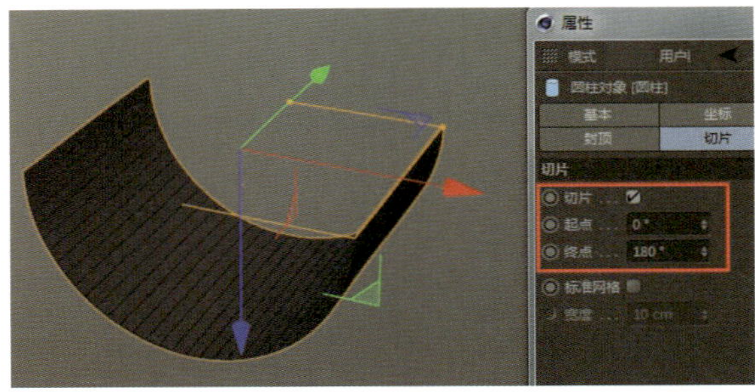

图11-44 选择【切片】选项

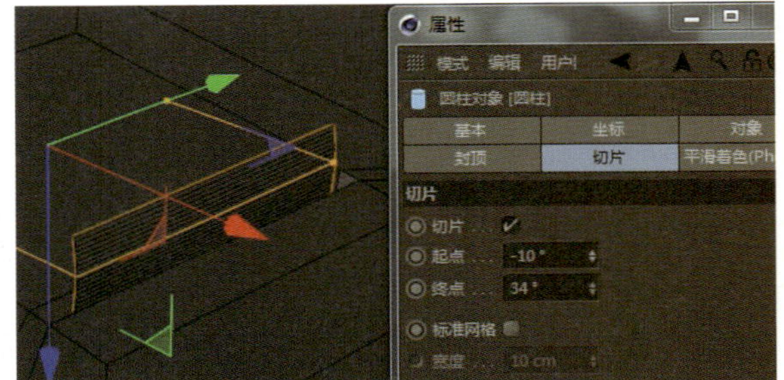

图11-45 调整【起点】与【终点】数值

（5）纸卷模型制作完成，如图11-46所示。切片的【起点】数值也是之后做动画要用到的。

（6）最后，创建一个平面，调整尺寸和位置，作为“地面”，在渲染中可以承接“机器”的投影，如图11-47所示。

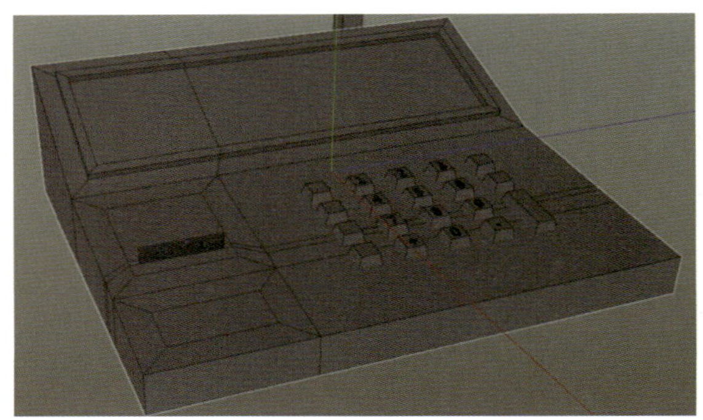

图11-46 “纸卷”制作完成

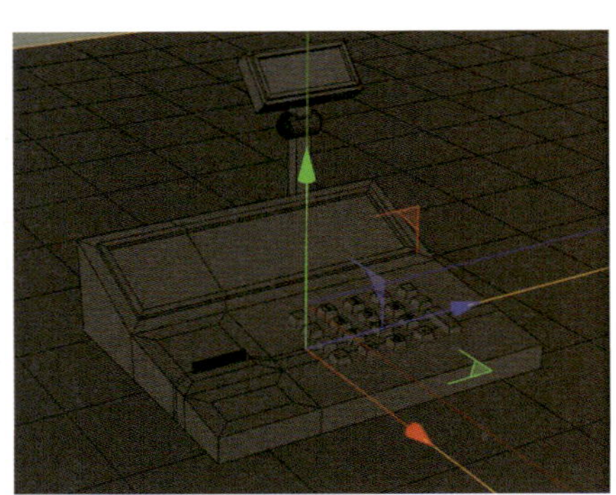

图11-47 创建平面作为“地面”

二、灯光与材质

（一）材质制作

（1）在材质管理器空白区域双击创建新的材质球，并重命名为“地面”，如图11-48所示。

（2）先选择地面模型，右击“地面”材质球，执行【应用】命令，将材质球应用于地面，如图11-49所示。

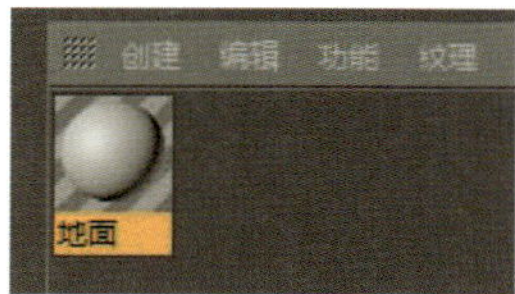

图11-48　创建材质球

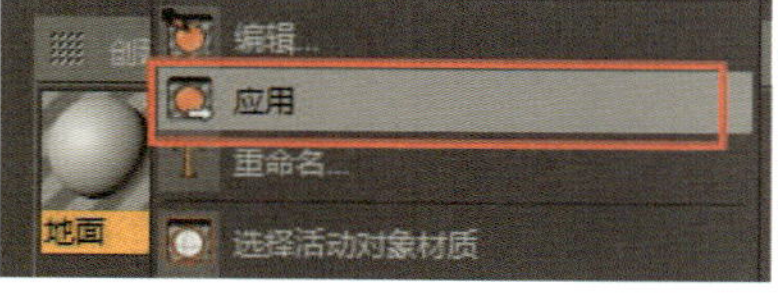

图11-49　执行【应用】命令

（3）用步骤（1）的方法创建新的材质球，并重命名为“主体”，如图11-50所示。

（4）双击“主体”材质球，进入【材质编辑器】窗口，如图11-51所示。

（5）选择【颜色】通道，将材质球的颜色调整为淡黄色，如图11-52所示。

（6）先选择主体模型和小屏幕模型，右击“主体”材质球，执行【应用】命令，将材质球应用于“机器”的主体，效果如图11-53所示。

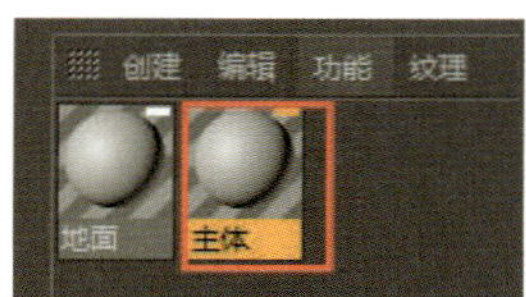

图11-50　创建新的材质球

图11-51　进入【材质编辑器】窗口

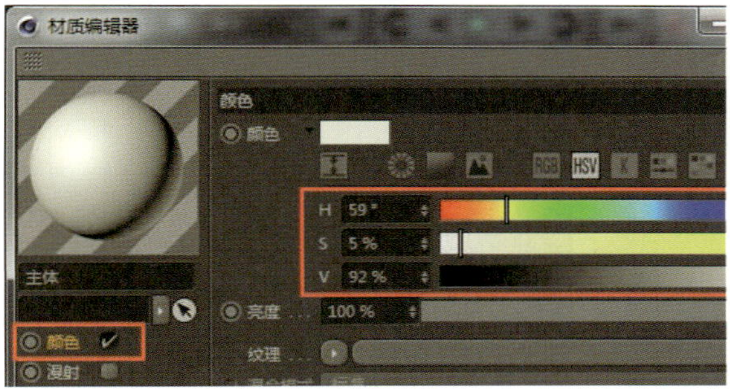

图11-52　调整材质球的颜色

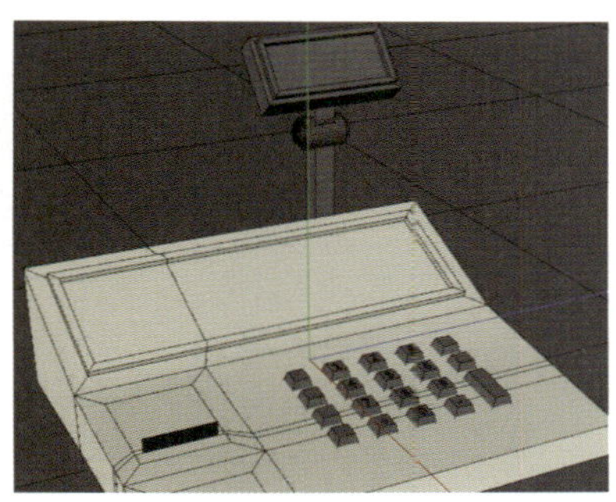
图11-53　将材质球应用于机器的主体

（7）用步骤（1）的方法创建新的材质球，并重命名为“边框”，如图11-54所示。

（8）双击“边框”材质球，进入【材质编辑器】窗口；选择【颜色】通道，将材质球的颜色调整为深灰色，如图11-55所示。

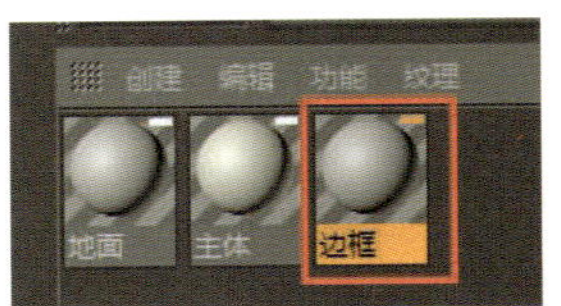

图11-54 创建新的材质球

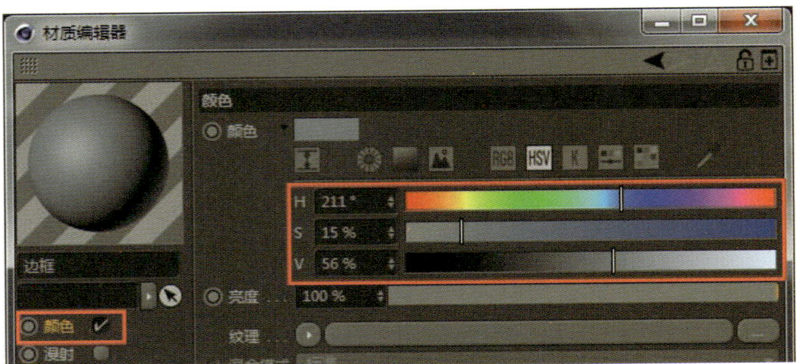

图11-55 调整材质球的颜色

（9）选择主体模型，单击【多边形】层级按钮，进入【多边形】层级，选择主体模型相应的面，如图11-56所示。

（10）右击“边框”材质球，执行【应用】命令，将材质球应用于所选择的面，效果如图11-57所示。

（11）选择“小屏幕”组内的所有模型，并应用“主体”材质球，效果如图11-58所示。

（12）选择“立方体.1”模型，单击【多边形】层级按钮，进入【多边形】层级，选择“小屏幕”，将“边框”材质球应用于屏幕边框，如图11-59所示。

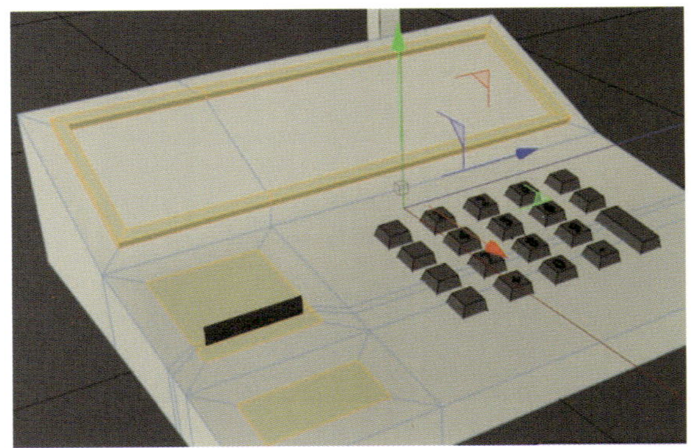
图11-56 选择相应的面

图11-57 将材质球应用于所选择的面

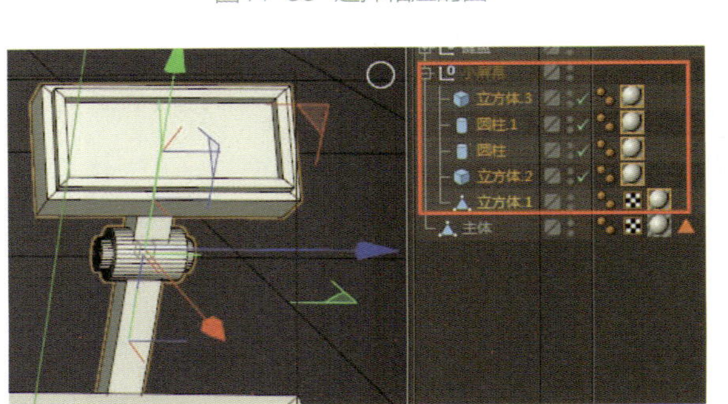

图11-58 应用“主体”材质球

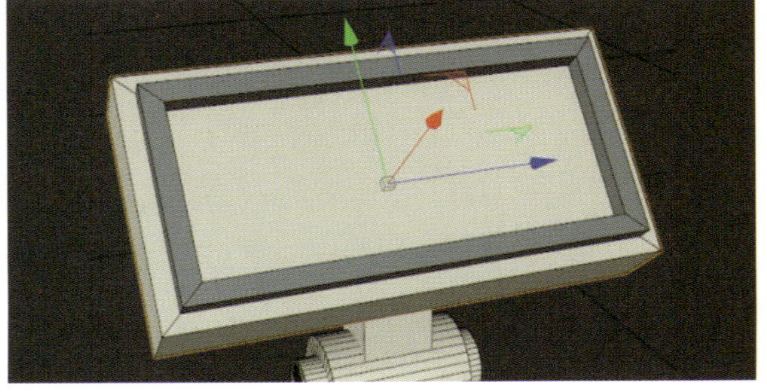
图11-59 应用“边框”材质球

（13）按照步骤（3）—（5），创建“蓝色屏幕”材质球，如图11-60所示。

（14）按照步骤（9）—（12），将“蓝色屏幕”材质球应用于模型的面，如图11-61所示。

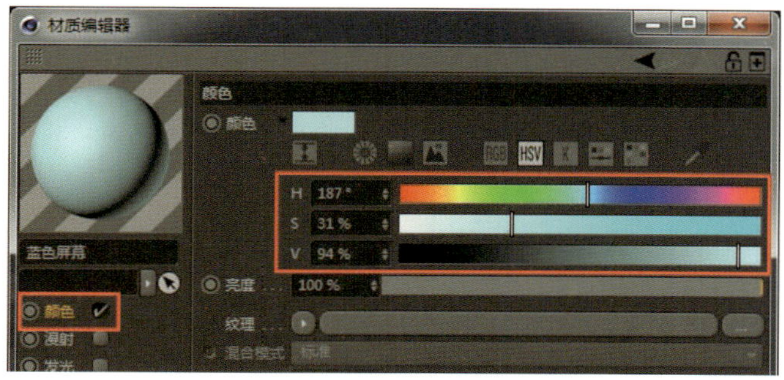

图11-60　创建“蓝色屏幕”材质球

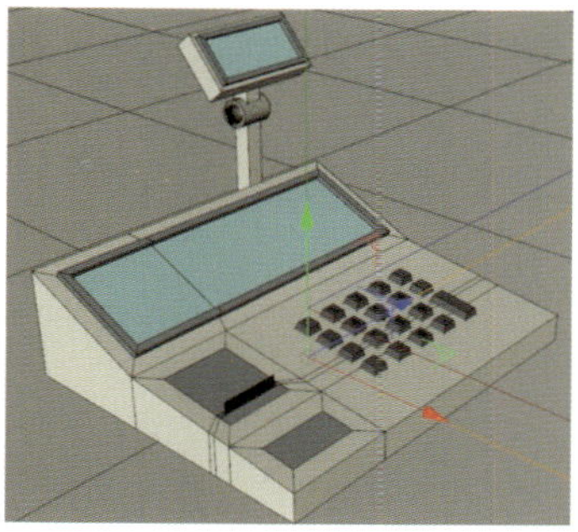

图11-61　应用于模型

（15）按照步骤（3）—（5），创建“键盘”材质球，如图11-62所示。

（16）选择键盘模型组，将“键盘”材质球应用于模型组，如图11-63所示。

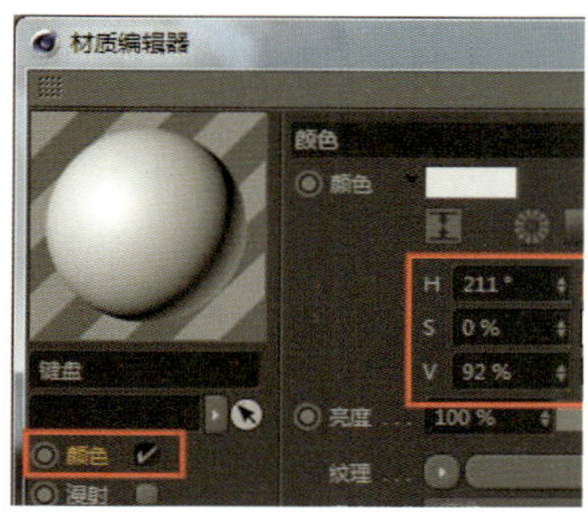

图11-62　创建“键盘”材质球

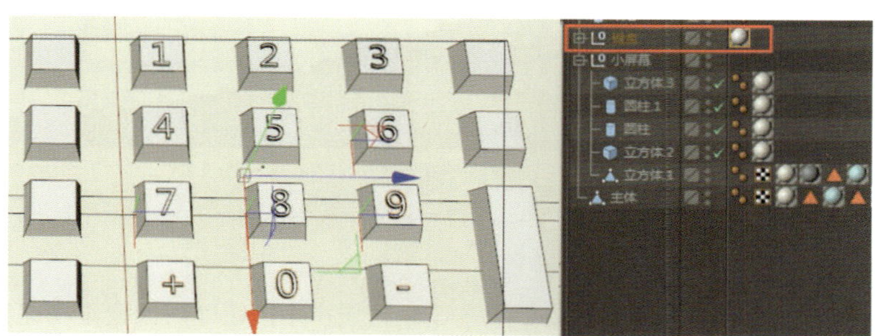

图11-63　应用于模型组

（17）按照步骤（3）—（5），创建“数字”材质球，如图11-64所示。

（18）打开键盘模型组，选择“按键”中的“数字”，如图11-65所示。

（19）将“数字”材质球应用于数字模型，如图11-66所示。

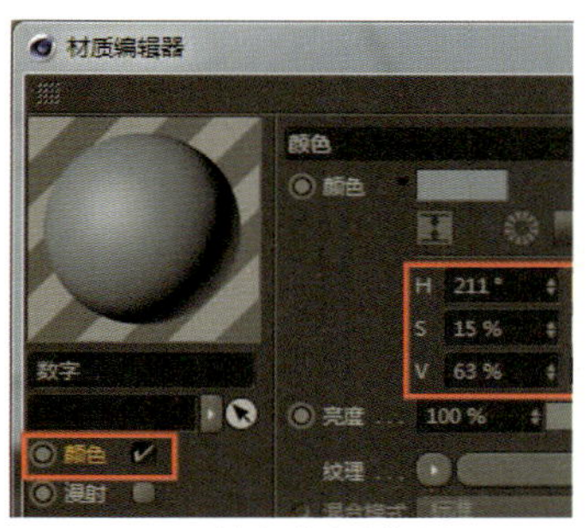

图11-64　创建“数字”材质球

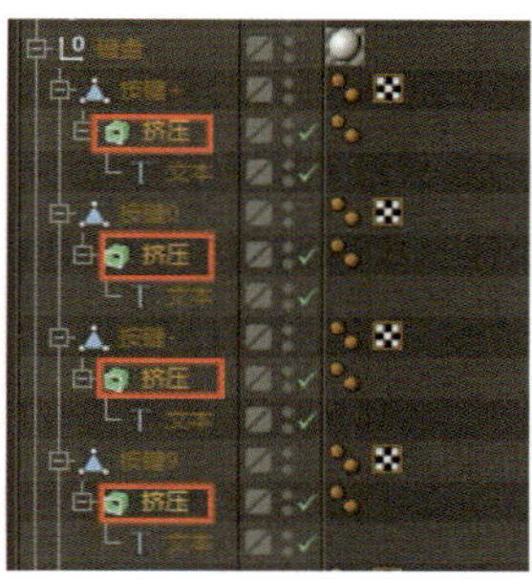

图11-65　选择“数字”

图11-66　应用材质球

（20）按照步骤（3）—（5），创建“浅红色”材质球与“浅绿色”材质球，将材质球应用于右上角的两个“按键”，如图11-67所示。

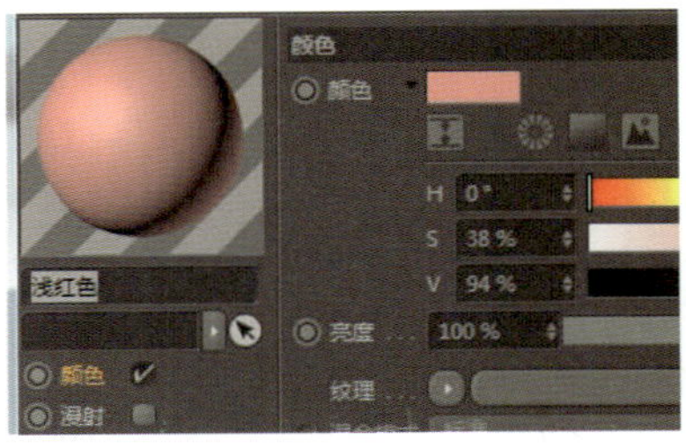
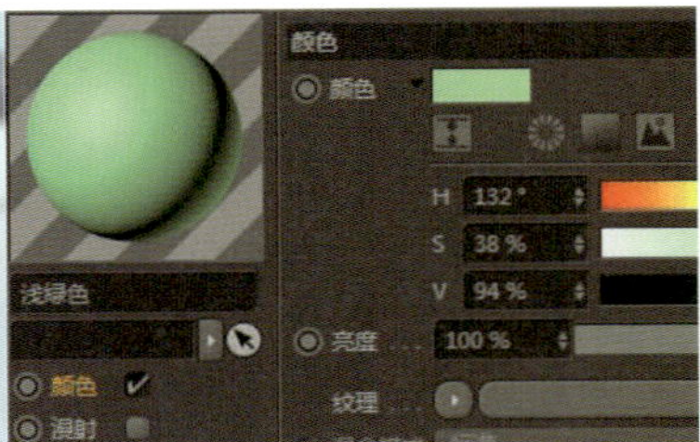

图11-67 创建材质球

（21）按照步骤（3）—（5），创建“白色纸条”材质球并应用于纸卷模型，如图11-68所示。

（22）最终效果如图11-69所示。

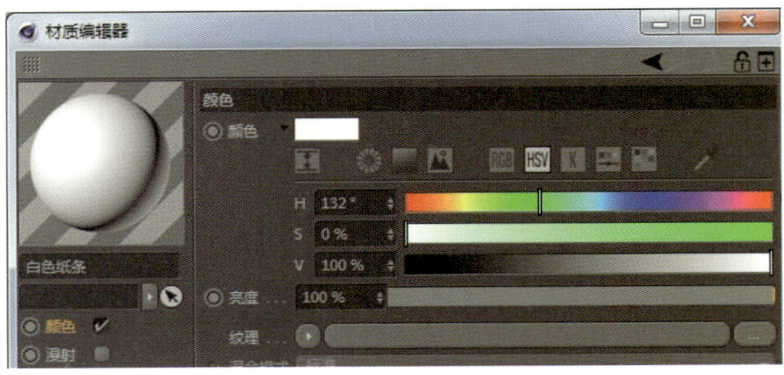

图11-68 创建“白色纸条”材质球

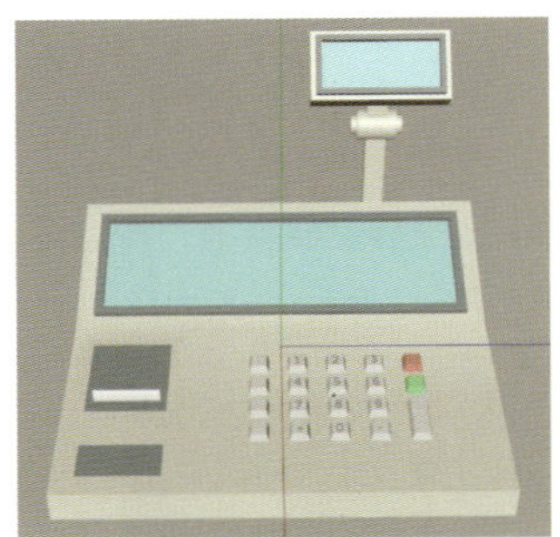

图11-69 最终效果

（二）【物理天空】设置

（1）在场景工具组中，单击【物理天空】按钮即可创建【物理天空】，如图11-70所示。

图11-70 创建【物理天空】

（2）【物理天空】在透视视图中的显示如图11-71所示。

（3）创建【物理天空】后，可以单击【渲染到图片查看器】按钮或按【Ctrl】+【R】组合键进行预渲染，先简单看一下灯光效果，如图11-72所示。

（4）目前灯光从左向右照射，在物体右侧的影子太长，需要将影子调整到物体左侧。

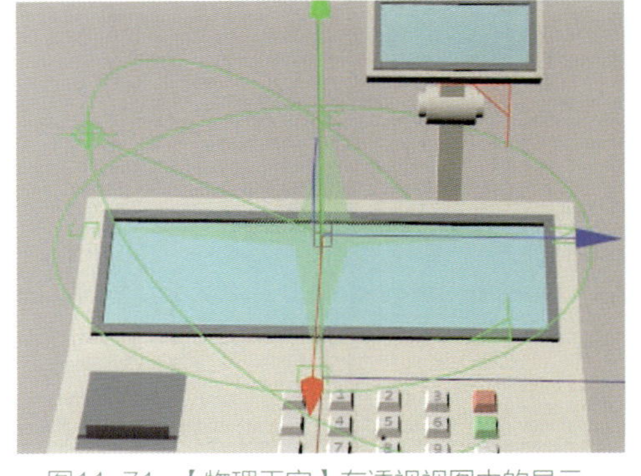

图11-71 【物理天空】在透视视图中的显示

图11-72 渲染效果

（5）选择【物理天空】，使用【旋转】工具将【物理天空】旋转，使灯光移动到物体右侧，如图11-73所示。

（6）按【Ctrl】+【R】组合键进行预渲染，如图11-74所示。

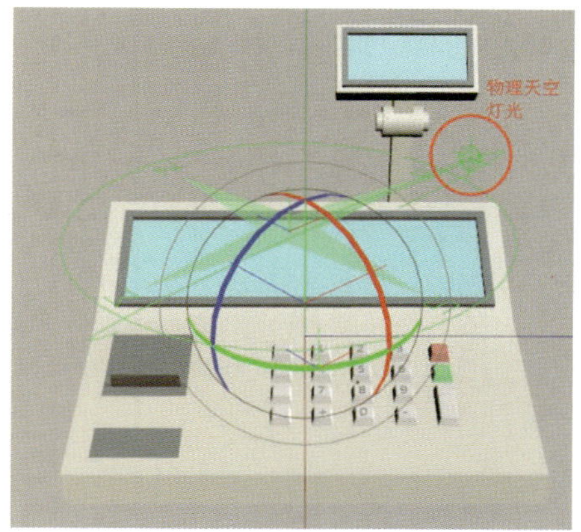

图11-73　调整灯光位置

图11-74　调整灯光位置后的效果

（7）调整天光的颜色倾向。选择【物理天空】，打开【属性】面板中的【太阳】选项卡，降低【饱和度修正】的数值，渲染效果如图11-75所示。

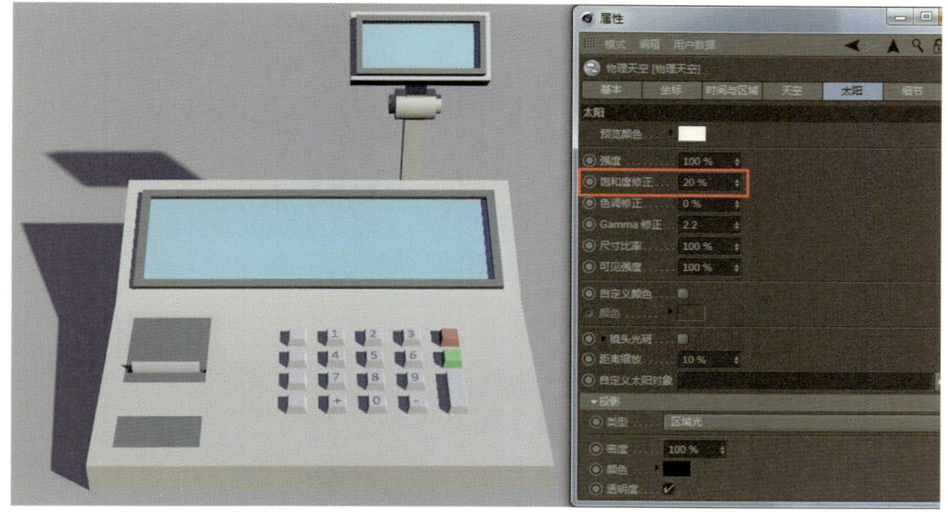

图11-75　降低【饱和度修正】数值①

（8）打开【属性】面板中的【天空】选项卡，降低【饱和度修正】的数值，渲染效果如图11-76所示。

（9）调整影子的浓度。打开【属性】面板中的【太阳】选项卡，在【投影】属性下，降低【密度】的数值，渲染效果如图11-77所示。

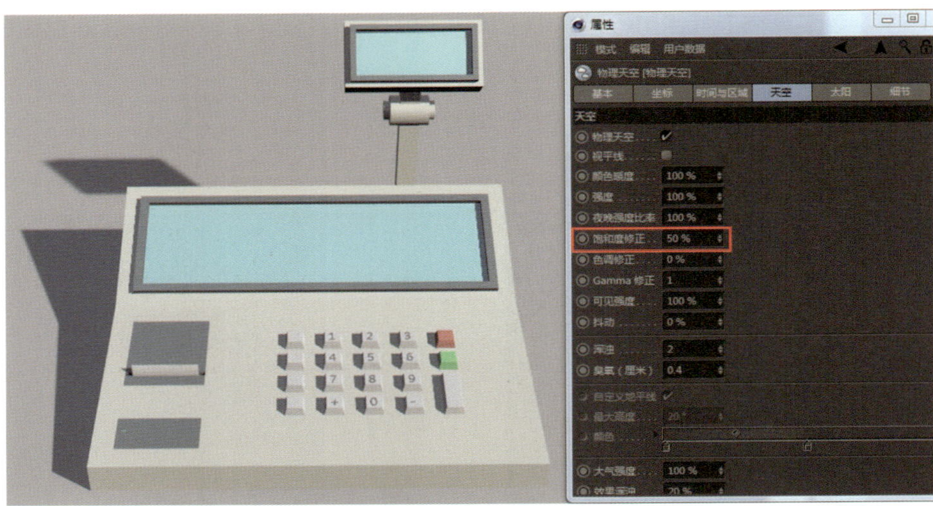

图11-76 降低【饱和度修正】数值②

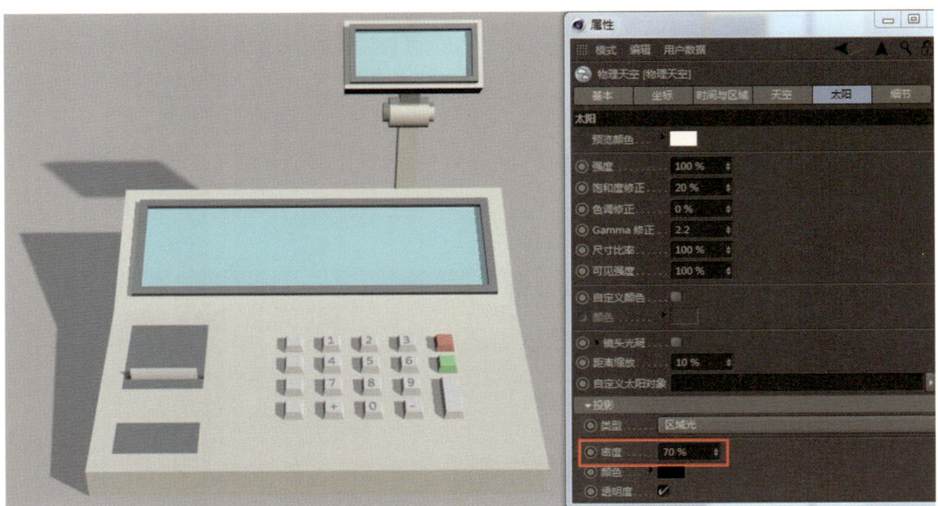

图11-77 降低投影密度

（10）单击【渲染设置】按钮，打开【渲染设置】窗口，如图11-78所示。

（11）单击【抗锯齿】，设置抗锯齿类型为【最佳】，提高渲染质量，如图11-79所示。

（12）单击【效果】按钮，添加【全局光照】，如图11-80所示。

（13）将渲染【预设】调整为【室内-高品质】，提高渲染质量，如图11-81所示。

（14）按【Ctrl】+【R】组合键进行预渲染，最终渲染效果如图11-82所示。

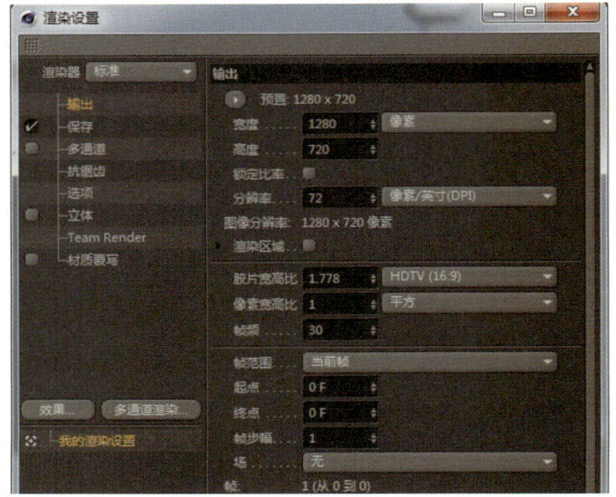

图11-78 打开【渲染设置】窗口

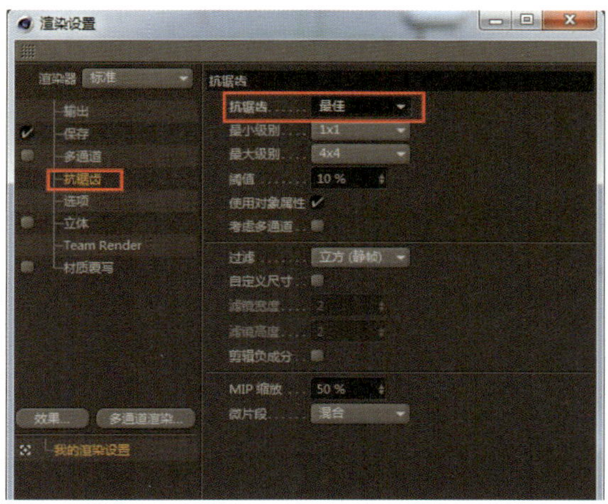

图11-79　设置【抗锯齿】参数

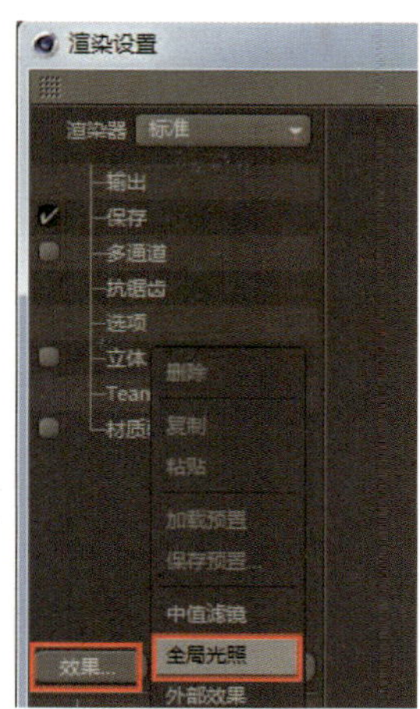

图11-80　添加【全局光照】

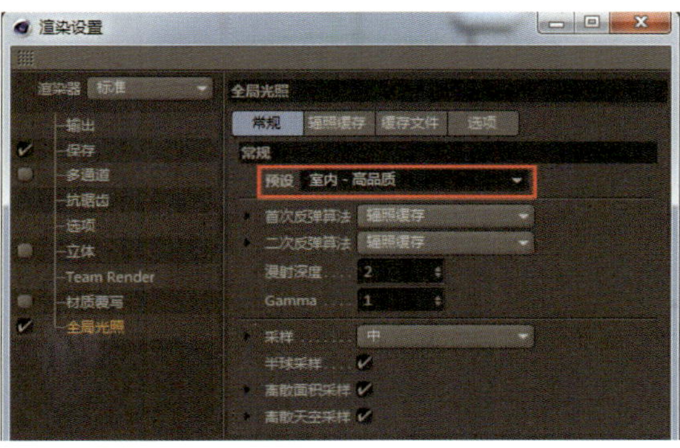

图11-81　调整【预设】

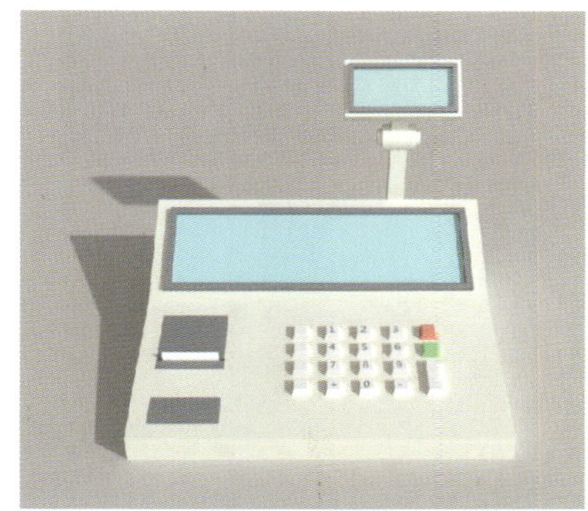

图11-82　最终渲染效果

三、动画制作

（一）时间设置

（1）打开【属性】面板，执行【模式】→【工程】命令，进入【工程】面板，如图11-83所示。

（2）在【工程设置】选项卡中，设置【帧率】为“24”，如图11-84所示。

（3）动画帧率设置完成。

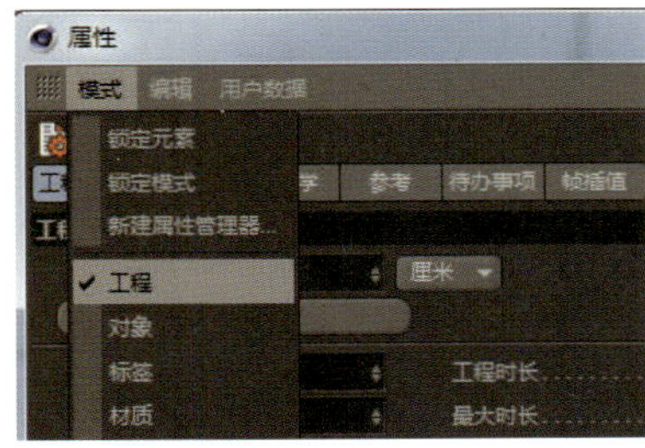

图11-83　进入【工程】面板

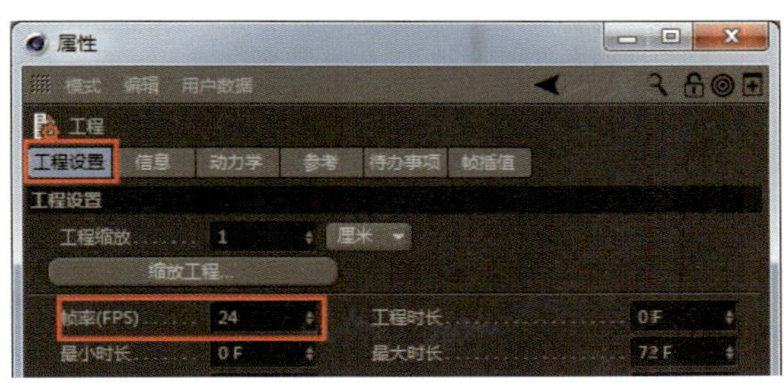

图11-84　调整【帧率】

（二）“按键”冻结变换

（1）在对象管理器中，打开“键盘”组，选择“按键”，如图11-85所示。

（2）在【属性】面板中，每一个“按键”的位移坐标都有数值，制作动画时不方便。所以，选择所有的“按键”，打开【属性】面板，打开【冻结变换】卷展栏，单击【冻结P】按钮，如图11-86所示。

图11-85 打开“键盘”组

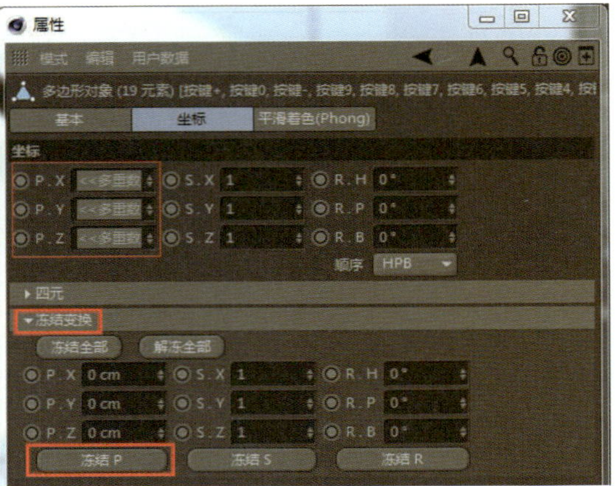

图11-86 单击【冻结P】按钮

（3）将“按键”的位移数值归零，以方便动画调节，如图11-87所示。

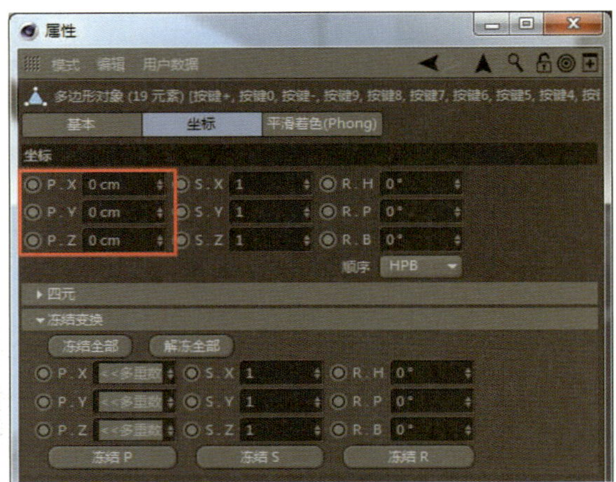

图11-87 位移数值归零

（三）“按键”关键帧制作

（1）在时间线上单击并拖动时间滑块，将其移动到第10帧，如图11-88所示。

（2）选择“按键7”，单击【坐标系统】工具 或按【W】键，切换至【对象坐标系统】。

（3）在【属性】面板中，进入【坐标】选项卡，为位移Y轴设置关键帧，如图11-89所示。

（4）在时间线上单击并拖动时间滑块，将其移动到第14帧，如图11-90所示。

（5）位移Y轴，将“按键”向下移动，并在【坐标】选项卡中设置关键帧，如图11-91所示。

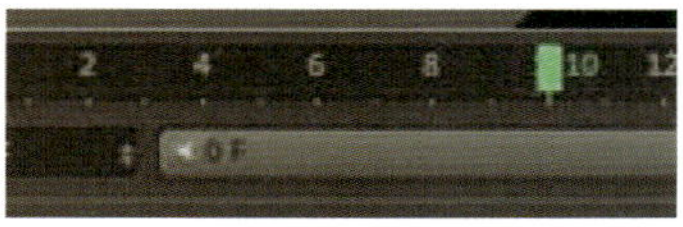

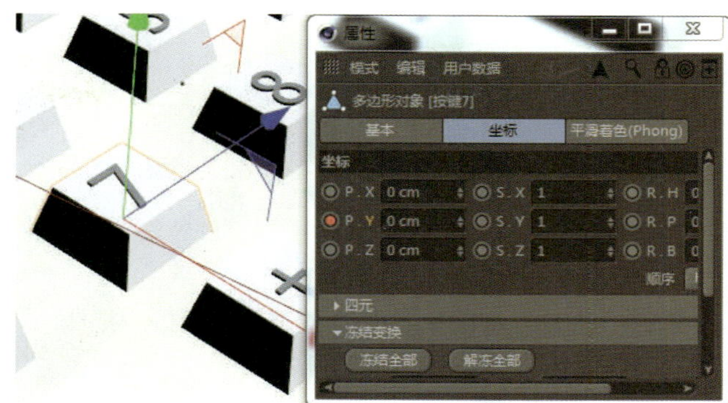

图11-88　将时间滑块移动到第10帧

图11-89　为位移Y轴设置关键帧

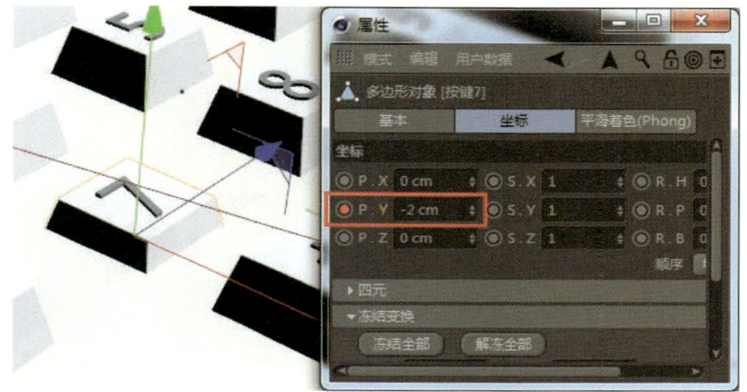

图11-90　将时间滑块移动到第14帧

图11-91　设置关键帧

（6）在时间线上单击并拖动时间滑块，将其移动到第18帧，如图11-92所示。

（7）位移Y轴，将“按键”向上移动至初始位置，或直接在【坐标】选项卡的位移Y轴【P. Y】中输入“0 cm”，并设置关键帧，如图11-93所示。

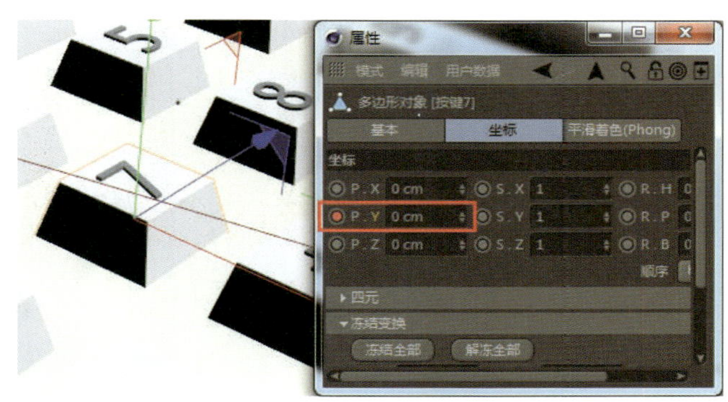

图11-92　将时间滑块移动到第18帧

图11-93　设置关键帧

（8）这样，一个“按键”的动画即制作完成。

（9）选择另一个“按键”，将时间滑块保持在第18帧，如图11-94所示。

（10）进入【坐标】选项卡，为位移Y轴设置关键帧，如图11-95所示。

图11-94　将时间滑块保持在第18帧

图11-95　为位移Y轴设置关键帧

（11）将时间滑块移动到第22帧，如图11-96所示。

（12）在【坐标】选项卡的位移Y轴【*P.Y*】中输入“-2 cm”，并设置关键帧，如图11-97所示。

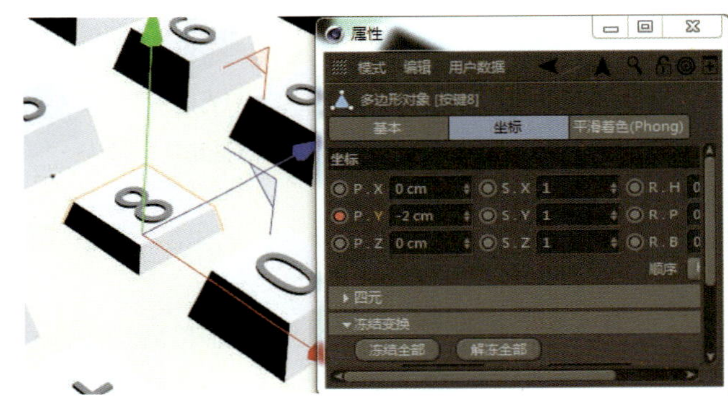

图11-96　将时间滑块移动到第22帧

图11-97　设置关键帧

（13）将时间滑块移动到第26帧，如图11-98所示。

（14）在【坐标】选项卡的位移Y轴【*P.Y*】中输入“0 cm”，并设置关键帧，如图11-99所示。

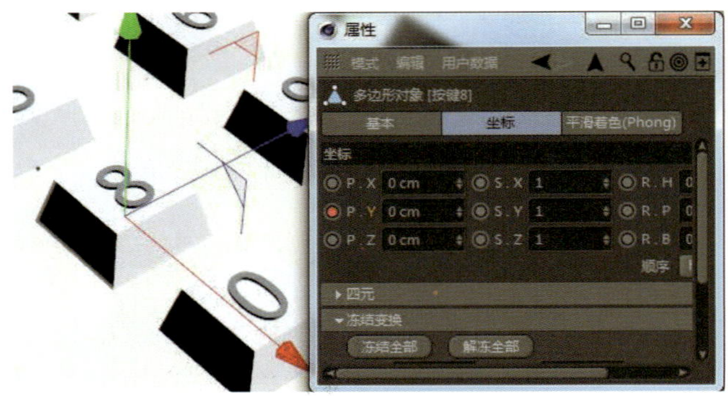

图11-98　将时间滑块移动到第26帧

图11-99　设置关键帧

（15）这样，一个“按键”的动画即制作完成。可以用这样的步骤和动画节奏再制作一两个“按键”的关键帧动画。

（四）“纸卷”关键帧制作

（1）在制作完按钮的动画后，将时间滑块移动到合适的时间位置，如图11-100所示。

（2）选择纸卷模型，进入【属性】面板的【切片】选项卡，给【起点】设置关键帧，如图11-101所示。

图11-100 将时间滑块移动到第52帧

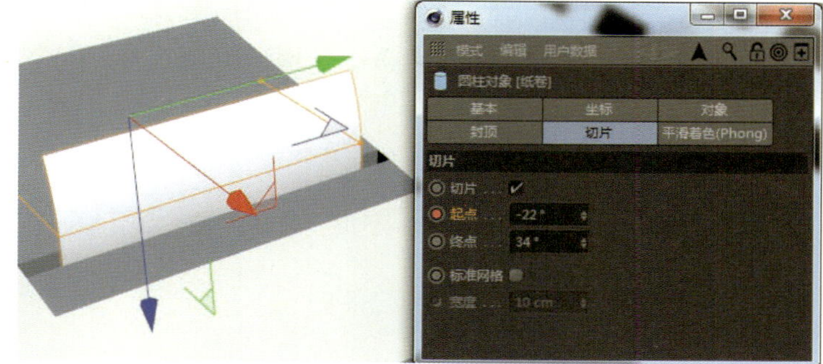

图11-101 给【起点】设置关键帧

（3）将时间滑块移动到第68帧，如图11-102所示。

（4）调整【起点】的数值，并设置关键帧，可以看到纸卷模型会变长，如图11-103所示。

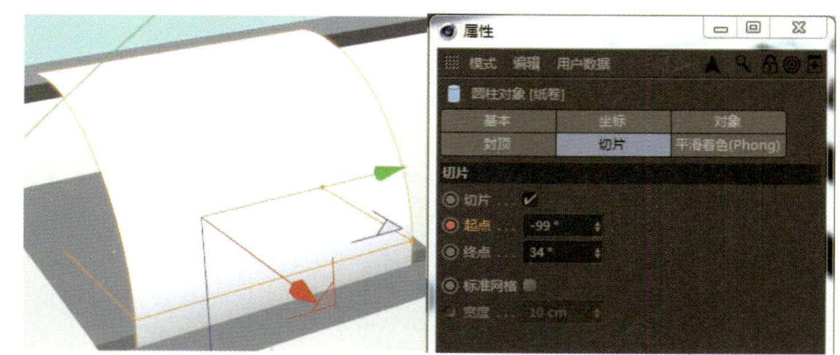

图11-102 将时间滑块移动到第68帧

图11-103 设置关键帧

（5）此时单击【播放】按钮▶播放动画，“按键”和“纸卷”就有了动画。但是“纸卷”变长过快，需要调整其关键帧。

（6）选择纸卷模型，在时间线上单击第68帧的关键帧，使其变为橙色，如图11-104所示。

（7）将此关键帧移动到第80帧，如图11-105所示。

图11-104 选择关键帧

图11-105 将关键帧移动到第80帧

（8）单击【播放】按钮▶播放动画，“按键”和“纸卷”的动画就流畅了。

四、渲染设置

（1）单击【渲染设置】按钮 ，打开【渲染设置】窗口。在【输出】通道中可以调整【宽度】和【高度】，以及要渲染的时间范围，如图11-106所示。

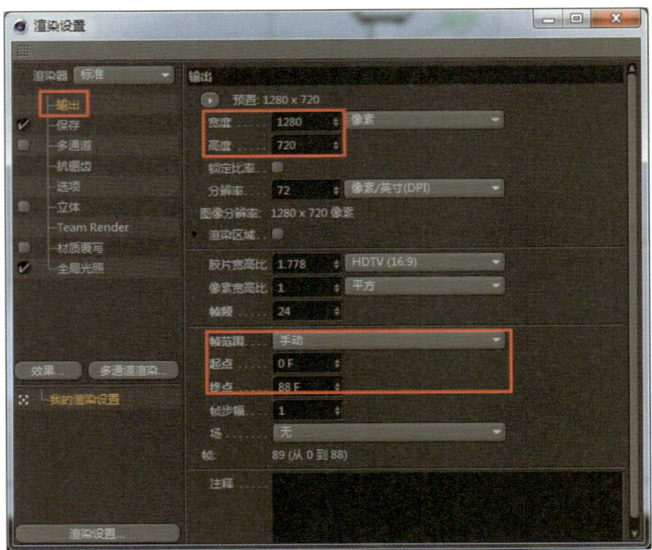

图11-106　设置渲染尺寸及渲染时间范围

（2）在【保存】通道中，可以设置渲染文件的保存路径及格式，如图11-107所示。

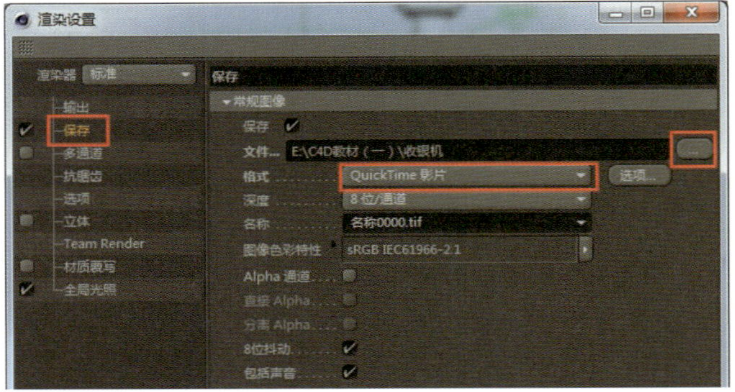

图11-107　设置渲染出的文件保存路径及格式

（3）文件的格式既可以选择Quick Time格式，也可以选择TIF、JPEG等图片格式。如果渲染的是视频格式，那么渲染的文件可以直接在播放器中播放动画；如果渲染的文件为图片格式，则将以序列帧的形式出现，需要在后期软件中进行合成。

（4）渲染设置完成后，可以单击【渲染到图片查看器】按钮 或按快捷键【Shift】+【R】进行渲染。图片查看器将会弹出并显示渲染过程，如图11-108所示。

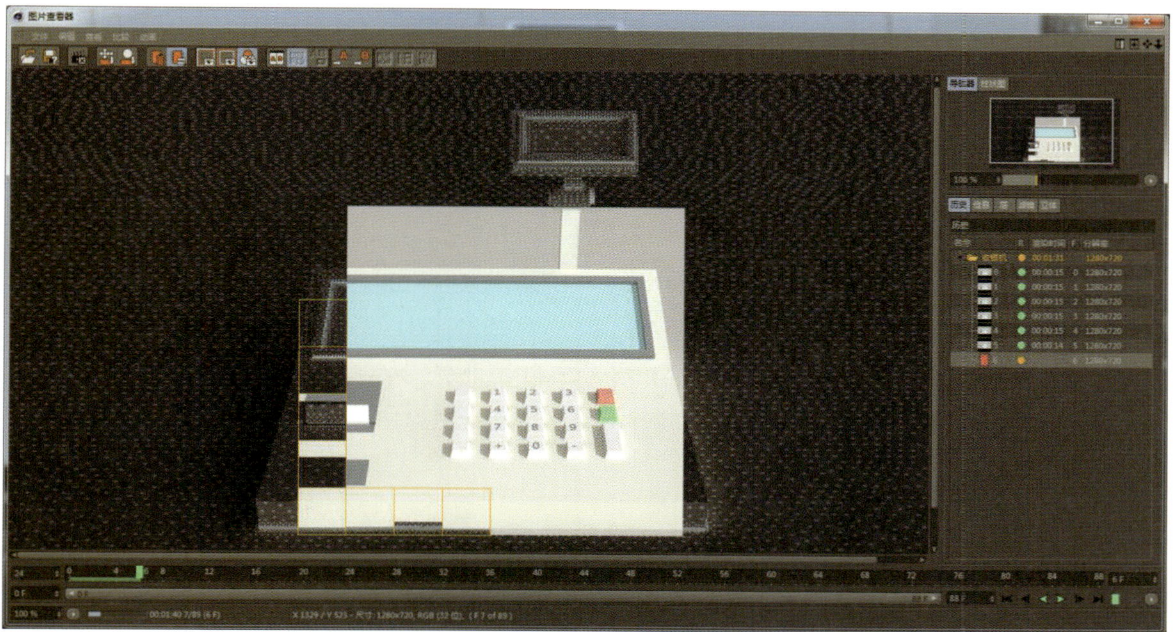
图11-108 渲染过程

（5）渲染完的视频将出现在之前设置的保存路径中，如图11-109所示。

（6）最终效果如图11-110所示。

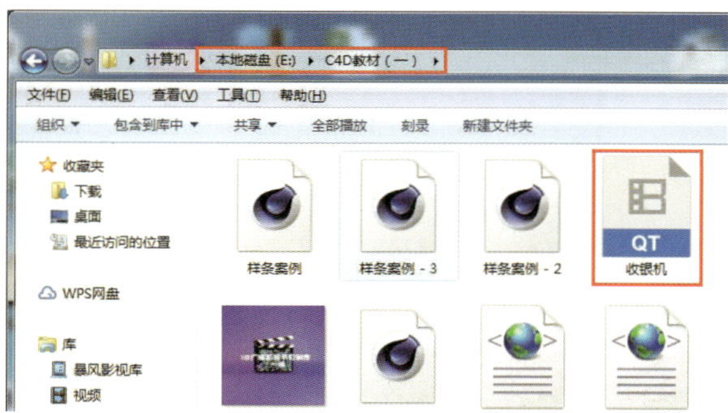

图11-109 文件保存路径

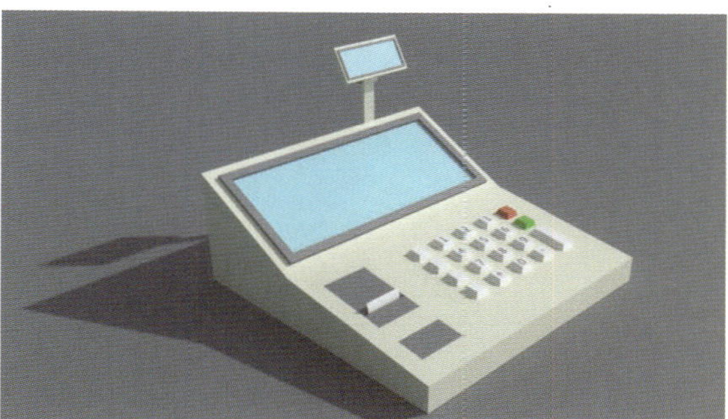
图11-110 最终效果

参考文献

[1] TVart培训基地.CINEMA 4D R17完全学习手册[M].2版.北京：人民邮电出版社，2017.

[2] 王海波.Cinema 4D影视特效火星风暴[M].北京：人民邮电出版社，2013.

[3] TVart培训基地.TVart技法Cinema 4D/After Effects电视包装案例解密[M].北京：人民邮电出版社，2013.

[4] 任媛媛.中文版CINEMA 4D R18实用教程[M].北京：人民邮电出版社，2019.

[5] 精鹰传媒.Cinema 4D印象：影视包装材质与渲染的艺术[M].北京：人民邮电出版社，2015.

[6] 精鹰传媒.Cinema 4D完全自学教程[M].北京：人民邮电出版社，2015.